Wissenschaftliche Taschenbücher WTB

Mathematik · Physik

Dieter Michel

# Grundlagen und Methoden der kernmagnetischen Resonanz

THEORIA CUM PRAXI

Akademie-Verlag · Berlin

WTB Wissenschaftliche Taschenbücher

*Eine Auswahl lieferbarer Bände:*

HEINRICH ARNOLD
**Physikalische Chemie der Halbleiter**

JOACHIM AUTH / DIETMAR GENZOW
KLAUS H. HERRMANN
**Photoelektrische Erscheinungen**

HANS BANDEMER
ANDREAS BELLMANN
WOLFHART JUNG / KLAUS RICHTER
**Optimale Versuchsplanung**

FRANK BEICHELT
**Prophylaktische Erneuerung von Systemen**

JOACHIM BELLACH / PETER FRANKEN
ELKE WARMUTH / WALTER WARMUTH
**Maß, Integral und bedingter Erwartungswert**

WOLFRAM BRAUER
HANS-WALDEMAR STREITWOLF
**Theoretische Grundlagen der Halbleiterphysik**

SIEGFRIED BREHMER
**Einführung in die Maßtheorie**

SIEGFRIED BREHMER
**Hilbert-Räume und Spektralmaße**

JOHN CUNNINGHAM
**Vektoren**

GEORG DAUTCOURT
**Relativistische Astrophysik**

K. CH. DELOKAROV
**Relativitätstheorie und Materialismus**

HANNELORE FISCHER
JOACHIM PIEHLER
**Modellsysteme der Operationsforschung**

GOTTFRIED FRITZSCHE
**Grundlagen und Entwurf passiver Analogzweipole**
Netzwerke I

**Entwurf passiver Analogvierpole**
Netzwerke II

**Entwurf aktiver Analogsysteme**
Netzwerke III

HERBERT GOERING
**Asymptotische Methoden zur Lösung von Differentialgleichungen**

HERBERT GOERING
**Elementare Methoden zur Lösung von Differentialgleichungsproblemen**

HELMUT HESS
**Der elektrische Durchschlag in Gasen**

V. I. KARPMAN
**Nichtlineare Wellen in dispersiven Medien**

ULRICH KAUSMANN
KLAUS LOMMATZSCH
FRANTIŠEK NOŽIČKA
**Lineare parametrische Optimierung**

A. R. KESSEL
**Akustische Kernresonanz**

KONRAD KREHER
**Festkörperphysik**

DIETER KRESS
**Theoretische Grundlagen der Signal- und Informationsübertragung**

Dieter Leuschner
**Grundbegriffe der Thermodynamik**

W. S. Letochow
**Laserspektroskopie**

Dierck-Ekkehard Liebscher
**Relativitätstheorie mit Zirkel und Lineal**

Wolfgang Meiling
**Digitalrechner in der elektronischen Meßtechnik**
Teil 1: Meßmethodik
Teil 2: Gerätetechnik und Anwendungen

L. I. Miroschnitschenko
**Kosmische Strahlung im interplanetaren Raum**

Peter Paufler
Gustav E. R. Schulze
**Physikalische Grundlagen mechanischer Festkörpereigenschaften**
Teil I und II

Ulrich Röseberg
**Quantenmechanik und Philosophie**

Albrecht Rost
**Messung dielektrischer Stoffeigenschaften**

J. V. Sačkov
**Wahrscheinlichkeit und Struktur**

Wolfgang Schäfer
**Theoretische Grundlagen der Stabilität technischer Systeme**

Volkmar Schuricht
**Kernexplosionen für friedliche Zwecke**

Norbert Sieber
Hans-Peter Leidhold
**Einführung in die Datenverarbeitung**

Hubertus Stolz
**Supraleitung**

Gerhard Wunsch
**Zellulare Systeme**

**Festkörperphysik**
Entwicklungstendenzen und Anwendungsmöglichkeiten

**Die Schöpfer der physikalischen Optik**
Eine Artikelsammlung

Hans-Georg Schöpf
**Von Kirchhoff bis Planck**

Horst Melcher
**Albert Einstein wider Vorurteile und Denkgewohnheiten**

Renate Wahsner
**Mensch und Kosmos**
Die copernicanische Wende

Helmut Friemel / Josef Brock
**Grundlagen der Immunologie**

Eberhard Hofmann
**Funktionelle Biochemie des Menschen**
Band 1 und 2

Lothar Jäger
**Grundlagen der Klinischen Immunologie**

Karlheinz Lohs
Dieter Martinetz
**Entgiftung — Mittel, Methoden und Probleme**

Joachim Nitschmann
**Entwicklung bei Mensch und Tier**

Stephan Schnitzler
**Pharmakologische Aspekte von Immunreaktionen**

Dieter Spaar
Helmut Kleinhempel
Hans Joachim Müller
Klaus Naumann
**Bakteriosen der Kulturpflanzen**

Eberhard Teuscher
**Pharmakognosie**
Teil I—III

MICHAEL THEILE
SIEGFRIED SCHERNECK
**Zellgenetik**

PETER BIRNER
HANS-JÖRG HOFMANN
CORNELIUS WEISS
**MO-theoretische Methoden in der organischen Chemie**

HEINRICH BREMER
KLAUS-PETER WENDLANDT
**Heterogene Katalyse**

WERNER DÖPKE
**Dynamische Aspekte der Stereochemie organischer Verbindungen**

GÜNTER EPPERT
**Einführung in die Schnelle Flüssigchromatographie**

GERHARD GEISELER / HEINZ SEIDEL
**Die Wasserstoffbrückenbindung**

FALKO H. HERRMANN
MARTINA CH. HERRMANN
**Das Hämoglobin des Menschen**

HELMUT HRAPIA
**Einführung in die Chromatographie**

HANS LUPPA
**Grundlagen der Histochemie**
Teil I und II

DIETER ONKEN
**Antibiotika — Chemie und Anwendung**

BURKART PHILIPP
GERHARD REINISCH
**Grundlagen der makromolekularen Chemie**

*Vorschau auf die nächsten Bände:*

HORST-HEINO VON BORZESZKOWSKI
RENATE WAHSNER
**Newton und Voltaire**
Zur Begründung und Interpretation der klassischen Mechanik

RICHARD CAMPBELL
**Mikrobielle Ökologie**

CLAUS HAMANN / JOACHIM HEIM
HUBERT BURGHARDT
**Organische Leiter, Halbleiter und Photoleiter**

MARTIN HEINRICH / HEINZ ULBRICHT
**Mechanik der Kontinua**

WOLFGANG A. KNORRE
**Pharmakokinetik**
Theoretische Grundlagen und praktische Anwendungen

KARL LANIUS
**Physik der Elementarteilchen**

HASSO MEINERT
**Fluorchemie**

GERNOT NEUGEBAUER
**Relativistische Thermodynamik**

VOLKER NOLLAU
**Semi-Markovsche Prozesse**

PETER PAUFLER
**Phasendiagramme**

VOLKMAR SCHURICHT
**Fusionsreaktoren und Umwelt**

KURT SCHWABE
**pH-Messung**

WTB

BAND 266

*Dieter Michel*

# Grundlagen und Methoden der kernmagnetischen Resonanz

Mit 64 Abbildungen und 14 Tabellen

AKADEMIE-VERLAG · BERLIN

*Reihe* MATHEMATIK UND PHYSIK

Herausgeber:
Prof. Dr. phil. habil. W. Holzmüller, Leipzig
Prof. Dr. phil. habil. A. Lösche, Leipzig
Prof. Dr. phil. habil. H. Reichardt, Berlin
Prof. Dr. rer. nat. habil. H.-J. Treder, Potsdam

Verfasser:
*Dr. sc. nat. Dieter Michel*
Sektion Physik der Karl-Marx-Universität Leipzig

1981
Erschienen im Akademie-Verlag,
DDR-1080 Berlin, Leipziger Str. 3—4
Lektor: Dipl.-Phys. Ursula Heilmann

Lizenznummer: 202 · 100/433/80
Gesamtherstellung: VEB Druckhaus „Maxim Gorki“,
7400 Altenburg
Bestellnummer: 762 766 0 (7266) · LSV 1174
Printed in GDR
DDR 12,50 M

## Inhaltsverzeichnis

## Vorwort

Die magnetische Kernresonanz ist in den letzten 30 Jahren zu einer der wichtigsten spektroskopischen Methoden geworden. Ihre Anwendungsgebiete reichen heute von der Molekül- und Festkörperphysik über die Chemie und die Biologie bis hin zur Medizin. Diese Breite ist einerseits auf die große Rolle zurückzuführen, die die hochauflösende Kernresonanzspektroskopie in Flüssigkeiten als eine moderne Methode für die qualitative und quantitative Analyse spielt. Darüber hinaus ist die Ursache für die vielfältigen Einsatzmöglichkeiten darin zu suchen, daß dem Anwender der magnetischen Kernresonanz Meßverfahren in die Hand gegeben sind, die sich in hervorragender Weise für das Studium von mikroskopischen Strukturen und von molekularen Elementarprozessen eignen. Eine große Bedeutung erhielten dabei die instationären Methoden der magnetischen Kernresonanz, deren Herausbildung und Vervollkommnung eng mit der Entwicklung der Impuls- und dem Einsatz der Rechentechnik verknüpft war. Die Vorzüge dieser Verfahren im Vergleich zur konventionellen stationären Meßtechnik lassen sich vor allem daran messen, daß es dem Experimentator mit ihrer Hilfe gelingt, bisherige Beschränkungen zu umgehen und die Grenzen der Anwendbarkeit der magnetischen Kernresonanz zu erweitern.

Das Anliegen des vorliegenden Lehrbuches ist es, den Studierenden und den mit anderen spektroskopischen Methoden vertrauten Wissenschaftlern an die verschiedenen Verfahren der magnetischen Kernresonanz heranzuführen und insbesondere das Verständnis der neueren Techniken zu fördern. Der Verfasser kann dabei auf Erfahrungen aus Vorlesungen zurückgreifen, die er seit etwa 10 Jahren vor Studenten der Physik an der Karl-Marx-Universität Leipzig gehalten hat.

Entsprechend dieser Zielstellung wurde kein Wert auf Vollständigkeit gelegt. Man findet auch keine Ausführungen zur Interpretation der gemessenen Kernresonanzparameter. Die Behandlung dieser Problematik, die den Zusammenhang zu den Eigenschaften der untersuchten Systeme herstellt, wird der Gegenstand weiterer Bändchen sein.

Um den Zugang zu dem Themenkreis der vorliegenden Darstellung zu erleichtern, wird zunächst eine Einführung zum paramagnetischen Resonanzprinzip und eine einfache Erläuterung zur magnetischen Kernresonanz und den mit ihr verwandten Methoden der Hochfrequenzspektroskopie gegeben (Abschn. 1.1 bis 1.3). Ihr schließt sich die Behandlung des Verhaltens isolierter Spins in magnetischen Feldern an (Abschn. 1.4), die nach der Erfahrung des Verfassers von großer Wichtigkeit für die Erläuterung vieler Meßverfahren auf der Grundlage von vereinfachten Modellen ist. Auf eine solche Behandlung muß insbesondere in den Kap. 4, 5 und 6 an verschiedenen Stellen zurückgegriffen werden, um auf langwierigere und kompliziertere theoretische Ableitungen verzichten zu können.

Es wurde versucht, das Verständnis der einzelnen Methoden von den physikalischen Grundlagen her zu entwickeln und die Zusammenstellung von Tatsachenmaterial so weit wie möglich zu beschränken. Der Schwierigkeitsgrad bei den theoretischen Ableitungen entspricht dabei der Ausbildung von Studierenden der Physik etwa vom vierten Studienjahr ab, die mit den Grundlagen der Quantenmechanik, der statistischen Physik und der Atom- und Molekülphysik vertraut sind. Die Darstellung theoretischer Grundlagen trägt in vielen Fällen einen einführenden Charakter. Sie soll den interessierten Leser ermutigen, durch weiterführende Studien zu einem tieferen Verständnis der Zusammenhänge zu gelangen. Anregungen dazu soll das nach den einzelnen Kapiteln geordnete Literaturverzeichnis vermitteln. Hinsichtlich der älteren Literatur und der Grundlagen der Methode kann dabei auf die bekannten Monographien

A. ABRAGAM, The Principles of Nuclear Magnetism, Clarendon Press, Oxford 1961, und
A. LÖSCHE, Kerninduktion, VEB Deutscher Verlag der Wissenschaften, Berlin 1957,

zurückgegriffen werden, auf die sich die Darstellung auch bei einer Reihe von speziellen Fragen bezieht. Im Hinblick auf Details der Anwendung der einzelnen Methoden sei der Leser neben den zitierten Arbeiten vor allem auf die Übersichtsartikel in den Fortsetzungsreihen

Progress in NMR Spectroscopy (Ed.: J. W. EMSLEY, J. FEENEY und L. H. SUTCLIFFE), Pergamon Press, Oxford,
Advances in Magnetic Resonance (Ed.: J. S. WAUGH), Academic Press, New York und London,
NMR Basic Principles and Progress (Ed.: P. DIEHL, E. FLUCK und R. KOSFELD), Springer-Verlag, Berlin, Heidelberg, New York,

verwiesen.

Es ist mir eine sehr angenehme Pflicht, Herrn Prof. Dr. sc. H. PFEIFER herzlich zu danken, der mich durch die vielen Hinweise und Ratschläge während der langjährigen Mitarbeit in dem von ihm geleiteten NMR-Labor der Sektion Physik der Karl-Marx-Universität und durch die kritische Auswertung der Literatur im Rahmen der wöchentlichen wissenschaftlichen Seminare und der unter seiner Leitung durchgeführten Weiterbildungsveranstaltungen mittelbar und unmittelbar bei der Erarbeitung des Manuskripts unterstützt hat.

Für die kritische Durchsicht einzelner Abschnitte und für viele wertvolle Hinweise bin ich Frau Dr. B. STAUDTE und den Herren Dipl.-Phys. TH. BERNSTEIN, Dr. D. DEININGER, Dr. H. ERNST, Dr. W. HEINK, Dr. sc. J. KÄRGER, Dr. W. MEILER, Dipl.-Phys. H.-J. RAUSCHER und Doz. Dr. sc. H. SCHMIEDEL sehr zu Dank verpflichtet. Ebenso herzlich danke ich Herrn Prof. Dr. sc. H. Winkler und Herrn Doz. Dr. D. Fenzke für nützliche Hinweise sowie den Herren Dr. W. Meiler und L. Moschkowitz für die Zeichnung der Abbildungen. Ganz besonders danke ich meiner Frau Chr. Michel für die technische Herstellung des Manuskripts und dem Akademie-Verlag für die angenehme Zusammenarbeit.

Leipzig, im Februar 1979

D. Michel

# 0. Einheiten und Symbole

*Die verwendeten Einheiten*

In einer Reihe von Veröffentlichungen zur kernmagnetischen Resonanz kommt heute noch zur Messung der physikalischen Größen das symmetrische (GAUSSsche) *CGS-System* zur Anwendung, dessen Einheiten im folgenden kurz als CGS-Einheiten bezeichnet werden sollen. Zur Messung der physikalischen Größen dient in der vorliegenden Darstellung das „*Internationale Einheitensystem*“ (Système International d'Unitès, abgekürzt in allen Sprachen „SI“), das international in zunehmendem Maße gesetzlich wird und in der DDR das gesetzliche Einheitensystem darstellt [1]. Die Grundeinheiten, die ergänzenden Einheiten und die kohärent abgeleiteten Einheiten dieses Einheitensystems werden als *SI-Einheiten* bezeichnet.

Dem gegenwärtig noch üblichen Gebrauch beider Einheitensysteme in den Veröffentlichungen zur kernmagnetischen Resonanz soll in der vorliegenden Darstellung lediglich dadurch Rechnung getragen werden, daß in der folgenden Tabelle neben den SI-Einheiten zum Vergleich auch die CGS-Einheiten angegeben werden. Dies soll den Übergang zum Internationalen Einheitensystem erleichtern. Auch einige wichtige abgeleitete Einheiten sind in der folgenden Tabelle gegenübergestellt. Dabei ist insbesondere darauf hinzuweisen, daß die Einheiten Gauß (G) und Oersted (Oe) in der DDR nicht gesetzlich sind. Zur Information über die allgemeinen Bestimmungen in der DDR zur Gültigkeit von Einheiten, die systemfremd zum SI sind, wird dem Leser die neuere Literatur [1—3] empfohlen.

Einige wichtige abgeleitete Einheiten [2, 5]

| Größe | | Einheiten+) | | |
|---|---|---|---|---|
| Bezeichnung | Symbol | SI | CGS | Umrechnung |
| Magnetische Feldstärke | $\boldsymbol{H}$ | $Am^{-1}$ | Oe<br>(1 Oe = 1 $g^{1/2}cm^{-1/2}s^{-1}$) | 1 Oe = $\frac{10^3}{4\pi}$ $Am^{-1}$ |
| Magnetisierung | $\boldsymbol{M}$ | $Am^{-1}$ | Oe | |
| Magnetische Induktion | $\boldsymbol{B}$ | T<br>(1 T = 1 $kgs^{-2}A^{-1}$) | G<br>(1 G = 1 $g^{1/2}cm^{-1/2}s^{-1}$) | 1 G = $10^{-4}$ T |
| Frequenz | $f$ | Hz<br>(1 Hz = 1 $s^{-1}$) | Hz<br>(1 Hz = 1 $s^{-1}$) | |
| Kreisfrequenz,<br>Winkelgeschwindigkeit | $\omega$ | $rads^{-1}$, $s^{-1}$<br>(1 $rads^{-1}$<br>= 1 $mm^{-1}s^{-1}$) | $rads^{-1}$, $s^{-1}$<br>(1 $rads^{-1}$<br>= 1 $cmcm^{-1}s^{-1}$) | |
| Energie | $E$ | J<br>(1 J = 1 $kgm^2s^{-2}$) | erg<br>(1 erg = 1 $gcm^{+2}s^{-2}$) | |
| Zusammenhang: | $\boldsymbol{B}$<br>$\boldsymbol{M}$++) | $\mu_0(\boldsymbol{H} + \boldsymbol{M})$<br>$\chi_0\boldsymbol{H}$ | $\boldsymbol{H} + 4\pi\boldsymbol{M}$<br>$\chi_0\boldsymbol{H}$ | |

+) In Klammern steht die Definition der Einheit.

++) Vgl. auch Tab. 2.1 für die dimensionslose Kernsuszeptibilität $\chi_0$.

*Die wichtigsten Symbole*

Zur Kennzeichnung von verschiedenen Darstellungen bzw. Anteilen einer physikalischen Größe $a$ wird vereinbart (vgl. auch [4]):

| | |
|---|---|
| Augenblickswert: | gewöhnlicher Buchstabe ($a$) |
| Scheitelwert: | Buchstabe mit Akzent ($\check{a}$) |
| Operator: | Buchstabe mit Tilde ($\tilde{a}$) |
| Vektor: | Buchstabe halbfett und kursiv ($\boldsymbol{a}$) |
| Tensor: | Buchstabe halbfett und gerade ($\mathbf{a}$) |
| zeitlicher oder räumlicher Mittelwert: | Buchstabe überstrichen ($\bar{a}$) |
| Erwartungswert eines Operators: | Buchstabe mit Tilde in spitzen Klammern ($\langle\tilde{a}\rangle$) oder gewöhnlicher Buchstabe ($a$) |

Die folgende Zusammenstellung vermittelt einen Überblick über die wichtigsten Symbole und die Bedeutung, die sie in den meisten Fällen besitzen. Die angegebenen Zahlenwerte für einige Konstanten befinden sich in Übereinstimmung mit den Empfehlungen der IUPAP [6]. (Die aufgeführten Unsicherheiten für die jeweils letzten Stellen hinter dem Komma stellen Standardabweichungen dar.)

| | |
|---|---|
| $\boldsymbol{A}'$ | Vektor einer Größe mit den Komponenten $A_{k'}$ ($k' = x, y, z$) im rotierenden Koordinatensystem |
| $A(t)$ | Amplitude des Spin-Echos oder Anfangswert ($t = 0$) der freien Induktion |
| $a, b, c$ | Gitterkonstanten eines Kristalls |
| $\boldsymbol{B}$ | Magnetische Induktion |
| $\boldsymbol{B}_L'$ | — des lokalen Feldes im rotierenden Koordinatensystem |
| $\boldsymbol{B}_m(t)$ | — des Modulationsfeldes |
| $\boldsymbol{B}_0$ | — des konstanten äußeren Feldes |
| $\boldsymbol{B}_1(t)$ | — des hochfrequenten Feldes — für einen Impuls oder im stationären Experiment |
| $\boldsymbol{B}_2(t)$ | — für ein Spin-Locking- oder ein Doppelresonanzexperiment |

| | |
|---|---|
| $\boldsymbol{B}_e$ | magnetische Induktion des effektiven Feldes im rotierenden Koordinatensystem |
| $\Delta B_{1/2}$ | Linienbreite (in T) – in Halbwertshöhe des Absorptionssignals |
| $\Delta B_{PP}$ | – zwischen den Wendepunkten – des unverfälschten Signals |
| $\Delta B_{\text{exptl}}$ | – des gemessenen Signals |
| $\boldsymbol{C}$ | Drehmoment eines Kerndipolmoments im homogenen $B$-Feld |
| $C$ | Kapazität |
| $D$ | Selbstdiffusionskoeffizient in $m^2s^{-1}$ |
| $D$ | $= \gamma \sqrt{\overline{B_L'^2}}$ Mittelwert des lokalen Feldes in $s^{-1}$ |
| $E$ | Energie |
| $E_m$ | Eigenwert des HAMILTON-Operators |
| $\boldsymbol{e}$ | Einheitsvektor |
| $e$ | Elementarladung $e = (1{,}602\,189\,2 \pm '46)\ 10^{-19}$ C |
| $\boldsymbol{F}$ | Kraft |
| $F$ | Spektrenbreite in Hz |
| $f(t)$ | Einhüllende der freien Induktion im inhomogenen $B_0$-Feld |
| $\Delta f$ | Linienbreite in Hz |
| $\boldsymbol{G}$ | konstanter linearer Feldgradient |
| $G_{kl}(t)$ | Korrelationsfunktionstensor |
| $G(t)$ | normierte Autokorrelationsfunktion, Relaxationsfunktion |
| $g$ | Amplitude des gepulsten Gradienten<br>$g$-Faktor |
| $g(\omega)$ | normierte Linienformfunktion |
| $H$ | magnetische Feldstärke in $Am^{-1}$ (andere Symbole analog zur magnetischen Induktion $B$) |
| $\mathcal{H}$ | HAMILTON-Operator |
| $\mathcal{H}_z$ | – der ZEEMAN-Energie |
| $\mathcal{H}_1$ | – der Wechselwirkungsenergie mit dem $B_1$-Feld |
| $\mathcal{H}_2$ | – der magnetischen Wechselwirkung im Spinsystem |
| $\mathcal{H}_2^z$ | – säkularer Anteil |
| $\mathcal{H}_2^n$ | – nichtsäkularer Anteil |
| $h = \hbar \cdot 2\pi$ | PLANCKsche Konstante<br>$h = (6{,}626\,176 \pm '36)\ 10^{-34}$ Js |
| $I$ | Strom |
| $I$ | Spinquantenzahl |
| $\tilde{\boldsymbol{I}}$ | dimensionsloser Spinvektoroperator |

| | |
|---|---|
| $i$ | $= \sqrt{-1}$ imaginäre Einheit |
| $J$ | Kopplungskonstante |
| $\boldsymbol{k}$ | Wellenzahlvektor |
| $k$ | BOLTZMANNsche Konstante |
| | $k = (1{,}380662 \pm '44)\ 10^{-23}\ \mathrm{JK}^{-1}$ |
| $L$ | Induktivität |
| $M$ | Ruhemasse des Protons |
| | $M = (1{,}672648 \pm '8)\ 10^{-27}$ kg |
| $\boldsymbol{M}(t)$ | Magnetisierung |
| $\boldsymbol{M}'_{st}$ | – stationäre Lösung im rotierenden Koordinatensystem |
| $\boldsymbol{M}_0$ | – im thermischen Gleichgewicht |
| $M_n$ | $n$-tes Moment einer Resonanzlinie in $s^{-n}$ |
| $m$ | magnetische Quantenzahl |
| | Ruhemasse eines Elektrons |
| | $m = (9{,}109534 \pm '47)\ 10^{-31}$ kg |
| $N$ | Anzahl – allgemein |
| ${}^1N$ | – pro Volumeneinheit |
| $N_m$ | mittlere Besetzungszahl des Zustands $m$ |
| $n(t)$ | Rauschspannung |
| $n$ | Differenz der Besetzungszahlen |
| | Zahl allgemein |
| $\overline{P}_m(\omega)$ | vom Spinsystem absorbierte Leistung pro Periode des $B_1$-Feldes |
| $\tilde{P}_l$ | Operator für einen idealen $\frac{\pi}{2}$-Impuls mit definierter Phase |
| $p_m$ | relativer Anteil (relative Besetzungszahl im Zustand $m$, Gewichtsfaktor) |
| $Q$ | Güte eines Schwingkreises |
| $R_S$ | Resonanzwiderstand |
| $R_{kl}$ | Relaxationsfunktionstensor |
| $\mathbf{R}_l(\alpha)$ | Matrix für die Rotation um die Achse $l$ mit dem Winkel $\alpha$ |
| $\boldsymbol{r}$ | Ortsvektor |
| $\tilde{\boldsymbol{S}}$ | dimensionsloser Spinvektoroperator |
| Sp | Spur einer Matrix |
| $S$ | Sättigungsparameter |
| | Signalspannung |
| $\tilde{T}$ | Zeitordnungsoperator |
| $T$ | Periode |
| | Impulsabstand im Fourier-Experiment |
| | Temperatur in K |

| | |
|---|---|
| $T_1$ | longitudinale Relaxationszeit (R.) |
| $T_2$ | transversale R. |
| $T_2^*$ | Abfallzeitkonstante im inhomogenen $B_0$-Feld |
| $T_{1D}$ | dipolare R. |
| $T_{2\mathrm{eff}}$ | effektive R. |
| $T_{1\varrho}$ | R. im rotierenden Koordinatensystem |
| $T_S$ | Spintemperatur |
| $t$ | Zeit |
| $t_w$ | Impulsbreite |
| $\tilde{U}(t)$ | Entwicklungsoperator |
| $u$ | Dispersionssignal |
| $V$ | Probenvolumen (auch $V_P$) |
| | Spannung |
| $V_S$ | Spulenvolumen |
| $v$ | Absorptionssignal |
| $W_{mn}$ | Übergangswahrscheinlichkeit pro Sekunde vom Zustand $n$ zum Zustand $m$ ($W_{\mathrm{ind}}$: induziert, $W_{\mathrm{sp}}$: spontan) |
| $Z$ | Zustandssumme |
| | Komplexer Widerstand |
| $\alpha$ | Drehwinkel eines Impulses |
| $\alpha, \beta$ | Zustandsfunktionen für Spins $I = \frac{1}{2}$ |
| $\beta_I$ | Kernmagneton |
| | $\beta_I = \frac{e\hbar}{2M} = (5{,}050824 \pm '20)\ 10^{-27}\ \mathrm{JT^{-1}}$ |
| $\beta$ | $= 1/kT$, $T$ = Temperatur in K, $k$ = BOLTZMANNsche Konstante |
| $\gamma$ | gyromagnetisches Verhältnis |
| $\delta_i$ | Konstante der chemischen Verschiebung |
| $\delta$ | Breite der Gradientenimpulse |
| $\Delta$ | Abstand der Gradientenimpulse |
| | Dauer von Spin-Locking-Impulsen |
| $\eta$ | Füllfaktor |
| $\Theta$ | Winkel zwischen $\boldsymbol{B}_0$ und $\boldsymbol{B}_e$ |
| $\vartheta_{ij}$ | Winkel zwischen dem Spinverbindungsvektor $\boldsymbol{r}_{ij}$ und — dem $B_0$-Feld |
| $\vartheta^r_{ij}$ | — der Rotationsachse |
| $\boldsymbol{\mu}$ | magnetisches Dipolmoment eines Kernes |
| $\mu_0$ | Permeabilität des Vakuums |
| | $\mu_0 = 4\pi \cdot 10^{-7}\ \mathrm{VsA^{-1}m^{-1}}$ |
| $\Delta\nu$ | Bandbreite |

| | |
|---|---|
| $\tilde{\varrho}$ | Dichteoperator |
| $\tilde{\varrho}_r$ | — im rotierenden Koordinatensystem |
| $\varrho(\boldsymbol{r})$ | Spindichteverteilungsfunktion |
| $\mathrm{d}\tau$ | Volumenelement |
| $\tau$ | Impulsabstand |
| $\Phi_i(t)$ | Relaxationsfunktionen |
| | ($i = 1$ : longitudinal, $i = 2$ : transversal) |
| $\varphi_{ij}$ | Azimutwinkel des Kernverbindungsvektors $\boldsymbol{r}_{ij}$ |
| $\varphi$, $\Phi$ | Phasenwinkel |
| $\chi'_{kl}$ | Tensor der komplexen Suszeptibilität |
| | $\chi_{kl} = \chi'_{kl} - i\chi''_{kl}$ |
| $\chi$ | skalare komplexe Suszeptibilität |
| | $\chi = \chi' - i\chi''$ |
| $\chi_0$ | statische Kernsuszeptibilität |
| $\psi(t)$ | Diffusionsdämpfungsfunktion für die Spin-Echo-Amplitude |
| $\Omega$ | Modulationskreisfrequenz in $s^{-1}$ |
| $\omega$ | Kreisfrequenz in $s^{-1}$ |
| $\omega_0$ | LARMOR-Frequenz (Resonanzfrequenz) in $s^{-1}$ |
| $\Delta\omega$ | Resonanzabweichung $\Delta\omega = \omega_0 - \omega$ in $s^{-1}$ |
| $\omega_1$ | Präzessionsfrequenz um das $B_1$-Feld in $s^{-1}$ |

# 1. Einführung

## *1.1. Abgrenzung des Gegenstandes*

Die kernmagnetische Resonanz ist ein Teilgebiet der Hochfrequenzspektroskopie. Unter diesem Begriff werden alle Untersuchungen der Natur der Energiezustände eines materiellen Systems und der Übergänge zwischen ihnen zusammengefaßt, die durch Absorption von elektromagnetischer Strahlung mit Frequenzen zwischen einigen Kilohertz und einigen Gigahertz induziert werden. Die Hochfrequenzspektroskopie schließt eine Vielzahl unterschiedlicher Verfahren ein, die sich nicht nur in ihrer jeweiligen Meßtechnik, sondern auch im Hinblick auf die untersuchten Erscheinungen unterscheiden. Allen diesen Methoden ist jedoch gemeinsam, daß das Quantensystem im Gegensatz zur Spektroskopie im infraroten, sichtbaren, ultravioletten und $\gamma$-Strahlen-Spektralbereich durch eine kohärente monochromatische Strahlung angeregt wird, deren Frequenz sich mit hoher Präzision ermitteln und kontinuierlich verändern läßt. Tab. 1.1 vermittelt eine Übersicht über die Teilgebiete der Hochfrequenzspektroskopie.

Im Mittelpunkt unserer Betrachtungen steht die kernmagnetische Resonanz an kompakter Materie (Abb. 1.1). Unter kompakter Materie sind hier Gase unter Druck, Flüssigkeiten, Lösungen, Moleküle an Grenzflächen, Festkörper u. a. zu verstehen, also Systeme, bei denen die Resonanzerscheinungen maßgeblich durch Wechselwirkungen zwischen den magnetischen Momenten bestimmt werden. Doppelresonanzverfahren, die die magnetische Wechselwirkung zwischen Kernen und Elektronen ausnutzen, werden in der vorliegenden Darstellung nicht behandelt, selbst wenn der Nach-

Tabelle 1.1.
Teilgebiete der Hochfrequenzspektroskopie

| Teilgebiet | Untersuchungsobjekte | Spektroskopischer Nachweis | |
|---|---|---|---|
| | | Stationäre Zustände | Übergänge |
| Magnetische Kernresonanz | Spins der Atomkerne | Äußeres Magnetfeld (Zeeman-Niveaus) | Hochfrequentes Magnetfeld |
| Kernquadrupolresonanz | Elektrisches Quadrupolmoment | Inhomogenes elektrisches Kristallfeld | Hochfrequentes Magnetfeld |
| Magnetische Elektronenresonanz | Spin- und Bahnmoment der Elektronen | Äußeres Magnetfeld (Zeeman-Niveaus) und/oder innere Magnetfelder | Hochfrequentes Magnetfeld |
| Zyklotronresonanz | Bahnmoment der Elektronen | Äußeres Magnetfeld (Landau-Niveaus des „Elektronengases" in Metallen oder Halbleitern | Hochfrequentes Magnetfeld |
| Elektrische (Molekularstrahl-) Resonanz | Elektrisches Dipolmoment der Moleküle | Äußeres elektrisches Feld (Stark-Niveaus) | Hochfrequentes elektrisches Feld |
| Mikrowellenspektroskopie (im engeren Sinne) | Elektrisches Dipolmoment der Moleküle | Rotationsniveaus der Moleküle | Hochfrequentes elektrisches Feld |
| Paramagnetische Relaxation | Spin- und Bahnmoment der Elektronen | Nichtresonante Methode · Messung der Verluste in hochfrequenten Magnetfeldern | |
| Dielektrische Relaxation | Elektrisches Dipolmoment der Moleküle | Nichtresonante Methode · Messung der Verluste in hochfrequenten elektrischen Feldern | |

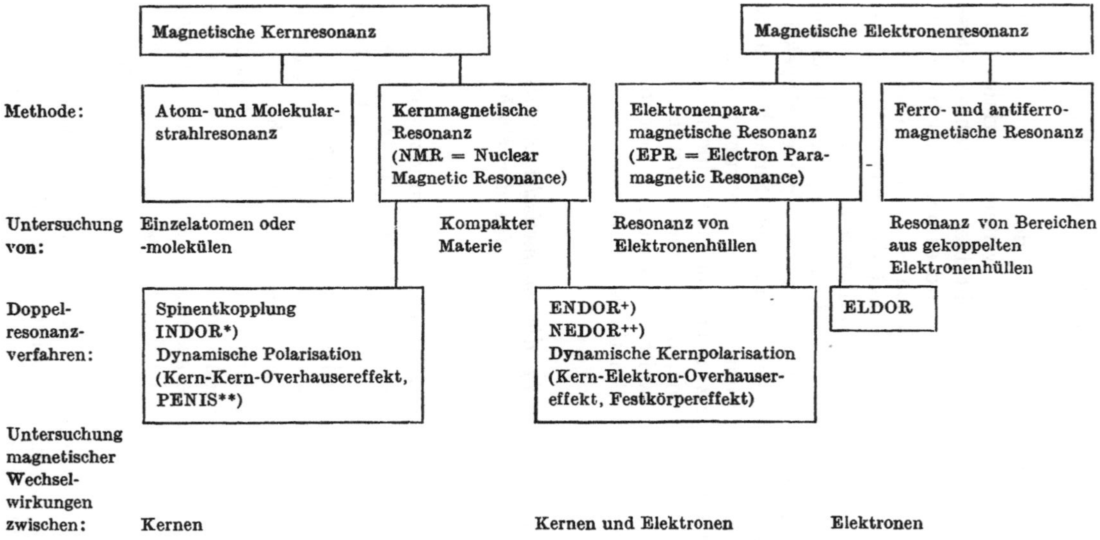


---

+) Electron Nucleus DOuble Resonance, ++) Nucleus Electron DOuble Resonance (Der untersuchte Spin ist unterstrichen)

*) InterNuclear DOuble Resonance, **) Proton Enhanced Nuclear Induction Spectroscopy

Abb. 1.1 Magnetische Resonanzen

weis der Effekte mit den Mitteln der Kernresonanz erfolgt.

Eine eingehendere Behandlung der Atom- und Molekularstrahlresonanzen und der weiteren Verfahren der Hochfrequenzspektroskopie geht über den Rahmen dieser Darstellung hinaus. Jedoch wird es ohne den Bezug auf ihre Teilgebiete kaum möglich sein, die Anfänge der Hochfrequenzspektroskopie und die Herausbildung der Kernresonanzverfahren im Rahmen eines kurzen historischen Abrisses (Abschn. 1.3) aufzuzeigen, der für die Einordnung dieser Methoden in die allgemeine Spektroskopie als wichtig erscheint. In diesem Sinne besteht die Notwendigkeit, neben einer ersten Einführung zur magnetischen Kernresonanz auch die Grundprinzipien der Kernquadrupolresonanz, der magnetischen Elektronenresonanz und von weiteren wichtigen hochfrequenzspektroskopischen Meßmethoden zu streifen.

## *1.2. Einführung in die magnetische Kernresonanz. Überblick über die Methoden der Hochfrequenzspektroskopie*

Viele Atomkerne besitzen in ihrem Grundzustand einen von Null verschiedenen Eigendrehimpuls $\hbar \boldsymbol{I}$, der ganz- oder halbzahlige Werte von $\hbar$ betragen kann. Das damit verbundene magnetische Moment beträgt $\boldsymbol{\mu} = \gamma \hbar \boldsymbol{I}$, wobei $h = \hbar \cdot 2\pi$ das PLANCKsche Wirkungsquantum und $\gamma$ das gyromagnetische Verhältnis bezeichnen.

*Atom- und Molekularstrahluntersuchungen* haben für Präzisionsbestimmungen von Kernmomenten eine außerordentlich große Rolle gespielt. Diesen Untersuchungen liegt eine experimentelle Anordnung zugrunde, die letztlich auf den Versuch von STERN und GERLACH [1] zurückgeht. In diesem Experiment (Abb. 1.2) bewegt sich ein Strahl von Atomen mit einem magnetischen Moment $\boldsymbol{\mu} = \{\mu_x, \mu_y, \mu_z\}$ in der Richtung $y$ durch ein inhomogenes Magnetfeld mit der magnetischen Induktion $\boldsymbol{B}$, deren

Richtung und deren Gradient $\frac{\partial \boldsymbol{B}}{\partial z}$ senkrecht dazu orientiert sind. Auf das Teilchen wirkt eine Kraft $\boldsymbol{F} \cdot \boldsymbol{e}_z$ in Magnetfeldrichtung $\boldsymbol{e}_z$, die durch

$$\begin{aligned} F &= \operatorname{grad} (\mu \boldsymbol{B})_z = (\mu \operatorname{grad}) B_z \\ &= \mu_x \frac{\partial B_z}{\partial x} + \mu_y \frac{\partial B_z}{\partial_y} + \mu_z \frac{\partial B_z}{\partial z} \end{aligned} \tag{1.1}$$

gegeben ist. Neben dieser Kraft ist noch das Drehmoment $\boldsymbol{C} = [\mu \times \boldsymbol{B}]$ zu berücksichtigen, das das magnetische

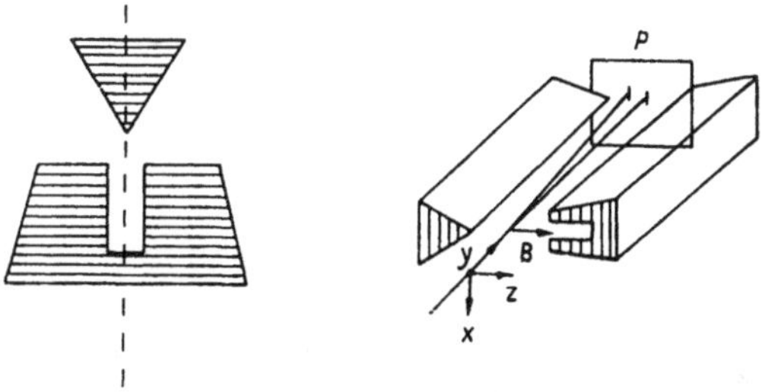


Abb. 1.2. Schematische Darstellung des STERN-GERLACH-Versuchs

Moment im Feld $\boldsymbol{B}$ erfährt und das gemäß den Grundgleichungen der Mechanik der Änderung $\frac{\mathrm{d}}{\mathrm{d}t} (\hbar \boldsymbol{I})$ des Drehimpulses entspricht (Abb. 1.3). In Analogie zur Kreiselbewegung wird durch diese Gleichung eine Präzession des magnetischen Moments um die Feldrichtung beschrieben (vgl. Abschn. 1.4.1). Erstreckt sich das Magnetfeld in $z$-Richtung, so nehmen angesichts dieser Präzession die Komponenten $\mu_x$ und $\mu_y$ des magnetischen Moments abwechselnd positive und negative Werte an. Die Komponente $\mu_z$ bleibt dabei konstant. Somit ist der zeitliche Mittelwert $\bar{F}$ dieser Kraft gegeben durch

$$\bar{F} = \mu_z \frac{\partial B_z}{\partial z}. \tag{1.2}$$

Da die $z$-Komponente des magnetischen Moments entsprechend der Richtungsquantelung im Magnetfeld nur eine begrenzte Anzahl diskreter Werte besitzen kann, teilt sich der Teilchenstrahl in entsprechend viele Einzelstrahlen auf, die sich als dünne Streifen auf der Photoplatte (P) nachweisen lassen.

Im klassischen Experiment von STERN und GERLACH [1] kamen Silberatome (neben Wasserstoff- und Alkalimetallatomen) zur Anwendung, und aus der Aufspaltung

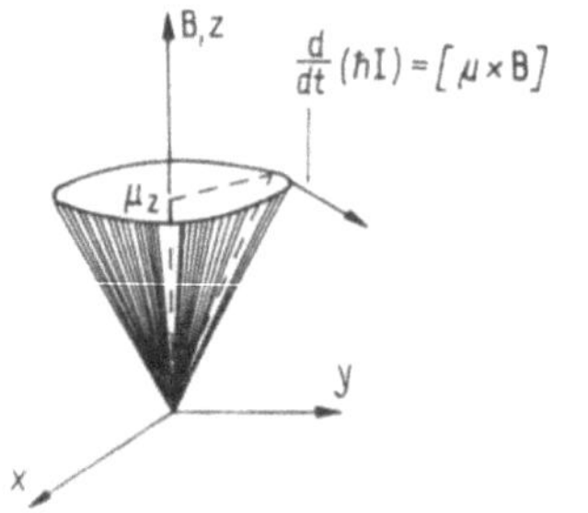


Abb. 1.3. **Präzessionsbewegung eines „atomaren Kreisels" ($\hbar I$) im zeitlich konstanten Feld mit der magnetischen Induktion $B$. Der eingezeichnete Drehsinn trifft für ein negatives gyromagnetisches Verhältnis ($\gamma < 0$) zu.**

des Atomstrahls in zwei Spuren konnte die Existenz eines gequantelten Elektronenspins in sehr überzeugender Weise gezeigt werden.

FRISCH und STERN [2] benutzten Molekularstrahlen, bei denen wegen des verschwindenden magnetischen Moments der Elektronen das resultierende Moment nur von den Kernen herrührt. Trotz beträchtlicher experimenteller Schwierigkeiten wegen der viel geringeren Ablenkung dieser Strahlen gelang es ihnen, das magnetische Moment des Protons mit einem Fehler von 10% zu messen.

RABI und Mitarbeiter [3] zeigten, daß sich Kernmomente in eindeutiger Weise auch bei Verwendung von Atomen bestimmen lassen, bei denen die Aufspaltung des Strahles durch die Kopplung zwischen den magnetischen Momenten des Kernspins und der Elektronen beeinflußt wird. Gegenüber den Molekularstrahluntersuchungen besitzen diese Untersuchungen den Vorteil, daß bei Gegenwart von Elektronenmomenten größere Strahlablenkungen bei kürzeren Weglängen erzielt werden können.

Eine entscheidende Verbesserung der Genauigkeit und Empfindlichkeit ließ sich aber erst durch Einführung des Resonanzeffektes erreichen. Wie im ersten Experiment

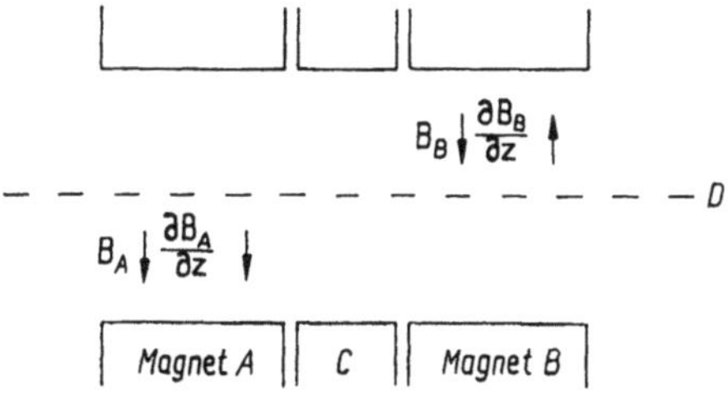


Abb. 1.4. Schema der Atomstrahlresonanzmethode

von Rabi und Mitarbeitern [4], wobei LiCl Verwendung fand, wird die Resonanztechnik zunächst in bezug auf Molekularstrahlen diskutiert. Die Anordnung besteht aus drei Magneten (Abb. 1.4): Nach Durchlaufen des Magneten A, dessen Feld $\boldsymbol{B}_A$ und dessen Gradient $\frac{\partial \boldsymbol{B}_A}{\partial z}$ in $z$-Richtung orientiert sind, entsteht die bereits erwähnte Ablenkung des Strahles, die jedoch durch den Magneten B mit gleicher Feldrichtung, aber entgegengesetzt gerichtetem Gradienten wieder kompensiert werden kann. Unter diesen Bedingungen registriert der Teilchenzähler D dieselbe Strahlintensität wie bei Abwesenheit der Magnetfelder. Eine Ablenkung des Strahles und damit also eine Verringerung der Intensität ist nachweisbar, wenn dem durch den Magneten C erzeugten homogenen Feld $\boldsymbol{B}_0$ ein hochfrequentes Drehfeld, d. h. ein zirkular polarisiertes Magnetfeld $\boldsymbol{B}_1$, senkrecht dazu überlagert wird (Abb. 1.5). Die Kreisfrequenz $\omega$ des hochfrequenten und die magnetische Induktion $B_0$ des konstanten Feldes müssen dann über die Beziehung $\omega = |\gamma|\, B_0$ verknüpft sein. Diesem Resonanzeffekt liegt folgender Sachverhalt zugrunde: Im homogenen Feld $\boldsymbol{B}_0$ ist die ablenkende Kraft nach Gl. (1.1) Null. Das magnetische Kernmoment $\mu$ erfährt nur ein Drehmoment und damit eine Änderung $\frac{\mathrm{d}}{\mathrm{d}t}(\hbar \boldsymbol{I})$ des Drehimpulses.

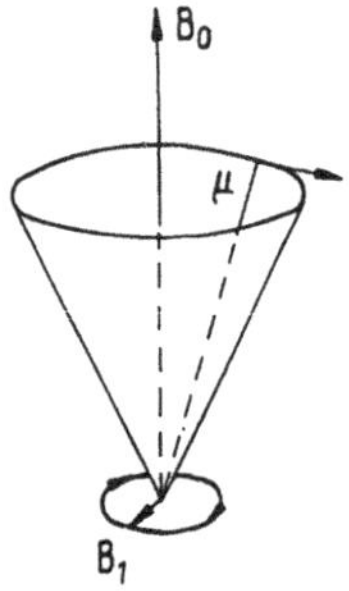


Abb. 1.5. **Anordnung der Magnetfelder im Resonanzexperiment**

Stimmt die Drehrichtung des Feldes $\boldsymbol{B}_1$ mit der Präzessionsrichtung des Moments $\mu$ und die Kreisfrequenz $\omega$ mit ihrer Präzessionsfrequenz $|\gamma|\, B_0$ (Larmor- oder Resonanz-Frequenz, vgl. Abschn. 1.4.1) überein, so wirkt auf das magnetische Moment ein zusätzliches Drehmoment. Am einfachsten lassen sich die Verhältnisse überblicken, wenn man in ein rotierendes Koordinatensystem $(x', y', z')$ übergeht, das im gleichen Drehsinn und mit der gleichen Frequenz um die Richtung des konstanten Magnetfeldes präzediert wie das magnetische Moment $\mu$. Solange das Wechselfeld $\boldsymbol{B}_1(t)$ nicht wirkt, befindet sich das magnetische Moment im rotierenden Koordinatensystem in Ruhe. Das effektive Magnetfeld ist Null. Da dem hochfrequenten Feld $\boldsymbol{B}_1(t) = \{\check{B}_1 \cos \omega t, -\check{B}_1 \sin \omega t, 0\}$ des Laborkoordinatensystems ein konstantes Feld $\boldsymbol{B}_1' = \check{B}_1 \boldsymbol{e}_x$, im rotierenden Koordinatensystem entspricht, kann das zusätzliche Drehmoment $\boldsymbol{C}_1$ sofort angegeben werden: Es gilt $\boldsymbol{C}_1 = [\mu \times \boldsymbol{B}_1']$, und der Drehimpuls des „atomaren Kreisels" erfährt eine Änderung senkrecht zur Richtung von $\boldsymbol{B}_1'$. Da die beiden Felder $\boldsymbol{B}_0$ und $\boldsymbol{B}_1'$ senkrecht zueinander stehen, kann durch diese zusätzliche Präzession (Abb. 1.6) auch der Winkel zwischen $\mu$ und $\boldsymbol{B}_0$ geändert werden, d. h. die Komponente $\mu_z$ verringert oder vergrößert werden.

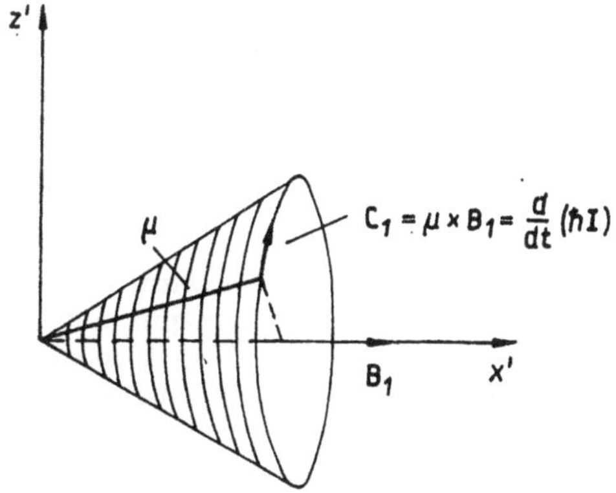


Abb. 1.6. **Präzessionsbewegung eines magnetischen Moments im rotierenden Koordinatensystem (RKS = $x'$, $y'$, $z'$) unter dem Einfluß eines zirkular polarisierten hochfrequenten Feldes, dessen Frequenz genau der Larmor-Frequenz des Moments entspricht**

Auf Teilchen mit umorientiertem Kernspinmoment wirkt im inhomogenen Feld des Magneten B (Abb. 1.4) eine andere Kraft, so daß diese Teilchen den Teilchenzähler D nicht mehr erreichen. Hält man also z. B. die Frequenz $\omega$ konstant und variiert man die Induktion $B_0$ des Magneten C, so zeigt der Teilchenstrom bei einem scharf definierten Wert von $\frac{\omega}{B_0}$ ein Minimum. Durch die Größe von $\frac{\omega}{B_0}$ ist dann das gyromagnetische Verhältnis und damit bei konstanter Kernspinquantenzahl das magnetische Moment gegeben.

Die Resonanzbedingung ergibt sich aus folgenden Betrachtungen: Die Energie $E$ des magnetischen Moments $\boldsymbol{\mu}$ im konstanten homogenen Feld $\boldsymbol{B}_0$ berechnet man aus dem Drehmoment $[\boldsymbol{\mu} \times \boldsymbol{B}_0]$ nach der Gleichung

$$E = \int \mathrm{d}\alpha \, |[\boldsymbol{\mu} \times \boldsymbol{B}_0]| = -\mu B_0 \cos \alpha = -\boldsymbol{\mu}\boldsymbol{B}_0,$$

wobei wir als Nullpunkt die Stellung des magnetischen Moments senkrecht zum Felde wählen, also $E\left(\alpha = \frac{\pi}{2}\right) = 0$. Da durch $\boldsymbol{B}_0$ die $z$-Richtung festgelegt ist, folgt

$$E = -\mu_z \cdot B_0. \tag{1.4}$$

Wegen der Richtungsquantelung der Komponente $\mu_z$ im Magnetfeld mit der Induktion $B_0$ kann diese Energie, die auch als Zeeman-Energie bezeichnet wird, nur diskrete Werte annehmen. Für einen Kernspin mit der Spinquantenzahl $I$ gibt es ingesamt $2I + 1$ mögliche Orientierungen des magnetischen Kernmoments $\mu_z$ im Magnetfeld der Induktion $B_0$, d. h. $2I + 1$ diskrete Eigenwerte $(\tilde{\mu}_z)_m$ für die Komponente $\mu_z$ des magnetischen Moments, die nach Gl. (1.4) zu einer gleichen Anzahl unterschiedlicher Energieeigenwerte $E_m$ (vgl. Abschn. 1.4.2) führen. Durch Einstrahlung eines hochfrequenten Magnetfeldes mit der Amplitude $\check{B}_1$ und der Kreisfrequenz $\omega$, das senkrecht zur Richtung des homogenen konstanten Feldes angeordnet ist, werden Übergänge zwischen den Zuständen erzeugt. Die Wahrscheinlichkeit für die induzierten Übergänge wird dann am größten sein, wenn die Energiequanten $\hbar\omega$ des hochfrequenten Feldes gerade den Energieunterschieden $|E_{m\pm1} - E_m|$ benachbarter Zeeman-Energiezustände entsprechen, woraus sofort die Resonanzbedingung folgt (Abschn. 1.4.2). Da es im Experiment lediglich auf die Änderung der Trajektorie des einzelnen Teilchens ankommt, ist es gleichgültig, ob das Teilchen dabei Energie gewinnt oder verliert. Die ursprüngliche Besetzung der Zustände kann also beliebig sein. Aus diesem Grunde lassen sich unpolarisierte Teilchenstrahlen verwenden.

Die *Präzision* der Methode ergibt sich aus der hohen Genauigkeit, mit der man Frequenzen messen kann. Da sich die magnetischen Induktionen im Vergleich dazu nur recht ungenau bestimmen lassen, ersetzt man für Präzisionsbestimmungen von Kernspinmomenten die absoluten durch relative Messungen. Häufig werden dabei Kernübergänge in Strahlen von freien Atomen untersucht, die ein resultierendes Moment besitzen, das aus Elektronen- und Kernspinbeiträgen zusammengesetzt ist. Grundlage für diese Präzisionsbestimmungen ist das Studium von Hyperfeinwechselwirkungen bei unterschiedlichen magnetischen Induktionen des äußeren Magnetfeldes. Für Absolutmessungen von Protonenmomenten (als Bezugspunkte für die Bestimmung anderer Kernmomente) wurden die Protonenmomente auf die magnetischen Bahnmomente der Elektronen bezogen, wobei das Magnetfeld entweder durch das Studium geeigneter Hyperfeinübergänge oder durch die Zyklotronresonanzfrequenz der Elektronen kalibriert wurde (vgl. die Übersicht in [5]).

Für den Nachweis der Resonanzerscheinungen bei Molekular- und Atomstrahlexperimenten ist es sehr bedeutungsvoll, daß die ursprüngliche Besetzung der Zustände beliebig sein kann, d. h., daß der Boltzmann-Faktor keine Rolle spielt. Weiterhin ist es wichtig, daß die durch die Teilchen des Strahles auf den Teilchenzähler übertragene Energie beträchtlich größer ist als die Energiedifferenz $E_{m\pm1} - E_m$, die die eigentliche Ursache für die Ablenkung des Strahles darstellt. Man spricht in diesem Zusammenhang auch von einem „Trigger"-Nachweis. Beide Effekte erklären die hohe Empfindlichkeit dieser Methode gegenüber den Verfahren der kernmagnetischen Resonanz in kompakter Materie.

Bei der *kernmagnetischen Resonanz* finden zum Nachweis die Energiebeträge Verwendung, die das Spinsystem aus dem äußeren hochfrequenten Magnetfeld absorbiert. In einer vereinfachten experimentellen Anordnung befindet sich dabei die zu untersuchende Probe mit kompakter Materie in einem homogenen Magnetfeld $\boldsymbol{B}_0$, dem senkrecht dazu ein hochfrequentes Magnetfeld $\boldsymbol{B}_1$ überlagert ist (Abb. 1.5). Von entscheidender Bedeutung für dieses Resonanzexperiment sind die Wechselwirkungen der Spinmomente untereinander und mit ihrer Umgebung, dem „Gitter". Durch sie bildet sich eine ungleiche Besetzung der einzelnen Spinzustände heraus, die von der Temperatur $T$ abhängt. Der Vorgang zur Einstellung des thermischen Gleichgewichts, der mit einem Energieaustausch zwischen den in Wechselwirkung stehenden Atomkernen, dem Spinsystem, und dem Gitter einhergeht, heißt longitudinale oder Spin-Gitter-Relaxation.

Im thermischen Gleichgewicht sind die Besetzungszahlen $p_m$ der ZEEMAN-Energiezustände $E_m$ den BOLTZMANN-Faktoren

$$p_m \propto \exp\left[-E_m/kT\right] \tag{1.5}$$

proportional. Die Ungleichheit der Besetzungszahlen führt somit zu einer endlichen Größe des Erwartungswertes des Operators $\tilde{\mu}_z$ des Kerndipolmoments:

$$\langle\tilde{\mu}_z\rangle = \sum_{m=-I}^{I} (\tilde{\mu}_z)_m \cdot p_m . \tag{1.6}$$

Bezeichnet man mit ${}^1N$ die Zahl der Spinmomente pro Volumeneinheit, so ist die makroskopisch meßbare Magnetisierung gegeben durch

$$M_0 = {}^1N \cdot \langle\tilde{\mu}_z\rangle . \tag{1.7}$$

Hinsichtlich der Bewegung des Magnetisierungsvektors im Magnetfeld lassen sich alle Aussagen übertragen, die bereits über isolierte Spinmomente getroffen wurden: Sind im Resonanzfall die Präzessionsfrequenz der Magnetisierung und die Frequenz des äußeren hochfrequenten Magnetfeldes gleich, so kann durch das hochfrequente

Magnetfeld eine Änderung des Winkels zwischen der Magnetisierung $\boldsymbol{M}$ und dem konstanten äußeren Feld induziert werden. Durch die Präzession der so erzeugten transversalen Komponenten der Kernmagnetisierung kommt es zu einer Energieabsorption aus dem hochfrequenten Magnetfeld.

Nach der Methode von PURCELL und Mitarbeitern [6] wird die Resonanzabsorption unmittelbar durch die Rückwirkung auf den Hochfrequenzkreis (Änderung der Güte und Verstimmung des Kreises) nachgewiesen.

BLOCH und Mitarbeiter [7] bestimmten die Spannung, die durch die makroskopische Kernmagnetisierung in einer senkrecht zu den beiden Feldern $\boldsymbol{B}_0$ und $\boldsymbol{B}_1$ angeordneten Empfängerspule induziert wird. Beide Verfahren unterscheiden sich in ihrem Grundprinzip nicht voneinander: Der Nachweis erfolgt in Gegenwart eines hochfrequenten Magnetfeldes mit konstanter Amplitude $\check{B}_1$ nach Abklingen der Einschaltvorgänge, weshalb man auch von stationären Verfahren spricht.

Ein anderes Meßprinzip liegt den instationären Verfahren zugrunde: Durch ein kurzzeitig wirkendes intensives hochfrequentes Magnetfeld, dessen Frequenz der Resonanzfrequenz der Kernmomente entspricht, werden gleichzeitig die Präzessionsbewegungen von Kernmomenten in einem bestimmten Resonanzbereich gestört, so daß eine Magnetisierung in der Ebene der Empfängerspule entsteht. Nach Abschalten des Hochfrequenzfeldes induzieren die präzedierenden transversalen Komponenten der Magnetisierung in der Empfängerspule eine zeitlich abklingende Spannung, die sog. freie Induktion. Das Kernresonanzspektrum läßt sich in diesem Falle unmittelbar berechnen durch die Zerlegung dieser Zeitfunktion in ihre einzelnen Frequenzanteile. Dieses Meßverfahren liegt der FOURIER-Transform-Kernresonanzspektroskopie zugrunde. Einzelheiten des Nachweises werden im Kap. 4 behandelt.

Bei der *Kernquadrupolresonanz*, die eng mit der kernmagnetischen Resonanz verwandt ist, werden durch ein hochfrequentes magnetisches Wechselfeld Übergänge zwischen den Energieniveaus erzeugt, die durch die Wechselwirkung des elektrischen Quadrupolmoments des Atomkerns mit einem am Kern wirkenden inhomogenen elektrischen Feld gegeben sind: Zusätzlich zu dem mit ihrem Eigendrehimpuls verbundenen magnetischen Moment besitzen Kerne mit einer Kernspinquantenzahl $I > \frac{1}{2}$ ein elektrisches Quadrupolmoment. Durch die Wechselwirkung des Quadrupolmoments mit dem Gradienten des elektrischen Kristallfeldes wirkt auf den Kern ein Drehmoment, das wie in Abb. 1.3 der Änderung seines Eigendrehimpulses entspricht. Der mit dem Kernquadrupolmoment gekoppelte Eigendrehimpuls und somit auch das magnetische Kerndipolmoment präzedieren um die Richtung des Feldgradienten. Ein dazu senkrecht angelegtes hochfrequentes magnetisches Feld, das mit der Frequenz dieser Präzessionsbewegung rotiert, bewirkt durch die Beeinflussung der Orientierung des magnetischen Kerndipolmoments eine Umorientierung der Kerne. Nur durch die Kopplung des magnetischen Kerndipolmoments mit dem äußeren Hochfrequenzfeld werden also Übergänge zwischen den Energieniveaus induziert, die durch die Quadrupolwechselwirkung festgelegt sind. Es kommt zu einer Energieabsorption aus dem hochfrequenten Wechselfeld, die mit den gleichen Mitteln wie bei der kernmagnetischen Resonanz nachgewiesen wird. Auch bei der Kernquadrupolresonanz beruht also der Resonanzeffekt auf einer magnetischen Wechselwirkung.

Das Grundprinzip der *elektronenparamagnetischen Resonanz* unterscheidet sich nicht von dem der kernmagnetischen Resonanz. Elektronensysteme mit einem resultierenden Drehimpuls besitzen ein magnetisches Moment $\mu_J = \gamma \hbar \boldsymbol{J}$. Dabei bezeichnet $\boldsymbol{J}$ den dimensionslosen Vektor des Gesamtdrehimpulses der Elektronen. Von großer Wichtigkeit für die Durchführung und Interpretation der Elektronenresonanzexperimente ist es, daß sich das magnetische Moment des Elektrons aus einem Spin- und einem Bahnmoment zusammensetzt. Das gesamte magnetische Moment wird daher entscheidend von der Natur der Kopplung zwischen den beiden Momenten bestimmt sowie von der elektronischen Struktur der Umgebung, durch welche das Bahnmoment sehr stark beeinflußt werden kann. Da das Bahnmoment in Festkörpern im allgemeinen ausgelöscht ist, ist das Elektronenspinmoment von entscheidender Bedeutung für die elektronenparamagnetische Resonanz, weshalb man oft auch von der *Elektronenspinresonanz* spricht. Da das gyromagnetische Verhältnis $\gamma$, dessen Wert größenordnungsmäßig gleich $\frac{e}{m}$ ist, wegen der kleineren Elektronenmasse $m$ ($e$ = Elementarladung) um etwa den Faktor $10^3$ größer ist als bei Kernen, ergeben sich andere Bedingungen für den experimentellen Nachweis der Resonanzabsorption: Während übliche Spektrometer der kernmagnetischen Resonanz bei Frequenzen bis zu $f = 100$ MHz (Protonenresonanz, $B_0 = 2{,}5$ T) arbeiten und durch Einsatz von Supraleitungsmagneten ein Resonanzbereich bis zu etwa 300 MHz erschlossen werden konnte, sind Standardspektrometer der elektronenparamagnetischen Resonanz meist für das $X$-Band ($f = 9{,}5$ GHz, $B_0 = 0{,}34$ T für freie Elektronen) oder das $Q$-Band ($f = 35$ GHz, $B_0 = 1{,}25$ T für freie Elektronen) konzipiert.

Die *ferromagnetische Resonanz* beruht auf der Resonanzabsorption durch das Elektronenspinsystem in ferromagnetischen Stoffen. Die Resonanzfrequenzen liegen im Mikrowellengebiet, und die experimentelle Technik ist ähnlich wie bei der elektronenparamagnetischen Resonanz. Die Resonanzbedingung muß aber modifiziert werden, da die inneren Magnetfelder in den Ferromagnetika (unterhalb der CURIE-Temperatur) bedeutend stärker sein können (bis zu $10^3$ T) als das äußere Magnetfeld. Resonanzeffekte lassen sich hier also bereits ohne äußeres Magnetfeld nachweisen. Eine Resonanzabsorption tritt auch in antiferromagnetischen Stoffen auf (antiferromagnetische Resonanz).

Die *Zyklotronresonanz* (manchmal auch diamagnetische Resonanz genannt) bezeichnet die Resonanzabsorption durch Elektronen von Metallen und Halbleitern, die sich in einem konstanten Magnetfeld befinden. Im Magnetfeld $\boldsymbol{B}$ erfährt ein Elektron mit der Geschwindigkeit $\boldsymbol{v}$ die LORENTZ-Kraft

$$\hbar \frac{\mathrm{d}\boldsymbol{k}}{\mathrm{d}t} = e[\boldsymbol{v} \times \boldsymbol{B}]. \qquad (1.8)$$

$\hbar\boldsymbol{k}$ ist der Impuls, $\boldsymbol{k}$ bezeichnet den Wellenzahlvektor. Die Umlauffrequenz $\omega_c$ eines Elektrons im homogenen Magnetfeld ist durch $\frac{|e|}{m^*} B$ bestimmt, wobei $m^*$ die effektive Masse der Elektronen darstellt. Stimmt die Kreisfrequenz des hochfrequenten Feldes mit der Umlauffrequenz der Elektronen überein (oder ist sie ein Vielfaches davon), so kann ein rotierendes Elektron stets gleichphasig beschleunigt werden und dem hochfrequenten Feld eine maximale Energie entziehen.

Da die Ladungsträger durch die Wechselwirkungen mit den Kristallgitterschwingungen bei ihrem Bahnumlauf gestört werden, muß die Rotationsfrequenz so hoch sein, daß die mittlere Zeit zwischen zwei Stößen stets groß gegenüber der reziproken Umlauffrequenz $\omega_c^{-1}$ ist. Dadurch wird der Frequenzbereich bestimmt, der im Mikrowellengebiet liegt. Die Spektrometer zur Beobachtung der Zyklotronresonanz haben daher viele Gemeinsamkeiten mit einem Spektrometer zur elektronenparamagnetischen Resonanz.

Schließlich zählen zur Hochfrequenzspektroskopie noch zwei Methoden, bei denen die Übergänge durch Kopplung von *elektrischen Dipolmomenten* mit elektrischen Feldern induziert werden.

Die *elektrische Molekularstrahlresonanz* ist das elektrische Analogon zur bereits erläuterten magnetischen Atom- und Molekularstrahlresonanzmethode: Moleküle mit einem elektrischen Dipolmoment besitzen in einem konstanten homogenen elektrischen Feld verschiedene Energiezustände infolge der Aufspaltung der entarteten Zustände durch den STARK-Effekt. Zwischen ihnen können durch Wechselwirkung mit hochfrequenten elektrischen Feldern elektrische Dipolübergänge induziert werden. Der Molekularstrahl durchläuft (im Vakuum) zwei inhomogene elektrische Felder mit entgegengesetzter Richtung der Gradienten und einem dazwischengeschalteten homogenen Feld. Die inhomogenen Felder sind so beschaffen, daß der Teilchenstrahl auf einen Teilchenzähler eine maximale Energie überträgt. Werden durch ein elektrisches Wechselfeld Übergänge zwischen den stationären Zuständen im konstanten elektrischen Feld induziert, so ergibt sich eine Verringerung der Strahlintensität am Ort des Teilchenzählers, was wie bei der magnetischen Methode zum Nachweis des Resonanzeffektes dient. Unter *Mikrowellenspektroskopie* (in engerem Sinne) versteht man die Spektroskopie an Gasen bei niedrigen Drücken. Es werden die Übergänge zwischen den Rotationszuständen der Moleküle (oder den Inversionsdubletts) und die damit verknüpfte Energieabsorption beobachtet. Die Übergänge werden durch Kopplung des elektrischen Dipolmoments mit den elektrischen Komponenten des elektromagnetischen Feldes induziert.

## 1.3. *Historische Übersicht*

Wie in der *zusammenfassenden Übersicht* (Tab. 1.2) noch einmal zum Ausdruck kommt, bildete die Verfeinerung der Deutung optischer Spektren den Ausgangspunkt für die Herausbildung der Methoden der Hochfrequenzspektroskopie. Die Entwicklung in diesem Sinne geht auf das Jahr 1896 zurück, in dem ZEEMAN den nach ihm benannten Effekt entdeckte. Weitere wichtige Etappen bei der Deutung komplexer Spektren war die Hypothese eines Kernspins (PAULI, 1924) und die Entdeckung des Elektronenspins (GOUDSMIT und UHLENBECK, 1925). Einen unmittelbaren Beweis (und nicht einen indirekten wie die spektroskopischen Befunde) für die Existenz des Elektronenspins vermittelten die Ergebnisse des Stern-Gerlach-Versuches (1924), worauf bereits ausführlicher eingegangen wurde.

Pauli glaubte seinerseits nur an einen Kernspin für zusammengesetzte Kerne, der von Bahnbewegungen herrührt. Erst Hund (1927) hat den Protonenspin eingeführt, dessen Existenz

Tabelle 1.2.
Historischer Überblick

| | | |
|---|---|---|
| 1896 | Zeeman | Aufspaltung der Spektrallinien im Magnetfeld |
| 1924 | Pauli | Deutung der Hyperfeinstruktur durch Hypothese des Kernspins |
| 1924 | Stern, Gerlach | Richtungsquantelung im Magnetfeld |
| 1925 | Goudsmit, Uhlenbeck | Hypothese des Elektronenspins |
| 1927 | Hund | Einführung des Protonenspins |
| 1933 | Frisch, Stern | Messung des Protonenspinmoments (relative Genauigkeit $10^{-1}$) |
| 1933 | Cleeton, Williams | Mikrowellenexperiment an $NH_3$ |
| 1937 | Lazarew, Schubnikow | Suszeptibilität eines Ensembles von Protonen ($H_2$; 1,2···4,2 K) |
| 1938 | Rabi und Mitarbeiter | Atom- und Molekularstrahlresonanzen zur Bestimmung von Kernmomenten (relative Genauigkeit $10^{-5}$) |
| 1944 | Sawoiski | Entdeckung der paramagnetischen Elektronenresonanz |
| 1946 | Bloch, Hansen, Packard und Purcell, Torrey, Pound | Entdeckung der kernmagnetischen Resonanz |
| | Griffith | Entdeckung der ferromagnetischen Resonanz |
| 1949 | Dehmelt, Krüger | Entdeckung der Kernquadrupolresonanz |

durch das anomale Verhalten der spezifischen Wärme des molekularen Wasserstoffes bewiesen wurde. Die statische Suszeptibilität eines Systems von Protonen wurde von Lasarew und Schubnikow (1937) bei sehr tiefen Temperaturen bestimmt. Nach ersten Messungen des magnetischen Moments des Protons durch Frisch und Stern (1933) konnten nur die bereits überblicksmäßig dargestellten Methoden der magnetischen Resonanz genaue Resultate über magnetische Kernmomente liefern, auf die die weiteren Betrachtungen aufbauen.

## *1.4. Bewegung isolierter Kernmomente in homogenen Magnetfeldern*

### *1.4.1. Klassische Behandlung*

Zwischen dem (mechanischen) Impuls des Kernspins $\hbar\boldsymbol{I}$ und seinem magnetischen Moment $\boldsymbol{\mu}$ besteht die bekannte Beziehung

$$\boldsymbol{\mu} = \gamma\hbar\boldsymbol{I} = g_I\beta_I\boldsymbol{I}. \tag{1.9}$$

$$\gamma = \frac{g_I\beta_I}{\hbar} \tag{1.10}$$

stellt das gyromagnetische Verhältnis dar.

$$\beta_I = \frac{e\hbar}{2M} = (5{,}050824 \pm '20)\ 10^{-27}\ \mathrm{JT^{-1}} \tag{1.11}$$

ist das Kernmagneton, $g_I$ der Kern-$g$-Faktor und $M$ die Protonenmasse.

Neben dem magnetischen Dipolmoment können Kerne mit einem Spin $I > \frac{1}{2}$ auch höhere Momente besitzen. Für die Möglichkeiten des Auftretens elektrischer und magnetischer Multipolmomente gelten folgende Regeln:

1. Es gibt Multipolmomente der Ordnung $2^l$. Für geradzahlige Werte von $l$ treten elektrische und für ungeradzahlige magnetische Multipolmomente auf.
2. Das Multipolmoment der höchsten Ordnung ist das mit $l = 2I$.

Bei der kernmagnetischen Resonanz spielen nur magnetische Dipolmomente und elektrische Quadrupolmomente eine Rolle. Eine Übersicht über Zahlenwerte findet man in Tab. 1.3.

Tabelle 1.3.

Zahlenwerte für Kerne+)

| Isotop | NMR-Frequenz $\nu$ in MHz bei $B_0 = 2{,}34869$ T | Signalintensität bei konstantem Feld $B_0$ relativ zur gleichen Anzahl von Protonen | Natürliche Häufigkeit % | Kern-Spin in Vielfachen von $\hbar$ | Vorzeichen für das gyromagnetische Verhältnis $\gamma$+++) | Elektrisches Quadrupolmoment $Q$ in Vielfachen von $10^{-24}$ cm² ++) |
|---|---|---|---|---|---|---|
| $^{1}$H | 100,00 | 1,00 | 99,985 | 1/2 | + | — |
| $^{2}$H | 15,35 | $9{,}65 \cdot 10^{-3}$ | $1{,}5 \cdot 10^{-2}$ | 1 | + | $2{,}8 \cdot 10^{-3}$ |
| $^{3}$He | 76,18 | 0,442 | $10^{-5} - 10^{-7}$ | 1/2 | − | — |
| $^{6}$Li | 14,71 | $8{,}50 \cdot 10^{-3}$ | 7,43 | 1 | + | $4{,}6 \cdot 10^{-4}$ |
| $^{7}$Li | 38,87 | 0,294 | 92,57 | 3/2 | + | $-(1-4) \cdot 10^{-2}$ |
| $^{9}$Be | 14,05 | $1{,}39 \cdot 10^{-2}$ | 100,00 | 3/2 | − | $2 \cdot 10^{-2}$ |
| $^{10}$B | 10,75 | $1{,}99 \cdot 10^{-2}$ | 19,58 | 3 | + | $(7{,}4-11{,}1) \cdot 10^{-2}$ |
| $^{11}$B | 32,08 | 0,165 | 80,42 | 3/2 | + | $3{,}6 \cdot 10^{-2}$ |
| $^{13}$C | 25,14 | $1{,}59 \cdot 10^{-2}$ | 1,108 | 1/2 | + | — |
| $^{14}$N | 7,22 | $1{,}01 \cdot 10^{-3}$ | 99,63 | 1 | + | $(2-7) \cdot 10^{-2}$ |
| $^{15}$N | 10,13 | $1{,}04 \cdot 10^{-3}$ | 0,37 | 1/2 | − | — |
| $^{17}$O | 13,56 | $2{,}91 \cdot 10^{-2}$ | $3{,}7 \cdot 10^{-2}$ | 5/2 | − | $-(4-5) \cdot 10^{-3}$ |
| $^{19}$F | 94,08 | 0,833 | 100,00 | 1/2 | + | — |
| $^{21}$Ne | 7,90 | $2{,}46 \cdot 10^{-3}$ | 0,257 | 3/2 | + | ... |

| | | | | | | |
|---|---|---|---|---|---|---|
| $^{23}$Na | 26,45 | $9{,}25 \cdot 10^{-2}$ | 100,00 | 3/2 | + | 0,1 |
| $^{25}$Mg | 6,12 | $2{,}68 \cdot 10^{-3}$ | 10,05 | 5/2 | − | ... |
| $^{27}$Al | 26,06 | 0,206 | 100,00 | 5/2 | + | 0,15 |
| $^{29}$Si | 19,87 | $7{,}84 \cdot 10^{-3}$ | 4,7 | 1/2 | − | — |
| $^{31}$P | 40,48 | $6{,}63 \cdot 10^{-2}$ | 100,00 | 1/2 | + | — |
| $^{33}$S | 7,67 | $2{,}26 \cdot 10^{-3}$ | 0,76 | 3/2 | + | $-(5-6{,}7) \cdot 10^{-2}$ |
| $^{35}$Cl | 9,80 | $4{,}70 \cdot 10^{-3}$ | 75,53 | 3/2 | + | $-(3{,}8-8{,}5) \cdot 10^{-2}$ |
| $^{37}$Cl | 8,16 | $2{,}71 \cdot 10^{-3}$ | 24,47 | 3/2 | + | $-(6{,}2-7{,}9) \cdot 10^{-2}$ |
| $^{39}$K | 4,67 | $5{,}08 \cdot 10^{-4}$ | 93,08 | 3/2 | + | $(0{,}7-1) \cdot 10^{-1}$ |
| $^{43}$Ca | 6,73 | $6{,}39 \cdot 10^{-2}$ | 0,13 | 7/2 | − | ... |
| $^{45}$Sc | 24,30 | 0,301 | 100 | 7/2 | + | −0,2 |
| $^{47}$Ti | 5,637 | $2{,}09 \cdot 10^{-3}$ | 7,75 | 5/2 | − | ... |
| $^{49}$Ti | 5,644 | $3{,}76 \cdot 10^{-3}$ | 5,51 | 7/2 | − | ... |
| $^{51}$V | 26,29 | 0,382 | 99,76 | 7/2 | + | 0,2−0,3 |
| $^{53}$Cr | 5,66 | $9{,}03 \cdot 10^{-4}$ | 9,54 | 3/2 | − | ... |
| $^{55}$Mn | 24,79 | 0,178 | 100 | 5/2 | + | 0,4−0,6 |
| $^{57}$Fe | 3,24 | $3{,}38 \cdot 10^{-5}$ | 2,245 | 1/2 | + | — |
| $^{59}$Co | 23,73 | 0,281 | 100 | 7/2 | + | 0,5 |
| $^{61}$Ni | 8,90 | $3{,}53 \cdot 10^{-3}$ | 1,25 | 3/2 | + | ... |
| $^{63}$Cu | 26,51 | $9{,}31 \cdot 10^{-2}$ | 69,09 | 3/2 | + | −(0,15−0,16) |
| $^{65}$Cu | 28,40 | 1,14 | 30,91 | 3/2 | + | −(0,14−0,15) |
| $^{67}$Zn | 6,26 | $2{,}86 \cdot 10^{-3}$ | 4,12 | 5/2 | + | 0,18 |
| $^{69}$Ga | 24,00 | $6{,}91 \cdot 10^{-2}$ | 60,2 | 3/2 | + | 0,18−0,24 |
| $^{71}$Ga | 30,50 | 0,142 | 39,8 | 3/2 | + | 0,11−0,15 |
| $^{73}$Ge | 3,49 | $1{,}4 \cdot 10^{-3}$ | 7,61 | 9/2 | − | −0,22 |
| $^{75}$As | 17,12 | $2{,}51 \cdot 10^{-2}$ | 100 | 3/2 | + | 0,3 |
| $^{77}$Se | 19,10 | $6{,}93 \cdot 10^{-3}$ | 7,5 | 1/2 | + | — |
| $^{79}$Br | 25,06 | $7{,}86 \cdot 10^{-2}$ | 50,57 | 3/2 | + | 0,3 |

Tabelle 1.3. (1. Fortsetzung)

| Isotop | NMR-Frequenz $\nu$ in MHz bei $B_0 = 2{,}34869$ T | Signalintensität bei konstantem Feld $B_0$ relativ zur gleichen Anzahl von Protonen | Natürliche Häufigkeit % | Kern-Spin in Vielfachen von $\hbar$ | Vorzeichen für das gyromagnetische Verhältnis $\gamma$+++) | Elektrisches Quadrupolmoment $Q$ in Vielfachen von $10^{-24}$ cm² ++) |
|---|---|---|---|---|---|---|
| $^{81}$Br | 27,11 | $9{,}85 \cdot 10^{-2}$ | 49,43 | 3/2 | + | 0,28 |
| $^{83}$Kr | 3,86 | $1{,}88 \cdot 10^{-3}$ | 11,55 | 9/2 | − | 0,15−0,16 |
| $^{85}$Rb | 9,66 | $1{,}05 \cdot 10^{-2}$ | 72,8 | 5/2 | + | 0,24−0,31 |
| $^{87}$Rb | 32,72 | 0,172 | 27,2 | 3/2 | + | 0,12−0,15 |
| $^{87}$Sr | 4,33 | $2{,}69 \cdot 10^{-3}$ | 7,02 | 9/2 | − | ... |
| $^{89}$Y | 4,90 | $1{,}18 \cdot 10^{-4}$ | 100 | 1/2 | − | − |
| $^{91}$Zr | 9,30 | $9{,}4 \cdot 10^{-3}$ | 11,23 | 5/2 | − | ... |
| $^{93}$Nb | 24,44 | 0,482 | 100 | 9/2 | + | −(0,14−0,4) |
| $^{95}$Mo | 6,51 | $3{,}23 \cdot 10^{-3}$ | 15,78 | 5/2 | − | ... |
| $^{97}$Mo | 6,66 | $3{,}44 \cdot 10^{-3}$ | 9,60 | 5/2 | − | ... |
| $^{99}$Ru | 4,44 | $1{,}07 \cdot 10^{-3}$ | 12,81 | 5/2 | | ... |
| $^{101}$Ru | 4,89 | $1{,}41 \cdot 10^{-3}$ | 16,98 | 5/2 | | ... |
| $^{103}$Rh | 3,14 | $3{,}12 \cdot 10^{-5}$ | 100 | 1/2 | − | − |
| $^{105}$Pd | 4,09 | $7{,}94 \cdot 10^{-4}$ | 22,3 | 5/2 | − | ... |
| $^{107}$Ag | 4,04 | $6{,}62 \cdot 10^{-5}$ | 51,35 | 1/2 | − | − |

| | | | | | | |
|---|---|---|---|---|---|---|
| $^{109}$Ag | 4,656 | $1{,}01 \cdot 10^{-4}$ | 48,65 | 1/2 | − | − |
| $^{111}$Cd | 21,20 | $9{,}54 \cdot 10^{-3}$ | 12,86 | 1/2 | − | − |
| $^{113}$Cd | 22,18 | $1{,}09 \cdot 10^{-2}$ | 12,34 | 1/2 | − | − |
| $^{113}$In | 21,87 | 0,347 | 95,84 | 9/2 | + | 0,76 − 1,2 |
| $^{117}$Sn | 35,63 | $4{,}52 \cdot 10^{-2}$ | 7,65 | 1/2 | − | − |
| $^{119}$Sn | 37,28 | $5{,}18 \cdot 10^{-2}$ | 8,68 | 1/2 | − | − |
| $^{121}$Sb | 23,93 | 0,16 | 57,25 | 5/2 | + | −(0,5 − 1,2) |
| $^{123}$Sb | 12,96 | $4{,}57 \cdot 10^{-2}$ | 42,75 | 7/2 | − | −(0,68 − 1,5) |
| $^{125}$Te | 31,59 | $3{,}16 \cdot 10^{-2}$ | 7,03 | 1/2 | − | − |
| $^{127}$I | 20,01 | $9{,}34 \cdot 10^{-2}$ | 100 | 5/2 | + | … |
| $^{129}$Xe | 27,67 | $2{,}12 \cdot 10^{-2}$ | 26,24 | 1/2 | − | − |
| $^{131}$Xe | 8,20 | $2{,}75 \cdot 10^{-3}$ | 21,24 | 3/2 | + | −0,12 |
| $^{133}$Cs | 13,12 | $4{,}74 \cdot 10^{-2}$ | 100 | 7/2 | + | $-(0{,}3-3) \cdot 100^{-2}$ |
| $^{135}$Ba | 9,93 | $4{,}9 \cdot 10^{-3}$ | 6,59 | 3/2 | + | … |
| $^{137}$Ba | 11,11 | $6{,}86 \cdot 10^{-3}$ | 11,32 | 3/2 | + | … |
| $^{139}$La | 14,12 | $5{,}92 \cdot 10^{-2}$ | 99,91 | 7/2 | + | 0,3 − 0,9 |
| $^{177}$Hf | 3,00 | $6{,}38 \cdot 10^{-4}$ | 18,39 | 7/2 | + | 3 |
| $^{179}$Hf | 1,89 | $2{,}16 \cdot 10^{-4}$ | 13,78 | 9/2 | + | 3 |
| $^{181}$Ta | 12,00 | $3{,}60 \cdot 10^{-2}$ | 100 | 7/2 | + | 4 − 7 |
| $^{183}$W | 4,11 | $6{,}98 \cdot 10^{5}$ | 14,28 | 1/2 | + | − |
| $^{185}$Re | 22,51 | 0,133 | 37,07 | 5/2 | + | 2,8 − 2,9 |
| $^{187}$Re | 22,74 | 0,137 | 62,93 | 5/2 | + | 2,6 − 2,7 |
| $^{189}$Os | 7,77 | $2{,}34 \cdot 10^{-3}$ | 16,1 | 3/2 | + | 2,0 |
| $^{191}$Ir | 1,91 | $3{,}5 \cdot 10^{-5}$ | 38,5 | 3/2 | + | 1,2 − 1,5 |
| $^{193}$Ir | 2,02 | $4{,}2 \cdot 10^{-5}$ | 61,5 | 3/2 | + | 1 − 1,5 |
| $^{195}$Pt | 21,50 | $9{,}94 \cdot 10^{-3}$ | 33,7 | 1/2 | | − |
| $^{197}$Au | 1,72 | $2{,}53 \cdot 10^{-5}$ | 100 | 3/2 | + | $(5{,}6-6) \cdot 10^{-1}$ |
| $^{199}$Hg | 17,89 | $5{,}67 \cdot 10^{-3}$ | 16,86 | 1/2 | + | − |

Tabelle 1.3. (2. Fortsetzung)

| Isotop | NMR-Frequenz $\nu$ in MHz bei $B_0 = 2{,}34869$ T | Signalintensität bei konstantem Feld $B_0$ relativ zur gleichen Anzahl von Protonen | Natürliche Häufigkeit % | Kern-Spin in Vielfachen von $\hbar$ | Vorzeichen für das gyromagnetische Verhältnis $\gamma$+++) | Elektrisches Quadrupolmoment $Q$ in Vielfachen von $10^{-24}$ cm² ++) |
|---|---|---|---|---|---|---|
| $^{201}Hg$ | 6,58 | $1{,}42 \cdot 10^{-3}$ | 13,24 | 3/2 | – | 0,45 – 0,65 |
| $^{203}Tl$ | 57,144 | 0,187 | 29,52 | 1/2 | + | – |
| $^{205}Tl$ | 57,71 | 0,192 | 70,48 | 1/2 | + | – |
| $^{207}Pb$ | 20,90 | $9{,}13 \cdot 10^{-3}$ | 21,11 | 1/2 | + | – |
| $^{209}Bi$ | 16,51 | 0,137 | 100 | 9/2 | + | −0,4 |

+) Weitere Zahlenangaben in: LANDOLT-BÖRNSTEIN, Zahlenwerte und Funktionen, Berlin 1962, Bd. II, Teil 9, S. 7–73

++) Die Angaben für $Q$ stimmen mit der Übersicht in der „Bruker-NMR-NGR Periodic Table" überein

+++) Die gyromagnetischen Verhältnisse der Kerne $i$ lassen sich aus dem Frequenzverhältnis $\nu_i/\nu_{Proton}$ unter Verwendung von $\gamma_{Proton} = 2{,}67519 \cdot 10^8$ T$^{-1}$s$^{-1}$ berechnen.

Zur Beschreibung der Bewegung magnetischer Dipolmomente in Magnetfeldern lösen wir die im Abschn. 1.2 begründete Bewegungsgleichung

$$\frac{\mathrm{d}}{\mathrm{d}t}(\hbar \boldsymbol{I}) = \boldsymbol{C} = [\mu \times \boldsymbol{B}], \tag{1.12}$$

die nach Ersetzen des Impulses $\hbar \boldsymbol{I}$ durch das magnetische Moment $\mu$ gemäß Gl. (1.11) die Form

$$\frac{\mathrm{d}\mu}{\mathrm{d}t} = \gamma[\mu \times \boldsymbol{B}] \tag{1.13}$$

annimmt. $\boldsymbol{B}$ stellt den Vektor der Induktion des äußeren Magnetfeldes dar.

Auf schnelle Weise gelangt man zu einer Lösung von Gl. (1.13) durch Transformation in ein Koordinatensystem $S'$, das in bezug auf das Laborkoordinatensystem $S$ mit der Winkelgeschwindigkeit $\omega$ rotiert. In den Lehrbüchern zur Mechanik (vgl. z. B. [8]) wird gezeigt, daß zwischen der zeitlichen Ableitung $\frac{\mathrm{d}\boldsymbol{A}}{\mathrm{d}t}$ eines beliebigen Vektors bezüglich des ruhenden Koordinatensystems $S$ und der zeitlichen Ableitung $\frac{\mathrm{d}'\boldsymbol{A}}{\mathrm{d}t}$ des Vektors $\boldsymbol{A}$ bezüglich des rotierenden Koordinatensystems $S'$ der Zusammenhang

$$\frac{\mathrm{d}\boldsymbol{A}}{\mathrm{d}t} = \frac{\mathrm{d}'\boldsymbol{A}}{\mathrm{d}t} + [\omega \times \boldsymbol{A}] \tag{1.14}$$

besteht. Mit Hilfe dieser allgemeinen Formel läßt sich die Gl. (1.13) sofort auf die Form

$$\frac{\mathrm{d}'\mu}{\mathrm{d}t} = \gamma[\mu \times \boldsymbol{B}_e] \tag{1.15}$$

bringen, wobei

$$\boldsymbol{B}_e = \boldsymbol{B} + \frac{\omega}{\gamma} \tag{1.16}$$

ein effektives Feld darstellt.

Da die zeitliche Ableitung im rotierenden Koordinatensystem $S'$ durchgeführt wird, können wir die Gl. (1.15) unmittelbar auf die Achsen dieses Systems projizieren und

$$\left(\frac{\mathrm{d}'\mu}{\mathrm{d}t}\right)_k = \frac{\mathrm{d}\mu_k}{\mathrm{d}t} = \gamma[\mu' \times \boldsymbol{B}_e']_k \tag{1.15'}$$

schreiben, wobei die unteren Indizes $k = x', y', z'$ die Achsen des Systems $S'$ bezeichnen.

### *Zeitlich konstantes äußeres Feld* $\boldsymbol{B}_0$

Als einfachsten Fall analysieren wir die Bewegung in einem zeitlich und räumlich konstanten Feld $\boldsymbol{B}_0 = \{0, 0, B_0\}$. Rotiert das Koordinatensystem $S'$ mit einem solchen Drehsinn und einer solchen Winkelgeschwindigkeit $\omega_0$ um die Richtung von $\boldsymbol{B}_0 = B_0\boldsymbol{e}_z = B_0\boldsymbol{e}_{z'}$, daß

$$\boldsymbol{B}_e = \boldsymbol{B}_0 + \frac{\omega_0}{\gamma} = 0 \tag{1.17}$$

gilt, so bleibt $\mu$ im rotierenden Koordinatensystem $S'$ konstant. Das magnetische Moment bewegt sich also mit der Frequenz des rotierenden Koordinatensystems um die $z$-Richtung. Im Laborkoordinatensystem bewegt sich demnach $\mu$ mit der Winkelgeschwindigkeit

$$\omega_0 = -\gamma \boldsymbol{B}_0 \tag{1.17'}$$

um die Richtung von $\boldsymbol{B}_0$. Da $B_0$ eine positive Größe darstellt, wird die Richtung von $\omega_0$ durch das Vorzeichen von $\gamma$ bestimmt. Für $\gamma > 0$ ist $\omega_0$ antiparallel zu $\boldsymbol{B}_0$ gerichtet, d. h., $\mu$ präzediert im Uhrzeigersinn (Linksschraube) um die Richtung von $\boldsymbol{B}_0$ (vgl. Abb. 1.3, S. 26). Für $\gamma < 0$ führt das magnetische Moment eine Rechtsschraubenbewegung aus.

*Zeitlich veränderliches äußeres Feld*
$\boldsymbol{B}(t) = 2\check{B}_1 \cos \omega t \boldsymbol{e}_x + B_0 \boldsymbol{e}_z$

Neben einem konstanten Feld $\check{B}_0$ in $z$-Richtung liege in $x$-Richtung ein linear polarisiertes hochfrequentes Feld $2\check{B}_1 \cos \omega t$ an. Wie man der folgenden Gleichung sofort entnehmen kann, läßt sich das linear polarisierte Feld als Überlagerung zweier zirkular polarisierter Magnetfelder mit entgegengesetztem Drehsinn darstellen:

$$\begin{aligned} 2\check{B}_1 \cos \omega t \boldsymbol{e}_x &= \check{B}_1(\cos \omega t \boldsymbol{e}_x + \sin \omega t \boldsymbol{e}_y) \\ &\quad + \check{B}_1(\cos \omega t \boldsymbol{e}_x - \sin \omega t \boldsymbol{e}_y). \end{aligned} \tag{1.18}$$

Von praktischem Interesse für das Resonanzexperiment ist dabei stets nur der Anteil, der im gleichen Drehsinn wie das Spinmoment um die $z$-Richtung rotiert, wie noch gezeigt wird (vgl. Gl. (1.32)f.).

Zunächst berechnen wir für die beiden zirkular polarisierten Magnetfelder das jeweilige effektive Feld gemäß Gl. (1.16). Das äußere magnetische Feld sei also durch den Vektor

$$\boldsymbol{B}^{\pm}(t) = \{\check{B}_1 \cos \omega t, \pm\check{B}_1 \sin \omega t, \boldsymbol{B}_0\} \tag{1.19}$$

gegeben, wobei sich die Vorzeichen + bzw. — auf ein rechts- bzw. linkspolarisiertes Hochfrequenzfeld (Drehsinn entgegengesetzt zum bzw. im Uhrzeigersinn) beziehen. Mit $\boldsymbol{B}_e^{\pm}$ bezeichnen wir jetzt die effektiven Felder für Rotationsbewegungen $\omega^{\pm} = \{0, 0, \pm\omega\}$, $\omega > 0$, die im *gleichen Drehsinn* wie die entsprechenden zirkular polarisierten Felder um die $z$-Richtung erfolgen:

$$\boldsymbol{B}_e^{\pm} = \boldsymbol{B}^{\pm} + \frac{\omega^{\pm}}{\gamma}. \tag{1.20}$$

Zur Berechnung der Projektionen dieses Vektors auf die Achsen $x'$, $y'$, $z'$ berücksichtigen wir, daß die Komponenten $B_{k'}^{\pm}$ mit den Komponenten $B_k^{\pm}$ ($k = x, y, z$) des Vektors $\boldsymbol{B}^{\pm}$ im Laborkoordinatensystem über die Beziehungen

$$\begin{aligned} B_{x'}^{\pm} &= B_x{}^{\pm} \cos \omega t \pm B_y{}^{\pm} \sin \omega t , \\ B_{y'}^{\pm} &= \mp B_x{}^{\pm} \sin \omega t + B_y{}^{\pm} \cos \omega t , \\ B_{z'}^{\pm} &= B_z{}^{\pm} = B_0 \end{aligned} \tag{1.21}$$

verknüpft sind. Unter Beachtung der Gln. (1.19) und (1.21) ergibt sich für das zeitlich konstante effektive Feld im System $S'$ nach Gl. (1.20)

$$\boldsymbol{B}_e{}^{\pm} = \check{B}_1 \boldsymbol{e}_{x'} + \left(B_0 \pm \frac{\omega}{\gamma}\right) \boldsymbol{e}_{z'} . \tag{1.22}$$

In Analogie zur Diskussion im Falle eines zeitlich konstanten äußeren Magnetfeldes wird durch Gl. (1.15) mit dem Vektor $\boldsymbol{B}_e{}^{\pm}$ nach Gl. (1.22) jetzt eine Präzessionsbewegung um die Richtung des effektiven Magnetfeldes mit der Winkelgeschwindigkeit

$$\begin{aligned} \omega_e{}^{\pm} &= -\gamma \boldsymbol{B}_e{}^{\pm} = \left\{-\gamma \check{B}_1, 0, -\gamma \left(B_0 \pm \frac{\omega}{\gamma}\right)\right\} \\ &= \{\pm \omega_1, 0, \pm \Delta\omega^{\pm}\} \end{aligned} \tag{1.23}$$

beschrieben (Abb. 1.7).

Beschränkt man sich auf die hinsichtlich der Präzessionsbewegung der Spins im richtigen Drehsinn rotierenden Hochfrequenzfelder, d. h. Drehbewegungen entgegengesetzt zum Uhrzeigersinn für $\gamma < 0$ und im Uhrzeigersinn für $\gamma > 0$, dann bezieht sich das obere Vorzeichen in Gl. (1.23) auf Spinsysteme mit einem gyromagnetischen Verhältnis $\gamma < 0$, das untere auf $\gamma > 0$. Im Hinblick auf diese Zuordnung ergibt sich

$$\omega_1 = |\gamma| \, \check{B}_1 \quad \text{und} \quad \Delta\omega^{\pm} = |\gamma| \, B_0 - \omega . \tag{1.24}$$

Da im allgemeinen $B_0 \gg \check{B}_1$ gilt, kann die Bewegung des magnetischen Moments nur dann entscheidend beeinflußt werden, wenn die Resonanzbedingung erfüllt ist, die in Analogie zu den Gln. (1.15) bis (1.17) $\Delta\omega^{\pm} = 0$ lautet. Die Größe $\omega_0 = |\gamma| \, B_0$ heißt auch LARMOR-Frequenz (in Einheiten von $s^{-1}$).

*Im Resonanzfall* präzediert das magnetische Moment im rotierenden Koordinatensystem um die Richtung des hochfrequenten Feldes $\check{B}_1 \boldsymbol{e}_{x'}$ mit der Winkelgeschwindigkeit

$$\omega_1 = -\gamma \check{B}_1 \boldsymbol{e}_{x'}. \tag{1.25}$$

Wir nehmen an, daß das hochfrequente Magnetfeld zum Zeitpunkt $t = 0$ eingeschaltet werde. Das magnetische Moment zeige vor dem Einschalten $-\infty < t < 0$ in die

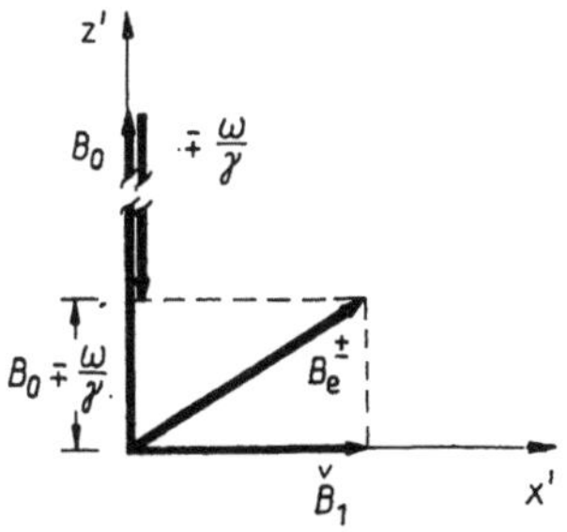


Abb. 1.7. Zur Definition des effektiven Feldes $\boldsymbol{B}_e^{\pm}$ im rotierenden Koordinatensystem

Richtung $z'$ des mit der Winkelgeschwindigkeit $\omega_0$ (vgl. Gl. (1.17')) im richtigen Drehsinn rotierenden Koordinatensystems und besitze den Gleichgewichtswert $\mu_{z0}$, d. h.

$$\mu(0) = \{0, 0, \mu_{z0}\}. \tag{1.26}$$

Durch die Präzession um das Feld $\check{B}_1 \boldsymbol{e}_{x'}$ verändert sich die Lage des Moments, und zum Zeitpunkt $t$ gilt

$$\begin{aligned} \mu_{z'}(t) &= \mu_{z0} \cos(\gamma \check{B}_1 t), \\ \mu_{y'}(t) &= \mu_{z0} \sin(\gamma \check{B}_1 t), \\ \mu_{x'}(t) &= 0 \end{aligned} \tag{1.27}$$

mit dem Präzessionswinkel $\gamma \check{B}_1 t$.

Aus diesen Gleichungen ergibt sich sofort ein wichtiger Spezialfall für das hochfrequente Feld: Wird seine Zeitdauer $t_{w,\alpha}$ so bemessen, daß (vgl. Abb. 1.8)

$$\gamma B_1 t_{w,\alpha} = \alpha \tag{1.28}$$

gilt, so spricht man von einem $\alpha$-Impuls. Von besonderem Interesse für praktische Belange sind dabei die Fälle

$$\begin{aligned} \alpha &= \frac{\pi}{2} \ (\frac{\pi}{2}\text{-Impuls}): \mu_{y'} = \mu_{z0},\ \mu_{x'} = \mu_{z'} = 0, \\ \alpha &= \pi \ (\pi\text{-Impuls}): \mu_{z'} = -\mu_{z0},\ \mu_{x'} = \mu_{y'} = 0, \end{aligned} \tag{1.29}$$

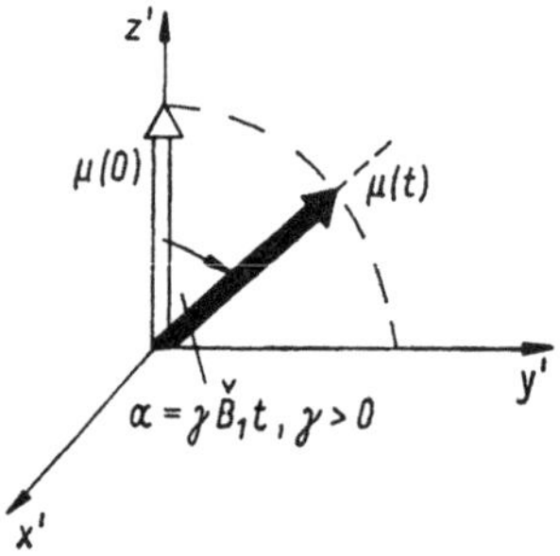


Abb. 1.8. Kurzzeitige Wirkung eines hochfrequenten Magnetfeldes

wodurch sich das Quantensystem in gezielter Weise für weitere Untersuchungen „präparieren" läßt (vgl. Kap. 4).

Im *Laborkoordinatensystem* ist die Bewegung um die Richtung von $\boldsymbol{B}_1$ der LARMOR-Präzession um das äußere Feld $\boldsymbol{B}_0$ überlagert. Die resultierende Bewegung läßt sich wie in Abb. 1.9 durch die Bewegung des Vektors $\mu(t)/\mu_{z0}$ auf einer Einheitskugel darstellen.

Wir berechnen nun den Winkel $\alpha$, wenn die Resonanzbedingung nicht erfüllt ist $\left(B_0 - \frac{\omega}{|\gamma|} \neq 0\right)$: Zum Zeitpunkt $t = 0$ zeige das magnetische Moment in $z$-Richtung und besitze den Gleichgewichtswert $\mu_{z0}$. Bei der Behandlung ist jetzt zu beachten, daß $\mu(t)$ (für einen beliebigen Zeitpunkt $t \geqq 0$) mit dem effektiven Feld $\boldsymbol{B}_e$ den Winkel

$\theta$ einschließt, der durch die Beziehung

$$\tan\theta = \frac{\check{B}_1}{B_0 - \frac{\omega}{|\gamma|}} \tag{1.30}$$

gegeben ist.

Legt man durch die Durchstoßpunkte von $\mu(0)$, $\mu(t)$ und $\boldsymbol{B}_e$ auf der Einheitskugel (Abb. 1.10a) die Groß-

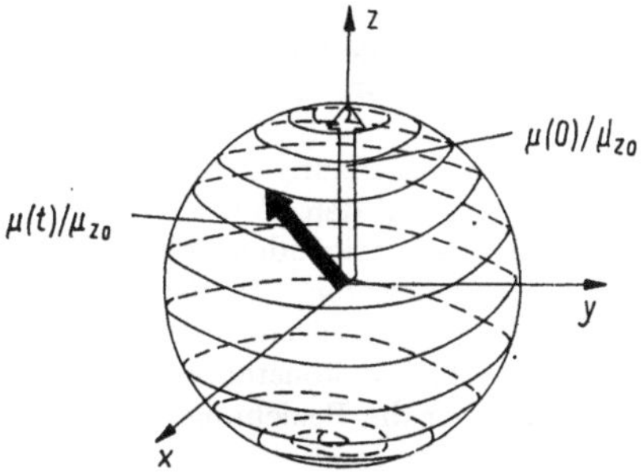


Abb. 1.9: Präzessionsbewegung im Laborkoordinatensystem bei Resonanz

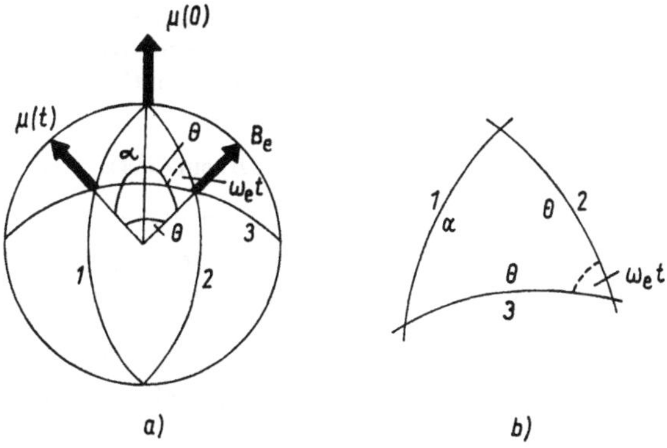


Abb. 1.10. Präzessionsbewegung im Laborkoordinatensystem außerhalb der Resonanz

a) Präzession um das effektive Feld $\boldsymbol{B}_e$

b) Zur Berechnung des Drehwinkels $\alpha$

kreise 1, 2 und 3, so läßt sich ein sphärisches Dreieck (Abb. 1.10b) konstruieren. Nach dem Kosinussatz folgt dann unmittelbar

$$\cos\alpha = \cos^2\theta + \sin^2\theta\cos(\omega_e t) = 1 - 2\sin^2\theta\sin^2\left(\frac{1}{2}\omega_e t\right) \tag{1.31}$$

*Der Einfluß des zweiten Anteils* des hochfrequenten Feldes nach Gl. (1.18) mit der *falschen Polarisation* (also z. B. für $\gamma > 0$ das Feld $B^+(t)$) ist für die vorliegenden Betrachtungen bedeutungslos, wie in vereinfachter Darstellung jetzt gezeigt werden soll:

Zu diesem Zweck berechnen wir in Ergänzung zu den Gln. (1.17) und (1.13) die Resonanzbedingung für den Fall $\gamma > 0$ etwas genauer. (Für $\gamma < 0$ wäre in den folgenden Beziehungen $\omega_0 \to -\omega_0$, $B^+(t) \to B^-(t)$ usw. zu ersetzen). In dem Koordinatensystem, das wie das falsch polarisierte hochfrequente Feld $\boldsymbol{B}^+(t)$ rotiert, herrscht ein starkes konstantes effektives Feld $\boldsymbol{B}_e^+$ vor, dessen Amplitude über die Beziehung

$$\omega_e^+ = \sqrt{\omega_1^2 + (\omega + \omega_0)^2} = \gamma B_e^+ \tag{1.32}$$

mit $\gamma\check{B}_1 = \omega_1$ und $\gamma B_0 = \omega_0$ verknüpft ist. Dem richtig polarisierten Feld $B^-(t)$ entspricht in diesem Koordinatensystem ein mit der Kreisfrequenz $2\omega$ oszillierendes Zusatzfeld $\Delta B^+$, dessen Komponenten sich durch Einsetzen von $B^-(t)$ (nach Gl. (1.19)) in Gl. (1.11) ergeben:

$$\Delta B_{x'}^+ = \check{B}_1\cos(2\omega t), \quad \Delta B_{y'}^+ = -\check{B}_1\sin(2\omega t). \tag{1.33}$$

Die weitere Rechnung erfolgt in folgenden Schritten:

1. Man berechne die zur Richtung $\boldsymbol{e}_3$ (von $\boldsymbol{B}_e^+$) senkrechten Komponenten des Zusatzfeldes (Gl. (1.33)) unter Verwendung von Abb. 1.11.
2. Man führe eine Zerlegung dieser Komponenten in die beiden mit den Frequenzen $\pm 2\omega$ oszillierenden Hochfrequenzfelder durch.
3. Man berechne in Analogie zur Gl. (1.23) die Resonanzfrequenzen. Dazu ist in Gl. (1.32) zu setzen

$$\omega_e^+ = 2\omega. \tag{1.34}$$

Aus Gl. (1.34) ergeben sich in erster Näherung die folgenden Resonanzfrequenzen:

Die Lösung

$$\omega^{(1)} \approx -\left[\omega_0 + \frac{\omega_1^2}{2\omega_0}\right] \tag{1.35}$$

gehört zu dem hochfrequenten Feld mit der Amplitude $\frac{1}{2}\,\check{B}_1(1 + \cos\theta) \approx \check{B}_1$. Das negative Vorzeichen weist (in Übereinstimmung mit der für $\gamma > 0$ bereits diskutierten Präzessionsrichtung) auf eine Linksschraubenbewegung hin. Die Lösung

$$\omega^{(2)} \approx \frac{1}{3}\,\omega_0 \tag{1.36}$$

gehört zu dem hochfrequenten Feld mit der Amplitude

$$\frac{1}{2}\,\check{B}_1(1 - \cos\theta) \approx \frac{1}{4}\,\check{B}_1 \left(\frac{\omega_1}{\omega + \omega_0}\right)^2.$$

Die Berücksichtigung beider Anteile des linear polarisierten Feldes führt also in erster Näherung zu einer geringen Verschiebung der Resonanzfrequenz (Bloch-Siegert-Effekt), die

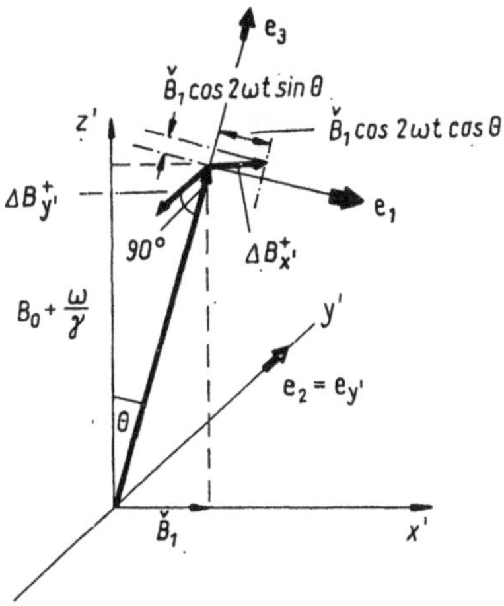


Abb. 1.11. Zur Berechnung des Bloch-Siegert-Effekts

wegen $\check{B}_1 \ll B_0$ für die weiteren Betrachtungen keine Rolle spielt. Wie die genaue Rechnung zeigt, gibt es neben der Resonanzfrequenz $\omega^{(2)}$ noch Resonanzen in höherer Ordnung [9].

### 1.4.2. *Quantenmechanische Behandlung*

Mit Hilfe der im Anhang A.1 dargestellten Eigenschaften der dimensionslosen Spinvektoroperatoren können wir die Eigenwerte des Operators

$$\mathcal{H}_z = -\tilde{\mu}_z \cdot B_0 \tag{1.37}$$

für die ZEEMAN-Energie (Gl. (1.4)) eines magnetischen Moments $\tilde{\mu} = \gamma\hbar\tilde{I}$ im äußeren Feld mit der magnetischen Induktion $\boldsymbol{B}_0 = \{0, 0, B_0\}$ leicht berechnen. Unter Verwendung von Gl. (A.4) im Anhang führt die Lösung der SCHRÖDINGER-Gleichung

$$\mathcal{H}_z \, |Im\rangle = E_m \, |Im\rangle \tag{1.38}$$

zu den Energieeigenwerten

$$E_m = -\gamma\hbar B_0 \cdot m \tag{1.39}$$

wobei $m$ die $2I + 1$ Werte $-I$, $-I + 1, \ldots, I - 1$, $I$ annehmen kann. Durch diese Gleichung wird die Energieaufspaltung auf Grund der Richtungsquantelung des magnetischen Moments beschrieben. Die Energieunterschiede zwischen benachbarten Zuständen

$$|E_{m\pm1} - E_m| = \omega_0\hbar \tag{1.40}$$

führen sofort zur Resonanzbedingung $\omega_0 = |\gamma| \, B_0$.

*Übergänge* zwischen den ZEEMAN-Energiezuständen können durch magnetische Dipolübergänge erzeugt werden. Im Anschluß an die klassische Behandlung (Gl. (1.27), S. 49) betrachten wir für eine erste einfache quantitative Behandlung einen Spin mit der Spinquantenzahl $I = \frac{1}{2}$ im Feld $B_0$. Bezüglich der Richtung des magnetischen Feldes kann der Spinvektor zwei Lagen einnehmen, die den beiden Eigenwerten

$$\langle Im|\, \tilde{I}_z \,|Im\rangle = m = \pm\frac{1}{2} \tag{1.41}$$

entsprechen. Die Wahrscheinlichkeiten für die Besetzung der beiden Spinzustände seien $p_+$ und $p_-$, wobei $p_+ + p_- = 1$ gilt. Der Erwartungswert der $z$-Komponente ist dann durch

$$\langle \tilde{I}_z\rangle = \frac{1}{2}\,(p_+ - p_-) = \frac{1}{2}\,(1 - 2p_-) \tag{1.42}$$

bestimmt. Zur Ermittlung der Übergangswahrscheinlichkeit nehmen wir an, daß zum Zeitpunkt $t = 0$ des Einschaltens des hochfrequenten Feldes $p_+(0) = 1$ gelte. Der Spinvektor zeige also in $z$-Richtung $\left(\langle \tilde{I}_z(0)\rangle = \frac{1}{2}\right)$. Dann ist die Übergangswahrscheinlichkeit $W_{-1/2,1/2}$ einfach durch die Größe $p_-(t)$ gegeben, die mit dem Erwartungswert $\langle \tilde{I}_z(t)\rangle$ über die Beziehung

$$\langle \tilde{I}_z(t)\rangle = \frac{1}{2}\cos\alpha(t) = \frac{1}{2}\big(1 - 2p_-(t)\big) \tag{1.43}$$

verknüpft ist. Ersetzt man $\cos\alpha(t)$ nach Gl. (1.31), dann lautet die Übergangswahrscheinlichkeit unter dem Einfluß des hochfrequenten Feldes

$$W_{-1/2,1/2} = \sin^2\theta\,\sin^2\frac{\omega_e t}{2} = \frac{\check{B}_1^2}{\left(B_0 - \frac{\omega}{|\gamma|}\right)^2 + \check{B}_1^2} \times \sin^2\left[\frac{1}{2}\,|\gamma|\,t\sqrt{\left(B_0 - \frac{\omega}{|\gamma|}\right)^2 + \check{B}_1^2}\right]. \tag{1.44}$$

Für beliebige Spinquantenzahlen $I > 1/2$ führt eine strenge Rechnung mit Hilfe der zeitabhängigen SCHRÖDINGER-Gleichung und dem HAMILTON-Operator $\mathscr{H}_1 = -\tilde{\mu}\boldsymbol{B}(t)$ ($\boldsymbol{B}(t)$ bezeichnet das richtig polarisierte

Feld nach Gl. (1.9)) auf die Übergangswahrscheinlichkeit [9] $W_{m'm} = [D^{(I)}_{m'm}]^2$. $D^{(I)}_{m'm}$ sind die Rotationsmatrizen [10].

# 2. Phänomenologische Behandlung der kernmagnetischen Resonanz

## *2.1. Makroskopische Magnetisierung*

Bisher wurde nur das Verhalten einzelner isolierter Spinmomente im Magnetfeld untersucht. Wie bereits im Rahmen der ersten Einführung dargestellt wurde, führen die Wechselwirkungen zwischen den Spinmomenten in kompakter Materie zum Aufbau einer makroskopischen Magnetisierung, deren Gleichgewichtswert durch

$$M_0 = {}^1N \cdot \langle \tilde{\mu}_z \rangle \tag{2.1}$$

gegeben ist. ${}^1N$ bezeichnet die Zahl der Spinmomente pro Volumeneinheit. Der Erwartungswert $\langle \tilde{\mu}_z \rangle$ des Operators $\tilde{\mu}_z$ für die Komponente des magnetischen Moments in Magnetfeldrichtung lautet (vgl. die Berechnung im Anhang, Abschn. A.2)

$$\langle \tilde{\mu}_z \rangle = \gamma \hbar \cdot \left\{ \frac{2I+1}{2} \coth \left( \frac{2I+1}{2} x \right) - \frac{1}{2} \coth \left( \frac{x}{2} \right) \right\}. \tag{2.2}$$

Der Ausdruck in der geschweiften Klammer wird oft auch BRILLOUINsche Funktion genannt. Gl. (2.2) ist für beliebige Temperaturen und beliebige Spinquantenzahlen $I$ gültig. In der Hochtemperaturnäherung

$$x = \frac{\gamma \hbar B_0}{kT} \ll 1 \tag{2.3}$$

kann man die Funktion

$$\coth y = \frac{1}{y} + \frac{y}{3} + \cdots \tag{2.4}$$

entwickeln. Die Gleichgewichtsmagnetisierung ist dann über die CURIE-Formel

$$M_0 = \chi_0 H_0 \tag{2.5}$$

mit der statischen Kernsuszeptibilität

$$\chi_0 = \frac{{}^1N\gamma^2\hbar^2 I(I+1)\,\mu_0}{3kT}. \tag{2.6}$$

verknüpft.

Es scheint an dieser Stelle angebracht zu sein, zum Vergleich den entsprechenden Ausdruck im CGS-Einheitensystem anzugeben:

$$\chi_0(\mathrm{CGS}) = \frac{{}^1N\gamma^2\hbar^2 I(I+1)}{3kT}. \tag{2.7}$$

Die statische Kernsuszeptibilität $\chi_0$ ist in beiden Systemen

Tabelle 2.1.

Statische Kernsuszeptibilität eines Ensembles von Protonen

| Größe | | Einheitensystem | |
|---|---|---|---|
| Name | Symbol | SI | CGS |
| Statische Kernsuszeptibilität | $\chi_0$ | $\frac{\gamma^2\hbar^2 I(I+1)\,\mu_0\,{}^1N}{3kT}$ dimensionslos | $\frac{\gamma^2\hbar^2 I(I+1)\,{}^1N}{3kT}$ dimensionslos |
| Gyromagnetisches Verhältnis (Proton) | $\gamma_P$ | $2{,}6752 \cdot 10^8\,\mathrm{T^{-1}s^{-1}}$ | $2{,}6752 \cdot 10^4\,\mathrm{G^{-1}s^{-1}}$ |
| PLANCKsche Konstante | $\hbar$ | $1{,}0546 \cdot 10^{-34}$ Js | $1{,}0546 \cdot 10^{-27}$ ergs |
| BOLTZMANNsche Konstante | $k$ | $1{,}38066 \cdot 10^{-23}\,\mathrm{JK^{-1}}$ | $1{,}38066 \cdot 10^{-16} \times \mathrm{ergK^{-1}}$ |
| Permeabilität des Vakuums | $\mu_0$ | $4\pi \cdot 10^{-7}\,\mathrm{VsA^{-1}m^{-1}}$ | – |
| Zahl der Spins im Einheitsvolumen | ${}^1N$ | in $\mathrm{m^{-3}}$ | in $\mathrm{cm^{-3}}$ |
| Statische Kernsuszeptibilität (bei $T = 1$ K, ${}^1N = 10^{26}\,\mathrm{m^{-3}}$) | $\chi_0$ | $4\pi \cdot 1{,}441 \cdot 10^{-10}$ | $1{,}441 \cdot 10^{-10}$ |

eine dimensionslose Größe. Die Zahlenwerte der Suszeptibilitäten unterscheiden sich um den Faktor $4\pi$:

$$\chi_0(\mathrm{SI}) = 4\pi\chi_0(\mathrm{CGS})\,. \tag{2.8}$$

Ein Zahlenbeispiel zu den Gln. (2.6) und (2.7) ist in Tab. 2.1 angegeben.

## 2.2. *Begründung der Blochschen Gleichungen*

Die Bewegungsgleichung für ein isoliertes magnetisches Moment $\mu$ im äußeren Magnetfeld, die im Abschn. 1.4 analysiert wurde, stellt eine lineare Beziehung in $\mu$ dar. Aus diesem Grunde läßt sich eine entsprechende Gleichung auch für die makroskopische Magnetisierung $\boldsymbol{M}(t)$ aufschreiben,

$$\frac{\mathrm{d}\boldsymbol{M}(t)}{\mathrm{d}t} = \gamma[\boldsymbol{M}(t) \times \boldsymbol{B}]\,, \tag{2.9}$$

die durch die Vektorsumme

$$\boldsymbol{M}(t) = \sum_i \boldsymbol{\mu}_i(t) \tag{2.10}$$

aller magnetischen Dipolmomente im Einheitsvolumen gegeben ist und im Gleichgewichtsfall nur eine Komponete $\boldsymbol{M}_0$ (Gl. (2.1)) in Feldrichtung besitzt. Da durch die Gl. (2.9) lediglich die bereits behandelte Präzessionsbewegung des Magnetisierungsvektors beschrieben wird, setzt Gl. (2.9) die Konstanz des Betrages $|\boldsymbol{M}(t)|$ voraus. Die bisherigen Betrachtungen sehen also die Magnetisierung als gegeben an und lassen den Prozeß zur Einstellung der Gleichgewichtsmagnetisierung unbeachtet. Auch Einflüsse auf die einzelnen Spinmomente in Gl. (2.10), wie Feldinhomogenitäten über den Probenbereich, die zur Zerstörung der Phasenbeziehungen zwischen den Spinmomenten und damit zur Verringerung der Magnetisierung führen (Abschn. 4.2.1), finden keine Berücksichtigung. Die Gültigkeit von Gl. (2.9) ist also an die Voraussetzungen gebunden, daß

1. die Wechselwirkungen der einzelnen magnetischen Momente untereinander und mit ihrer Umgebung vernachlässigbar sind und
2. alle Momente die gleiche Resonanzfrequenz besitzen, was insbesondere ein streng homogenes Magnetfeld erfordert.

Beide Voraussetzungen sind im allgemeinen nicht erfüllt. Um den Einfluß der Wechselwirkungen zu berücksichtigen, wären in Analogie zur Gl. (2.1) die Erwartungswerte der Komponenten $M_k$ der Magnetisierung (vgl. die Definitionen im Anhang)

$$M_k(t) \equiv \langle \tilde{M}_k(t) \rangle = {}^1N\gamma\hbar \, \mathrm{Sp}\,\{\tilde{\varrho}(t)\,\tilde{I}_k\}, \; k = x, y, z, \qquad (2.11)$$

auszuwerten, wobei die Bewegungsgleichung des Dichteoperators

$$\frac{\partial \tilde{\varrho}}{\partial t} = -\frac{i}{\hbar}\,[\tilde{\varrho}, \mathscr{H}] \qquad (2.12)$$

den HAMILTON-Operator $\mathscr{H}$ enthält, der auch die Wechselwirkungen der Spinmomente untereinander und mit ihrer Umgebung umfaßt. Diese strenge Behandlung ist nur dann erforderlich, wenn es sich um die Analyse der in der Kernresonanzprobe ablaufenden Mikroprozesse handelt. In erster Linie geht es hier aber um das Verständnis verschiedener Erscheinungsformen der kernmagnetischen Resonanz. Für die meisten Systeme mit hinreichend hoher thermischer Beweglichkeit (Flüssigkeiten u. a.), für die sich die Umorientierungen und Translationen der spintragenden Teilchen in Zeiträumen $\tau_c$ abspielen, die sehr kurz gegenüber der Beobachtungszeit $t$ im Kernresonanzexperiment sind, lassen sich die magnetischen Eigenschaften eines Ensembles von Kernspins in äußeren magnetischen Feldern gut durch die phänomenologischen BLOCHschen Gleichungen beschreiben (F. BLOCH, 1946). (Die Zeitkonstante $\tau_c$ (Korrelationszeit) gibt z. B. an, in welcher Zeit sich ein spintragendes

Teilchen um einen Winkel von 1 rad ($\approx 57°$) umorientiert.)

Die BLOCHschen Gleichungen umgehen die teilweise recht komplizierten Rechnungen nach den Gln. (2.11) und (2.12) durch die Ansätze

$$\frac{\mathrm{d}M_z}{\mathrm{d}t} = -\frac{1}{T_1}(M_z - M_0), \tag{2.13}$$

$$\frac{\mathrm{d}M_k}{\mathrm{d}t} = -\frac{1}{T_2} M_k, \quad k = x', y', \tag{2.14}$$

und die Annahme, daß sich die durch die Gln. (2.13) und (2.14) beschriebenen Änderungen aufgrund der Relaxationsprozesse der Bewegungsgleichung (2.9) der isolierten Spins überlagern.

Im Laborkoordinatensystem lauten die BLOCHschen Gleichungen:

$$\frac{\mathrm{d}\boldsymbol{M}}{\mathrm{d}t} = \gamma[\boldsymbol{M}(t) \times \boldsymbol{B}] - \frac{M_x\boldsymbol{e}_x + M_y\boldsymbol{e}_y}{T_2} - \frac{M_z - M_0}{T_1}\boldsymbol{e}_z. \tag{2.15}$$

Durch Gl. (2.15) werden die Relaxationszeiten $T_1$ und $T_2$ definiert. Zur Charakterisierung der Relaxationsprozesse und zur Klärung von Begriffen schließen wir folgende phänomenologische Betrachtungen zur Relaxation an:

### *1. Longitudinale Relaxation*

Zum Zeitpunkt $t = 0$ wird eine Probe mit Kernspins in ein konstantes Magnetfeld mit der Feldstärke $H_0$ gebracht. Vor dem Einbringen der Spins in das Feld sind alle Orientierungen der magnetischen Momente gleichwahrscheinlich; es gibt keine makroskopische Magnetisierung. Nach einer Zeit $t$ hat sich ein Überschuß von Kernmomenten in die Feldrichtung $\boldsymbol{e}_z$ orientiert. Es ist eine Magnetisierung $M_z(t)$ entstanden, die für große Zeiten $t \to \infty$ den thermischen Gleichgewichtswert $M_0 = \chi_0 H_0$ erreicht. Durch den Aufbau der „longitudinalen" Magnetisierung verringert sich die Energie des Spinsystems, denn die Umorientierung von Momenten in die Richtung des Magnetfeldes ist mit einem Energieverlust verbunden. Die Gesamtenergie des Systems, das aus dem Spinsystem und den übrigen Freiheitsgraden (dem als „Gitter“ bezeichneten Energiereservoir) besteht, bleibt aber konstant. Daher müssen Prozesse ablaufen, die zur Speicherung der Energie des Spinsystems führen. Man kann annehmen, daß das Energiereservoir so groß ist, daß sich dabei seine Energie nur unmerklich verändert, und bei der Vielzahl der Gitterzustände auch solche vorhanden sind, die wie im Spinsystem aufgespalten sind. Beim Aufbau der Gleichgewichtsmagnetisierung sind nur solche Übergänge im Spinsystem möglich, die von entsprechenden Übergängen im Gitter in umgekehrter Richtung begleitet sind. Aus diesem Grunde heißt die longitudinale Relaxation auch Spin-Gitter- oder Energierelaxation. In vielen Fällen kann dieser Prozeß wie in Gl. (2.15) durch eine Konstante, die longitudinale oder Spin-Gitter-Relaxationszeit, beschrieben werden.

## 2. *Transversale Relaxation*

Die Probe mit Kernspins werde so lange einem konstanten *homogenen* Magnetfeld mit der magnetischen Feldstärke $\dot{H}_0$ ausgesetzt ($t > 5T_1$), bis sich der thermische Gleichgewichtswert $M_0 = \chi_0 H_0$ eingestellt hat. Durch Einwirkung eines $\frac{\pi}{2}$-Impulses (vgl. Abschn. 1.4 und 4.1.2) wird eine Magnetisierung senkrecht zum konstanten Magnetfeld erzeugt. Wie die Experimente zeigen, verringert sich diese transversale Magnetisierung infolge der Wechselwirkung der Kernspins untereinander und mit ihrer Umgebung. Neben der Präzessionsbewegung der freien Spins ist also eine Dämpfung vorhanden, was in vielen Fällen durch den Ansatz

$$\frac{\mathrm{d}M_k(t)}{\mathrm{d}t} = -\frac{M_k}{T_2} + \gamma[\boldsymbol{M} \times \boldsymbol{B}]_k, \quad k = x, y, \tag{2.15'}$$

entsprechend der Gl. (2.15) beschrieben werden kann, durch den die transversale oder Entropierelaxationszeit $T_2$ definiert ist. Entropierelaxation heißt dieser Prozeß deshalb, weil sich dadurch der Ordnungszustand (in Form der transversalen Magnetisierung) verringert und die Entropie des Systems vergrößert.

## 2.3. *Änderung der Besetzungszahlen und longitudinale Relaxation*

Wir betrachten ein Spinsystem, das nur Spins mit der Spinquantenzahl $I = \frac{1}{2}$ enthalten möge. Im Magnetfeld mit der magnetischen Induktion $B_0$ besitzt das Spinmoment gemäß Gl. (1.38) zwei Zustände $\left|I = \frac{1}{2}, m = \frac{1}{2}\right\rangle \equiv \alpha$ und $\left|I = \frac{1}{2}, m = -\frac{1}{2}\right\rangle \equiv \beta$ mit den Energieeigenwerten $E_\alpha = -\gamma\hbar B_0 \cdot \frac{1}{2}$ und $E_\beta = +\gamma\hbar B_0 \cdot \frac{1}{2}$ und den mittleren Besetzungszahlen $N_\alpha$ und $N_\beta$. $^1N = N_\alpha + N_\beta$ bezeichnet die Gesamtzahl der Spins und $n = N_\alpha - N_\beta$ die Differenz der Besetzungszahlen. In erster Näherung kann man die Änderung $\frac{\mathrm{d}N_\alpha}{\mathrm{d}t}$ der Besetzungszahl $N_\alpha$ durch die Differentialgleichung

$$\frac{\mathrm{d}N_\alpha}{\mathrm{d}t} = N_\beta W_{\alpha\beta} - N_\alpha W_{\beta\alpha} \tag{2.16}$$

beschreiben, wobei $N_\beta W_{\alpha\beta}$ die Zunahme der Besetzungszahl durch Übergänge vom Zustand $\beta$ in den Zustand $\alpha$ und $-N_\alpha W_{\beta\alpha}$ ihre Abnahme durch Übergänge in umgekehrter Richtung angibt. $W_{\alpha\beta}$ und $W_{\beta\alpha}$ bezeichnen die sekundlichen Übergangswahrscheinlichkeiten. Im folgenden werden *induzierte* ($W_{\alpha\beta,\mathrm{ind}}$) und *spontane* Übergänge ($W_{\alpha\beta,\mathrm{sp}}$) unterschieden, die durch die Einwirkung eines äußeren Hochfrequenzfeldes auf das System induziert werden bzw. auf statistisch schwankende lokale Magnetfelder infolge der magnetischen Wechselwirkung zwischen den Spinmomenten zurückzuführen sind. Da die entsprechenden Zusatzenergien in beiden Fällen klein im Vergleich zu den diskreten Energiewerten $E_\alpha$ und $E_\beta$ sind, lassen sich die Ergebnisse der zeitabhängigen Störungstheorie 1. Ordnung anwenden [1, 2].

Die durch die Wechselwirkung mit dem hochfrequenten Feld $2\check{B}_1 \cos \omega t e_x$ zwischen den Zuständen $\alpha$ und $\beta$ *induzierte* sekundliche Übergangswahrscheinlichkeit beträgt (vgl. Anhang A.4)

$$W_{\alpha\beta,\mathrm{ind}} = 2(\gamma\check{B}_1)^2 \, |\langle\alpha|\, \check{I}_x \,|\beta\rangle|^2 \, \pi g(\omega_0 - \omega). \quad (2.17)$$

$g(\omega_0 - \omega)$ bezeichnet eine Verteilungsfunktion (Linienformfunktion), die die endliche Breite der Energiezustände $E_\alpha$ und $E_\beta$ berücksichtigt, $\omega_0 = \dfrac{E_\beta - E_\alpha}{\hbar} = \gamma B_0$ die LARMOR-Frequenz und $\gamma$ das gyromagnetische Verhältnis. Da die Berechnung der Matrixelemente mit Hilfe von Gl. (A.6) im Anhang zur Gleichung

$$|\langle\alpha|\, \check{I}_x \,|\beta\rangle|^2 = |\langle\beta|\, \check{I}_x \,|\alpha\rangle|^2 = \frac{1}{4} \quad (2.18)$$

führt, folgt aus Gl. (2.17)

$$W_{\alpha\beta,\mathrm{ind}} = W_{\beta\alpha,\mathrm{ind}} = W_{\mathrm{ind}} = \frac{1}{2} (\gamma\check{B}_1)^2 \, \pi g(\omega_0 - \omega), \quad (2.17')$$

und die Gl. (2.16) nimmt die Form

$$\frac{\mathrm{d}N_\alpha}{\mathrm{d}t} = W_{\mathrm{ind}}(N_\beta - N_\alpha) = -\frac{\mathrm{d}N_\beta}{\mathrm{d}t} \quad (2.19)$$

oder mit $n = N_\alpha - N_\beta \propto M_z(t)$

$$\frac{\mathrm{d}n}{\mathrm{d}t} = -2nW_{\mathrm{ind}} \quad \text{bzw.} \quad \frac{\mathrm{d}M_z}{\mathrm{d}t} = -2M_zW_{\mathrm{ind}} \quad (2.20)$$

an.

An dieser Stelle kann nur darauf verwiesen werden, daß die für das Kernresonanzexperiment wichtige Gleichung (2.17′) für beliebige Zeiten gilt und mit dem Ergebnis der exakten Berechnung (Kap. 1, Gl. (1.44)) übereinstimmt, wenn man in Gl. (1.44) die Verteilung der Resonanzfrequenzen berücksichtigt [3].

Die mittlere Energie $E$ ist definiert durch $E = \sum_i N_i E_i$. Für ihre Änderung infolge der Absorption durch das Spinsystem

$$\frac{\mathrm{d}E}{\mathrm{d}t} = \sum_i \frac{\mathrm{d}N_i}{\mathrm{d}t} E_i = \frac{\mathrm{d}N_\alpha}{\mathrm{d}t} E_\alpha + \frac{\mathrm{d}N_\beta}{\mathrm{d}t} E_\beta$$

erhält man mit Hilfe der Gln. (2.19) und (2.20)

$$\frac{\mathrm{d}E}{\mathrm{d}t} = nW_{\mathrm{ind}} \cdot \Delta E \quad \text{mit} \quad \Delta E = E_\beta - E_\alpha\,. \tag{2.21}$$

Die *spontanen* sekundlichen Übergangswahrscheinlichkeiten $W_{\alpha\beta,\mathrm{sp}}$ und $W_{\beta\alpha,\mathrm{sp}}$ sind voneinander verschieden. Das ergibt sich sofort aus Gl. (2.16): Im thermischen Gleichgewicht gilt nämlich $\frac{\mathrm{d}N_\alpha{}^0}{\mathrm{d}t} = \frac{\mathrm{d}N_\beta{}^0}{\mathrm{d}t} = 0$, und zwischen den Gleichgewichtsbesetzungszahlen $N^0_{\alpha,\beta} \propto p_{\alpha,\beta}$ und den spontanen Übergangswahrscheinlichkeiten besteht der Zusammenhang

$$\frac{N_\beta{}^0}{N_\alpha{}^0} = \frac{W_{\beta\alpha,\mathrm{sp}}}{W_{\alpha\beta,\mathrm{sp}}} = \exp\left(-\frac{\Delta E}{kT}\right). \tag{2.22}$$

Berechnen wir jetzt mit Hilfe der Gln. (2.22) und (2.16) die Ableitung von $n - n_0 \propto M_z(t) - M_0$ mit $n_0 = N_\alpha{}^0 - N_\beta{}^0 \propto M_0$, so erhält man nach einigen Umformungen

$$\frac{\mathrm{d}n}{\mathrm{d}t} = -\frac{n - n_0}{T_1} \quad \text{bzw.} \quad \frac{\mathrm{d}M_z}{\mathrm{d}t} = -\frac{M_z - M_0}{T_1}, \tag{2.23}$$

wobei die longitudinale Relaxationszeit $T_1$ durch

$$\frac{1}{T_1} = W_{\alpha\beta,\mathrm{sp}} + W_{\beta\alpha,\mathrm{sp}} \tag{2.24}$$

definiert ist.

Es wird nun vorausgesetzt, daß Gl. (2.24) auch bei Anwesenheit von starken Hochfrequenzfeldern gilt und daß sich die Änderungen $\frac{\mathrm{d}n}{\mathrm{d}t}$ gemäß den Gln. (2.23) und (2.20) addieren. Dann ergibt sich die Gleichung

$$\frac{\mathrm{d}n(t)}{\mathrm{d}t} = -2n(t)\, W_{\mathrm{ind}} + \frac{n_0 - n(t)}{T_1} \qquad (2.25)$$

und eine analoge Differentialgleichung für $M_z(t)$, die zusammen mit den Gln. (2.17′) und (2.21) die Energieabsorption durch das Spinsystem in vielen Fällen beschreibt. Die Gültigkeit von Gl. (2.25) wird im Abschn. 3.2.4.1.2 einer kritischen Prüfung unterzogen.

# 3. Stationäre Methoden

## *3.1. Stationäre Lösung der Blochschen Gleichungen. Absorptions- und Dispersionssignal*

Zur Beobachtung eines Kernresonanzsignals wird die Probe in ein konstantes Magnetfeld mit der magnetischen Induktion $\boldsymbol{B}_0 = B_0\boldsymbol{e}_z$ gebracht, dem ein linear polarisiertes Magnetfeld mit der magnetischen Induktion $\boldsymbol{B}_1(t) = 2\check{B}_1 \cos \omega t \boldsymbol{e}_{x'}$ überlagert ist. Das linear polarisierte Feld wird wie im Abschn. 1.4.1 (S. 47) in zwei zirkular polarisierte Felder mit entgegengesetztem Drehsinn zerlegt, deren Komponenten durch

$$\boldsymbol{B}_1^{\pm}(t) = \{\check{B}_1 \cos \omega t, \pm\check{B}_1 \sin \omega t, 0\} \qquad (3.1)$$

gegeben sind. Die entsprechenden Magnetisierungsvektoren sind

$$\boldsymbol{M}^{\pm}(t) = \{M_x^{\pm}(t), M_y^{\pm}(t), M_z^{\pm}(t)\} \qquad (3.2)$$

bzw.

$$\boldsymbol{M}'^{\pm}(t) = \{M_{x'}^{\pm}(t), M_{y'}^{\pm}(t), M_{z'}^{\pm}(t)\} \qquad (3.3)$$

im Labor- bzw. im rotierenden Koordinatensystem.

Im folgenden wird das stationäre Kernresonanzexperiment auf der Grundlage der phänomenologischen BLOCHschen Gleichungen beschrieben. Auf andere theoretische

Ansätze wird nur eingegangen, wenn die Abweichungen zu den Ergebnissen dieser phänomenologischen Behandlung von prinzipieller Natur sind (z. B. bei Untersuchungen an festen Körpern).

Zur Vereinfachung der Rechnung werden die BLOCHschen Gleichungen in ein rotierendes Koordinatensystem $(x', y', z')$ transformiert. Nach analogen Berechnungen wie im Abschn. 1.4.1 (Gln. (1.14) bis (1.16) und (1.18) bis (1.22)) ergibt sich

$$\frac{\mathrm{d}\boldsymbol{M}'^{\pm}}{\mathrm{d}t} = \gamma[\boldsymbol{M}'^{\pm} \times \boldsymbol{B}_e^{\pm}] - \frac{M_{x'}^{\pm}\boldsymbol{e}_{x'} + M_{y'}^{\pm}\boldsymbol{e}_{y'}}{T_2} - \frac{M_{z'}^{\pm} - M_0}{T_1}\,\boldsymbol{e}_{z'} \tag{3.4}$$

oder, in Komponentenschreibweise nach Ausrechnung des Vektorprodukts,

$$\begin{pmatrix} \dfrac{\mathrm{d}M_{x'}^{\pm}}{\mathrm{d}t} \\ \dfrac{\mathrm{d}M_{y'}^{\pm}}{\mathrm{d}t} \\ \dfrac{\mathrm{d}M_{z'}^{\pm}}{\mathrm{d}t} \end{pmatrix} = \begin{pmatrix} -\dfrac{1}{T_2} & \gamma\left(B_0 \pm \dfrac{\omega}{\gamma}\right) & 0 \\ -\gamma\left(B_0 \pm \dfrac{\omega}{\gamma}\right) & -\dfrac{1}{T_2} & \gamma\check{B}_1 \\ 0 & -\gamma\check{B}_1 & -\dfrac{1}{T_1} \end{pmatrix} \begin{pmatrix} M_{x'}^{\pm} \\ M_{y'}^{\pm} \\ M_{z'}^{\pm} \end{pmatrix} + \frac{M_0}{T_1}\,\boldsymbol{e}_{z'}. \tag{3.5}$$

$\left(B_0 \pm \dfrac{\omega}{\gamma}\right)\boldsymbol{e}_{z'}$ und $\check{B}_1\boldsymbol{e}_{x'}$ bezeichnen die Komponenten des effektiven Feldes, $T_1$ die longitudinale und $T_2$ die transversale Relaxationszeit und $M_0$ den thermischen Gleichgewichtswert der Magnetisierung.

In allen folgenden Betrachtungen werden die BLOCHschen Gleichungen *nur* für die jeweilig im richtigen Drehsinn rotierenden Hochfrequenzfelder diskutiert: Zur Vereinfachung führen wir über die bekannte Beziehung (vgl. Gl. (1.23), S. 48)

$$\omega_e^{\pm} = -\gamma \boldsymbol{B}_e^{\pm} = \left\{-\gamma \check{B}_1, 0, -\gamma \left(B_0 \pm \frac{\omega}{\gamma}\right)\right\}$$
$$= \{\pm\omega_1, 0, \pm\Delta\omega^{\pm}\}$$

die Kreisfrequenzen $\omega_1$ und $\Delta\omega^{\pm}$ ein. Das obere Vorzeichen bezieht sich also auf Spinsysteme mit einem gyromagnetischen Verhältnis $\gamma < 0$, das untere auf $\gamma > 0$. Im Hinblick auf diese Zuordnung ergibt sich $\omega_1 = |\gamma|\, \check{B}_1$ und $\Delta\omega^{\pm} = (|\gamma|\, B^0 - \omega)$ für die richtig rotierenden Komponenten.

Die stationäre Lösung $M'^{\pm}_{\mathrm{st}}$ der BLOCHschen Gleichungen läßt sich jetzt auf einfache Weise berechnen, wenn man in Gl. (3.5)

$$\frac{\mathrm{d}M^{\pm}_{x'\mathrm{st}}}{\mathrm{d}t} = \frac{\mathrm{d}M^{\pm}_{y'\mathrm{st}}}{\mathrm{d}t} = \frac{\mathrm{d}M^{\pm}_{z'\mathrm{st}}}{\mathrm{d}t} = 0 \tag{3.6}$$

setzt und das entstehende lineare Gleichungssystem auflöst:

$$\begin{aligned} M^{\pm}_{x'\mathrm{st}} &= \mp\Delta\omega^{\pm}\gamma\check{B}_1 T_2{}^2 M_0 C_{\pm}^{-1}, \\ M^{\pm}_{y'\mathrm{st}} &= \gamma\check{B}_1 T_2 M_0 C_{\pm}^{-1}, \\ M^{\pm}_{z'\mathrm{st}} &= [1 + (\Delta\omega^{\pm}T_2)^2]\, M_0 C_{\pm}^{-1} \end{aligned} \tag{3.7}$$

mit $C_{\pm} = 1 + \gamma^2\check{B}_1{}^2 T_1 T_2 + (\Delta\omega^{\pm}T^2)^2$.

*Skalare komplexe Suszeptibilität*

Zur Darstellung des durch Gl. (3.7) ausgedrückten physikalischen Sachverhalts führen wir eine skalare komplexe Suszeptibilität

$$\chi = \chi' - i\chi'' \tag{3.8}$$

ein und verwenden für das hochfrequente Magnetfeld mit der Stärke $H_1(t)$ die komplexe Schreibweise

$$\boldsymbol{H}_1(t) = \mathrm{Re}\,\{2\check{H}_1\, \mathrm{e}^{i\omega t}\}\, \boldsymbol{e}_x. \tag{3.9}$$

Dann ist die Magnetisierung durch die Beziehung

$$M_x(t) = \mathrm{Re}\,\{\chi \cdot 2\check{H}_1\, e^{i\omega t}\} = 2\check{H}_1(\chi' \cos \omega t + \chi'' \sin \omega t) \tag{3.10}$$

definiert. Zur Gültigkeit von Gl. (3.9) ist die Linearität des Systems vorauszusetzen, die bei hinreichend kleinen Amplituden $2\check{H}_1$ des hochfrequenten Magnetfeldes gegeben ist, was im Abschn. 3.2.4.1 noch genauer untersucht wird. Auf die allgemeinere Darstellung der Magnetisierung durch den Tensor der komplexen Suszeptibilität wird im Abschn. 4.1 eingegangen.

Wegen der Linearität des Systems läßt sich die Magnetisierung $M_x(t)$ als Summe der Beiträge der beiden zirkular polarisierten Felder

$$M_x(t) = M_x^+(t) + M_x^-(t) = \{(M^+_{x'\mathrm{st}} + M^-_{x'\mathrm{st}}) \cos \omega t + (-M^+_{y'\mathrm{st}} + M^-_{y'\mathrm{st}}) \sin \omega t\} \tag{3.11}$$

darstellen, wobei $M^\pm_{k\mathrm{st}}$ $(k = x', y')$ die stationären Lösungen im rotierenden Koordinatensystem gemäß Gl. (3.7) bezeichnet.

Vergleicht man die Gln. (3.10) und (3.11), so ergeben sich die Definitionsgleichungen

$$\chi'(\omega) = \frac{M^+_{x'\mathrm{st}} + M^-_{x'\mathrm{st}}}{2\check{H}_1}, \quad \chi''(\omega) = \frac{-M^+_{y'\mathrm{st}} + M^-_{y'\mathrm{st}}}{2\check{H}_1} \tag{3.12}$$

für die Hochfrequenzsuszeptibilitäten. Wie bereits im Abschn. 1.4.1 gezeigt wurde, ist der Einfluß der im falschen Drehsinn rotierenden Magnetfeldkomponente zu vernachlässigen. Für $\gamma > 0$ sind dann nur die Komponenten $M^-_{x'\mathrm{st}}$ und $M^-_{y'\mathrm{st}}$ von Wichtigkeit, für $\gamma < 0$ nur $M^+_{x'\mathrm{st}}$ und $M^+_{y'\mathrm{st}}$. Vernachlässigt man in Gl. (3.12) jeweils die falsch rotierenden Komponenten, so ergibt sich nach dem Einsetzen der stationären Lösungen gemäß Gl. (3.7) für die Hochfrequenzsuszeptibilitäten

$$\chi'(\omega) = \frac{1}{2} \cdot \frac{\Delta\omega \cdot |\gamma|\, T_2{}^2 M_0 \cdot \mu_0}{1 + (\Delta\omega \cdot T_2)^2 + \gamma^2 \check{B}_1{}^2 T_1 T_2}, \tag{3.13}$$

$$\chi''(\omega) = \frac{1}{2} \cdot \frac{|\gamma|\, T_2 M_0 \cdot \mu_0}{1 + (\Delta\omega \cdot T_2)^2 + \gamma^2 \check{B}_1{}^2 T_1 T_2}. \tag{3.14}$$

$\Delta\omega = |\gamma|\, B_0 - \omega = \omega_0 - \omega$ ist die Abweichung von der Resonanzfrequenz $\omega_0 = |\gamma|\, B_0$ (in $s^{-1}$). Die anderen Symbole haben die übliche Bedeutung (vgl. Gl. (3.5)).

Die Einführung der Hochfrequenzsuszeptibilitäten $\chi'(\omega)$ und $\chi''(\omega)$ ist besonders deshalb wichtig, weil durch sie die gegenseitige Abhängigkeit der Komponenten $M_{x'\mathrm{st}}$ und $M_{y'\mathrm{st}}$ auf eine einfache Weise dargestellt werden kann: Unter den bisherigen Voraussetzungen der Linearität und Stationärität sind die dimensionslosen Hochfrequenzsuszeptibilitäten $\chi'(\omega)$ und $\chi''(\omega)$ über die KRONIG-KRAMERSschen Beziehungen miteinander verknüpft, die hier ohne Beweis angegeben werden sollen (vgl. z. B. [1]):

$$\chi'(\omega) - \chi'_\infty = \frac{1}{\pi}\, C \int_{-\infty}^{+\infty} \frac{\chi''(\omega')}{\omega' - \omega}\, \mathrm{d}\omega',$$

$$\chi''(\omega) = -\frac{1}{\pi}\, C \int_{-\infty}^{+\infty} \frac{\chi'(\omega') - \chi'_\infty}{\omega' - \omega}\, \mathrm{d}\omega', \tag{3.15}$$

wobei

$$C \int_{-\infty}^{+\infty} \cdots = \lim_{\varepsilon \to 0} \left\{ \int_{-\infty}^{\omega - \varepsilon} \cdots + \int_{\omega + \varepsilon}^{+\infty} \cdots \right\}$$

den CAUCHYschen Hauptwert des Integrals angibt und $\chi'_\infty = \lim\limits_{\omega \to \infty} \chi'_\infty(\omega)$ im Gegensatz zu $\chi''_\infty$ nicht notwendigerweise Null sein muß.

*Absorbierte Leistung*

Die pro Periode $T$ des hochfrequenten Feldes vom Spinsystem absorbierte Leistung $\bar{P}_m$ beträgt

$$\bar{P}_m(\omega) = \frac{1}{T} \int_0^T \frac{\mathrm{d}E_m}{\mathrm{d}t}\,\mathrm{d}t. \tag{3.16}$$

Dabei bezeichnet $E_m$ die Energiedichte des magnetischen Feldes. Für die Änderung $\mathrm{d}E_m$ folgt

$$\mathrm{d}E_m = \boldsymbol{H}\,\mathrm{d}\boldsymbol{B} \tag{3.17}$$

oder, nach Einführung der Magnetisierung mit Hilfe der Gleichung

$$\boldsymbol{B} = \mu_0(\boldsymbol{H} + \boldsymbol{M}), \tag{3.18}$$

die Beziehung

$$\mathrm{d}E_m = [\mathrm{d}(\boldsymbol{H}^2 + \boldsymbol{M}\boldsymbol{H}) - \boldsymbol{M}\,\mathrm{d}\boldsymbol{H}]\,\mu_0. \tag{3.19}$$

Da der Mittelwert über das erste Glied identisch gleich Null ist, beträgt die pro Periode absorbierte Leistung

$$\bar{P}_m(\omega) = -\frac{\mu_0}{T} \int_0^T \boldsymbol{M}\,\mathrm{d}\boldsymbol{H}, \tag{3.20}$$

und nach Einsetzen der Gln. (3.9) und (3.10) ergibt sich

$$\bar{P}_m(\omega) = +2\omega \check{H}_1{}^2 \chi''(\omega)\,\mu_0. \tag{3.21}$$

*Absorptions- und Dispersionssignal*

Da die absorbierte Leistung proportional zu $\chi''(\omega)$ ist, leuchtet die Interpretation der Komponenten $M^{\pm}_{y'\mathrm{st}}$ als Absorptionssignal sofort ein. $M^{\pm}_{x'\mathrm{st}}$ stellt das Dispersionssignal dar. An Stelle dieser Komponenten werden üblicherweise die Bezeichnungen $v$-Signal und $u$-Signal verwendet (Abb. 3.1). Durch die Schreibweise

$$v = \frac{\gamma}{|\gamma|} M^{\pm}_{y'\mathrm{st}}, \quad u = M^{\pm}_{x'\mathrm{st}}, \tag{3.22}$$

wobei die Zeichen + bzw. — wieder entsprechend $\gamma < 0$ bzw. $\gamma > 0$ zu wählen sind und $M^{\pm}_{x'\mathrm{st}}$ und $M^{\pm}_{y'\mathrm{st}}$ die stationären Lösungen nach Gl. (3.7) darstellen, ist $v$ als eine Funktion festgelegt, die überall $v \geqq 0$ ist.

Um später die Abhängigkeit dieser Signale von der Frequenz und der Amplitude des hochfrequenten Feldes

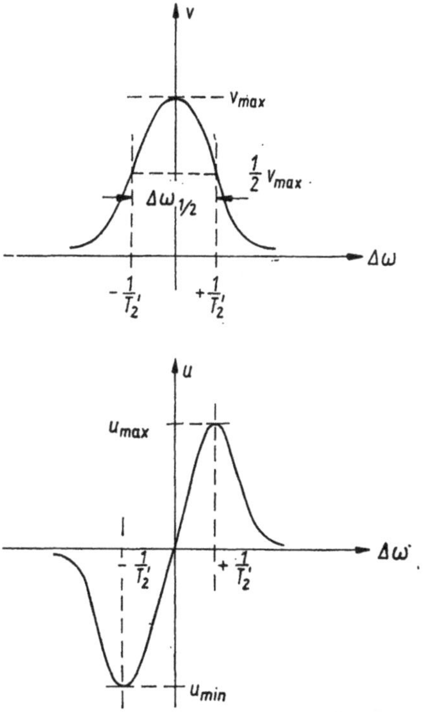


Abb. 3.1. $u$- und $v$-Signale gemäß den BLOCHschen Gleichungen

analysieren zu können, ist eine kleine Umformung nötig. Wenn man eine scheinbare transversale Relaxationszeit $T_2'$ durch die Definition

$$T_2' = \frac{T_2}{[1 + \gamma^2 \check{B}_1^2 T_1 T_2]^{1/2}} \tag{3.23}$$

einführt, ergibt sich für die $u$- und $v$-Signale durch Einsetzen von Gl. (3.7) in Gl. (3.22) sofort

$$u = |\gamma|\, \check{B}_1 M_0 \Delta\omega T_2' \pi g_L(\Delta\omega) \tag{3.24}$$

und

$$v = \frac{|\gamma|\, \check{B}_1 M_0}{[1 + \gamma^2 \check{B}_1^2 T_1 T_2]^{1/2}} \pi g_L(\Delta\omega)\,. \tag{3.25}$$

$g_L(\Delta\omega)$ stellt die normierte Linienformfunktion nach LORENTZ („LORENTZ-Kurve") dar:

$$g_L(\Delta\omega) = \frac{1}{\pi} \frac{T_2'}{1 + (\Delta\omega T_2')^2}, \tag{3.26}$$

deren Linienbreite in Halbwertshöhe $\Delta\omega'_{1/2} = \frac{2}{T_2'}$ (vgl. Tab. 3.1) beträgt. Die Normierung ist sofort ersichtlich,

Tabelle 3.1.
Normierte Linienfunktionen: $\int_{-\infty}^{+\infty} g(\Delta\omega)\, d\omega = 1$, $\Delta\omega = \omega_0 - \omega$, $\omega_0 = 2\pi\nu_0$
$\nu_0$ = Resonanzfrequenz in Hz, $\Delta\omega_{1/2}$ = Halbwertsbreite, $\delta\omega_{PP}$ = Linienbreite in den Wendepunkten (d. h. Peak-Peak-Abstand des differenzierten Signals)

| Kurvenform | $g(\Delta\omega)$ | $\Delta\omega_{1/2}$ | $\delta\omega_{PP}$ |
|---|---|---|---|
| LORENTZ-Kurve | $\frac{1}{\pi a} \frac{1}{1 + \left(\frac{\Delta\omega}{a}\right)^2}$ | $2a$ | $2a$ |
| GAUSS-Kurve | $\frac{1}{\sqrt{\pi}\, a} \exp\left[-\left(\frac{\Delta\omega}{a}\right)^2\right]$ | $2a\sqrt{\ln 2}$ | $\frac{2a}{\sqrt{2}}$ |

wenn man das Integral

$$\int_{-\infty}^{+\infty} g_L(\Delta\omega)\,\mathrm{d}\omega = \frac{1}{\pi}\int_{-\infty}^{+\infty} \frac{\mathrm{d}x}{1 + x^2} = 1 \tag{3.27}$$

berechnet.

Die Gln. (3.24) und (3.25) lassen sich auf beliebige Linienformen verallgemeinern. Den wichtigsten Fall für praktische Anwendungen stellt neben der LORENTZ-Kurve die GAUSS-Kurve dar (vgl. Tab. 3.1).

## *3.2. Signalnachweis*

### *3.2.1. Grundanordnung. Allgemeine Bemerkungen*

Alle Spektrometer zum Nachweis der kernmagnetischen Resonanz im stationären Betrieb bestehen aus folgenden Grundbausteinen:

1. dem Magneten zur Erzeugung eines konstanten Magnetfeldes,
2. einer Einrichtung zur Modulation und definierten Änderung („sweep") des Magnetfeldes bzw. der Meßfrequenz,
3. dem Hochfrequenzsender,
4. dem Meßkopf, der die Probe enthält und in dem das hochfrequente Magnetfeld erzeugt wird,
5. dem Empfänger und Verstärker und
6. einem Nachweisgerät (Oszillograph bzw. Schreiber zur Beobachtung bzw. Aufzeichnung der Signale und/oder rechentechnische Auswertung).

Für die weitere Behandlung kann davon ausgegangen werden, daß die experimentellen Untersuchungen jetzt in der Hauptsache unter Verwendung von kommerziellen Geräten ausgeführt werden. Daher treten Details der Konstruktion bei dieser auf die Anwendung der Methoden ausgerichteten Darstellung völlig in den Hintergrund. Hinsichtlich dieses Problemkreises kann auf die Monographie von LÖSCHE [2] verwiesen werden.

Wir wenden uns daher nur solchen Fragen zu, die mit dem Meßprozeß selbst und der Deutung der Meßparameter zusammenhängen. Zu diesem Problemkreis zählen die Trennung von Absorptions- und Dispersionssignalen (Abschn. 3.2.2), die Nachweisempfindlichkeit (Abschn. 3.2.3) und verschiedene apparative Einflüsse auf die Linienform (Abschn. 3.2.4).

### *3.2.2. Trennung von Absorptions- und Dispersionssignalen*

Es wird ein Detektor benötigt, der in der Lage ist, die durch die präzedierende Spinmagnetisierung induzierte Spannung nachzuweisen und dabei $u$- und $v$-Signale zu trennen.

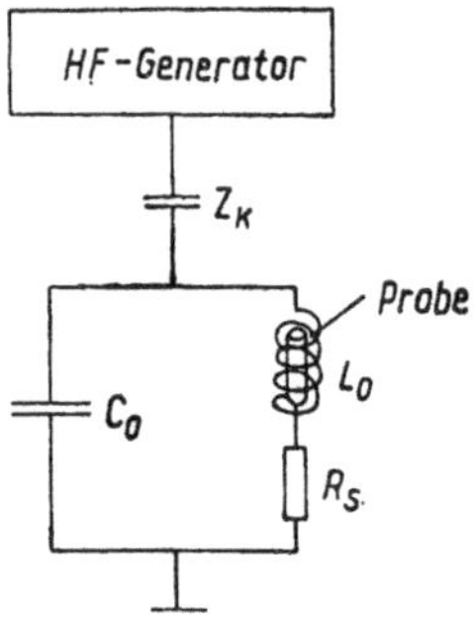


Abb. 3.2. Zur Berechnung der Rückwirkung einer Kernresonanzprobe auf die Resonanzeigenschaften eines Schwingkreises

Wir diskutieren zunächst den Nachweis der Signale durch die *Rückwirkung* des Spinsystems auf die Hochfrequenzspannung zur Erzeugung des Wechselfeldes: Die Probe befindet sich in einem Schwingkreis, dessen

Resonanzeigenschaften durch die Absorption des Spinsystems beeinflußt werden. Koppelt man den Parallelschwingkreis mit der Induktivität $L_0$, der Kapazität $C_0$, dem Ohmschen Widerstand $R_S$ der Spule und dem Resonanzwiderstand $R_0 = \omega^2 L^2 R_S^{-1}$ (für eine Güte $Q \gg 1$) über eine große Impedanz $Z_k$ ($|Z_k| \gg R_0$) an einen HF-Generator an (Abb. 3.2), dann wird der Strom $I = \check{I} \cos \omega t = \mathrm{Re}\,\{\check{I}\, \mathrm{e}^{i\omega t}\}$ nur durch die Impedanz $Z_k$ bestimmt. Das durch den Strom $I$ in der Spule erzeugte linear polarisierte Magnetfeld $\mathrm{Re}\,\{2\check{H}_1\, \mathrm{e}^{i\omega t}\}\, \boldsymbol{e}_x$ ist also unabhängig davon, ob der Kreis durch Einbringen einer Probe in die Spule geändert wird oder nicht. Das gleiche gilt für die Kernmagnetisierung in Richtung des Feldes

$$M_x(t) = \mathrm{Re}\,\{2\check{H}_1 \chi\, \mathrm{e}^{i\omega t}\}. \tag{3.10}$$

Bringen wir eine Probe (Probenvolumen $V_P$) in die Spule, so nimmt die Induktivität der Spule (Spulenvolumen $V_S$) den komplexen Wert (vgl. [1], S. 133)

$$L = L_0(1 + \eta\chi) \tag{3.28}$$

an.

$$\eta = \frac{\int\limits_{V_P} H_1{}^2\, \mathrm{d}\tau}{\int\limits_{V_S} H_1{}^2\, \mathrm{d}\tau} < 1 \tag{3.29}$$

bezeichnet den Füllfaktor. An den Enden des Schwingkreises liegt dann eine Spannung

$$V = IZ \tag{3.30}$$

an, wobei der Wechselstromwiderstand $Z$ des Schwingkreises durch

$$\frac{1}{Z} = \frac{1}{R_S + i\omega L_0(1 + \eta\chi)} + i\omega C_0 \tag{3.31}$$

gegeben ist. Für den Resonanzfall $\omega^2 C_0 L_0 = 1$ folgt aus

Gl. (3.31) nach einfachen Umformungen

$$Z_r = \frac{\omega^2 L^2}{R_S} \left[ \frac{1 + \eta\chi - \frac{i}{Q}}{1 + i\eta\chi Q} \right]. \tag{3.32}$$

Da man stets mit einer Güte $Q \gg 1$ rechnen kann und meistens $|i\eta\chi Q| \ll 1$ gilt, erhält man für die Spannung nach Gl. (3.30)

$$V_r = IZ_r \approx V_0[1 - i\eta\chi Q] = V_0 - V_{\chi''} - iV_{\chi'} \tag{3.33}$$

mit

$$V_0 = I_0 R_0, \; V_{\chi''} = V_0 \eta \chi'' Q \text{ und } V_{\chi'} = V_0 \eta \chi' Q.$$

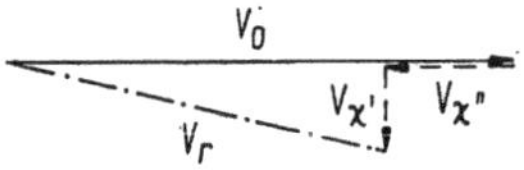


Abb. 3.3. Zeigerdiagramm zur Berechnung der Schwingkreisspannung $V_r$ im Resonanzfall

Zwischen den Beträgen der Teilspannungen besteht die Ungleichung

$$|V_{\chi'}| \ll |V_0 - V_{\chi''}|.$$

In erster Näherung wird also die Schwingkreisspannung $V_r$

$$|V_r| = \sqrt{(V_0 - V_{\chi''})^2 + V_{\chi'}^2} \approx V_0 - V_{\chi''}$$

durch das Absorptionssignal moduliert, was sich zum Nachweis des Absorptionssignals ausnutzen läßt. Der Nachteil dieses Nachweises ist offensichtlich, da die sehr kleine Signalspannung $V_{\chi''}$ einer großen Trägerspannung $V_0$ überlagert ist.

*Brückenschaltung*

Einen Ausweg aus dieser Situation und gleichzeitig eine Möglichkeit zum Nachweis beider Signale eröffnet die Verwendung einer Brückenschaltung: Der Schwingkreis ist Bestandteil einer Brücke (meist Doppel-T-Brücke).

Bei exaktem Brückenabgleich wird die Spannung $V_0$ [Gl. (3.33)] am Brückenausgang vollständig kompensiert. Die resultierende Spannung ist proportional zu $V_{\chi''} + iV_{\chi'}$. Sie stellt eine Mischung von Absorptions- und Dispersionssignalen dar, deren Trennung unter diesen Bedingungen nicht möglich ist. Der Aufbau der Brückenschaltung gestattet es, eine definierte Verstimmung der Brücke einzustellen, so daß an Stelle von $V_0$ in Gl. (3.33) die

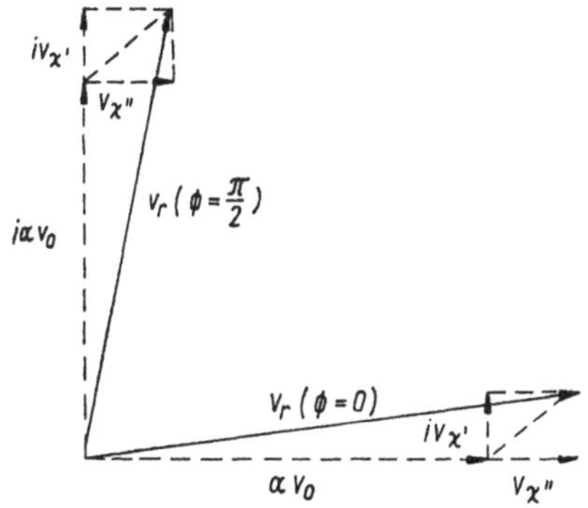


Abb. 3.4. Resultierende Spannung $V_r$ bei definierter Verstimmung der Brücke

Spannung $-\alpha V_0 \exp(i\Phi)$ (am Brückenausgang) tritt, wobei $\alpha$ und $\Phi$ (beide sind reelle Zahlen!) weitgehend unabhängig voneinander wählbar sind. Die resultierende Spannung beträgt dann

$$V_r = -\{\alpha V_0 \, e^{i\Phi} + V_{\chi''} + iV_{\chi'}\}. \tag{3.34}$$

Stellt man die Verstimmung der Brücke so ein, daß die Ungleichungen $|\alpha V_0| \gg V_{\chi''}$, $|\alpha V_0| \gg V_{\chi'}$, erfüllt sind, so entstehen resultierende Spannungen, die bei $\Phi = 0$ durch $V_{\chi''}$ und bei $\Phi = \frac{\pi}{2}$ durch $V_{\chi'}$ moduliert sind (Abb. 3.4). In Phase mit der erzeugenden Wechselspannung $V_0$ entsteht also das Absorptionssignal $V_{\chi''}$. Das Dispersionssignal $V_{\chi'}$ ist um $\frac{\pi}{2}$ phasenverschoben gegenüber $V_0$. (Es ist dabei zu beachten, daß zwischen der erzeugenden hochfrequenten Spannung $V_0$ und dem hochfrequenten Magnetfeld $H_1(t)$ eine Phasenverschiebung von $\frac{\pi}{2}$ besteht. Das Dispersionssignal ist also in Phase mit dem erzeugenden Magnetfeld.) Da die Brückenspannung $\alpha V_0 \exp(i\Phi)$ in Gl. (3.34) klein gegen $V_0$ gewählt werden kann ($|V_{\chi'}|, |V_{\chi''}| \ll |\alpha V_0| \ll V_0$), verbessern sich gleichzeitig auch die Nachweisbedingungen für die schwachen Kernresonanzsignale.

*Kreuzspulenanordnung*

Eine Entkopplung zwischen Sende- und Empfangskreis wird dadurch erreicht, daß die Sendespule senkrecht zur Empfangsspule angeordnet wird. Die Feinabstimmung der Entkopplung geschieht mittels Leitblechen. Dadurch wird eine Zusatzspannung im Empfangskreis erzeugt, die wie bei der Brückenanordnung dem Nachweis von $V_{\chi''}$ oder $V_{\chi'}$ angepaßt werden kann. Als zusätzliche Information ermöglicht die Kreuzspulenanordnung gegenüber der Einspulen-Brückenanordnung die Bestimmung der relativen Vorzeichen von Kernmomenten [3].

*Autodyndetektor*

Er besteht aus einem Schwingkreis, der die Probenspule enthält und durch eine als negativer Widerstand wirkende Schaltung entdämpft und damit zu Schwingungen angeregt wird (Abb. 3.5). Diese Anordnung zeichnet sich durch einfache Handhabung aus. Die Amplitudenmodulation des Oszillators wird beim Kernresonanznachweis unter den Bedingungen des langsamen Durchgangs im wesentlichen durch das Absorptionssignal bestimmt. In der Arbeit [6] wurde gezeigt, daß bei einem effektiven Gütefaktor von $Q \geqq 50$ der Anteil des Dispersionssignals im allgemeinen kleiner als 1% ist. In entsprechender Weise wird die Frequenzmodulation des Oszillators nicht nur vom Dispersionssignal bestimmt, sondern enthält eine Beimischung vom Absorptionssignal, die insbesondere von der Phase des rückgekoppelten Stromes abhängt und bei hohen Frequenzen groß sein kann [6].

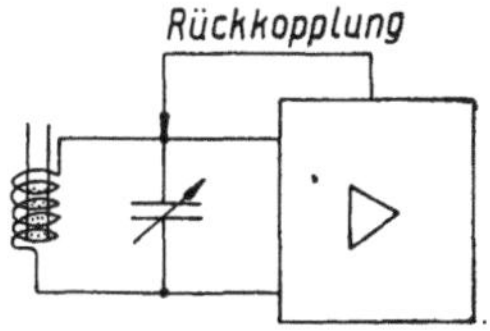


Abb. 3.5. Zum Autodynnachweis

### 3.2.3. *Nachweisempfindlichkeit*

Ein geeignetes Maß für die Empfindlichkeit stellt das Signal-Rausch-Verhältnis (SRV) dar.

Für eine gerade Linienformfunktion (Abb. 3.6a) ist diese Größe definiert durch den Quotienten der Amplitude $S_{max}$ der Signalspannung und der Wurzel $[\overline{n^2(t)}]^{1/2}$ aus dem quadratischen Mittelwert der Rauschspannung $n(t)$ [4]:

$$\mathrm{SRV} = \frac{S_{max}}{\sqrt{\overline{n^2(t)}}}. \tag{3.35}$$

Für eine Linienform mit zwei Extrema (Abb. 3.6b), wie z. B. für das Dispersionssignal oder die erste Ableitung des Absorptionssignals, wird an Stelle von Gl. (3.35) die folgende Definition verwendet:

$$\mathrm{SRV} = \frac{S_{max} - S_{min}}{\sqrt{2\overline{n^2(t)}}}. \tag{3.36}$$

In den Definitionsgleichungen (3.35) und (3.36) wurde angenommen, daß der quadratische Mittelwert $\overline{n^2(t)}$ der Rauschspannung nur von der Breite des untersuchten Spektralbereiches abhängt, d. h., daß er unabhängig von der Frequenz ist, bei der die Signalspannung nachgewiesen wird (weißes Rauschen). Im Falle von starken niederfrequenten Rauschanteilen oder zur Berechnung des Signal-Rausch-Verhältnisses nach einem Filter, wenn

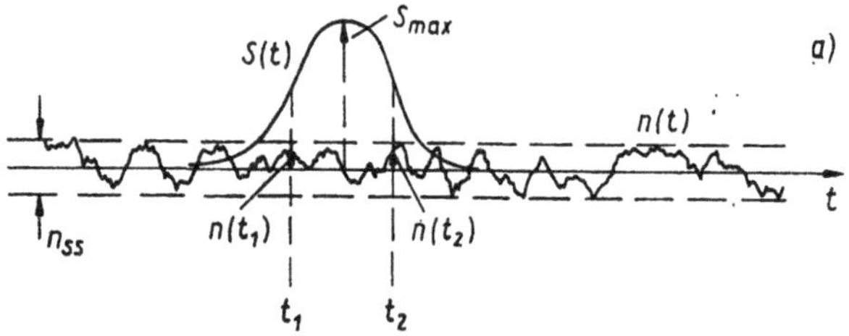


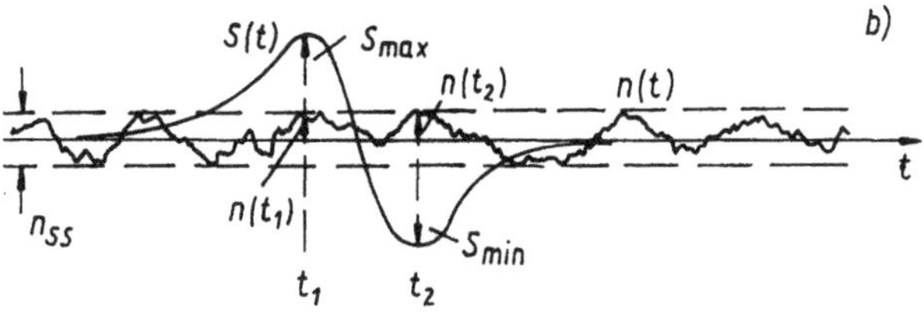


**Abb. 3.6. Zur Definition des Signal-Rausch-Verhältnisses bei gerader (a) und ungerader Linienformfunktion (b): $n(t)$: Augenblickswert der Rauschspannung zur Zeit $t$; $n_{SS}$: Spitze-Spitze-Wert der Rauschspannung; $S(t)$: Signalspannung mit den Extremwerten $S_{max}$ und $S_{min}$**

kein weißes Rauschen mehr vorliegt, ist der Mittelwert $2\overline{n^2(t)}$ durch $\overline{[n(t_1) - n(t_2)]^2} = 2\overline{n^2(t)} - 2\overline{n(t_1)\,n(t_2)}$ zu ersetzen [5].

$$\frac{\overline{n(t_1)\,n(t_2)}}{\overline{n^2(t)}} = \frac{\overline{n(t_2)\,n(t_1)}}{\overline{n^2(t)}} = G(t_1 - t_2)$$

ist die Korrelationsfunktion, die für weißes Rauschen zur Deltafunktion wird.

Für praktische Bestimmungen des Signal-Rausch-

Verhältnisses bei der kernmagnetischen Resonanz haben sich folgende einfache Methoden als nützlich erwiesen:

1. Das mittlere Rauschspannungsquadrat wird durch den Spitze-Spitze-Wert $n_{SS}$ der Rauschspannung (vgl. Abb. 3.6) ersetzt. Als eine grobe Abschätzung, die für die Kernresonanz mit Fehlern von 50 ··· 100% behaftet sein kann, findet die Beziehung $n_{SS}[\overline{n^2(t)}]^{-1/2} = 2{,}5$ Verwendung, und es ergibt sich

$$\mathrm{SRV} \approx \frac{2{,}5 S_{\max}}{n_{SS}} \quad \text{für eine gerade} \tag{3.35'}$$

bzw.

$$\mathrm{SRV} \approx \frac{2{,}5(S_{\max} - S_{\min})}{\sqrt{2}\, n_{SS}} \quad \text{für eine ungerade Linienformfunktion.} \tag{3.36'}$$

2. Es wird eine numerische Berechnung des quadratischen Mittelwertes der Rauschspannung vorgenommen:

$$\overline{n^2(t)} = \frac{1}{T} \int_0^T \left(n(t) - \overline{n(t)}\right)^2 \mathrm{d}t, \tag{3.37}$$

wobei

$$\overline{n(t)} = \frac{1}{T} \int_0^T n(t)\, \mathrm{d}t \tag{3.38}$$

einen möglichen Gleichspannungsanteil bezeichnet (z. B. infolge einer Basislinienverschiebung).

Der Mittelwert nach (3.37) läßt sich auf folgende Weise bestimmen (Abb. 3.7):

a) Es werden mehrere Rauschspuren übereinander geschrieben.
b) Es wird ein geeignetes Netz von horizontalen und vertikalen Linien eingezeichnet.
c) Für jedes horizontale Niveau $a_k$ wird die Zahl $c_k$ der Schnittpunkte der Rauschspannungsamplituden mit den vertikalen Linien ermittelt.

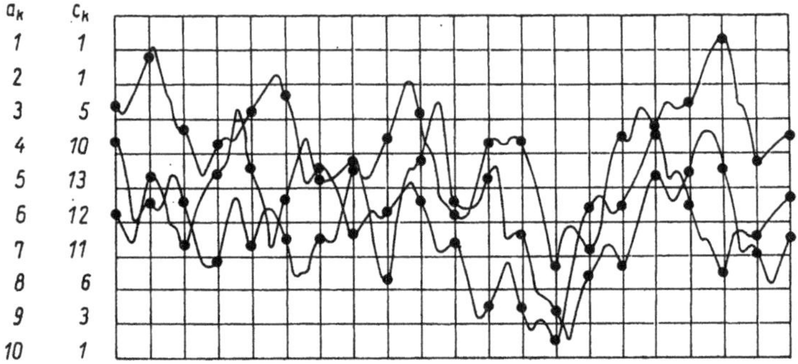


Abb. 3.7. Zur Berechnung des Signal-Rausch-Verhältnisses

Der mittlere quadratische Mittelwert beträgt dann

$$\overline{n^2} = \frac{\sum\limits_{k=1}^{m} (a_k - \bar{a})^2 \, c_k}{\sum\limits_{k=1}^{m} c_k} \tag{3.37'}$$

mit

$$\bar{a} = \frac{\sum\limits_{k=1}^{m} a_k c_k}{\sum\limits_{k=1}^{m} c_k} . \tag{3.38'}$$

In Anlehnung an die Arbeit [4] sollen nun verschiedene *Möglichkeiten zur Verbesserung der Empfindlichkeit* dargestellt werden:

*1. Vergrößerung der Signalamplitude* $S_{\max}$

Aus den Gln. (3.24) und (2.35) folgt für die maximale transversale Magnetisierung $\frac{1}{2} M_0 (T_2/T_1)^{1/2}$.

Die Gleichgewichtsmagnetisierung $M_0$ kann vergrößert werden durch Vergrößerung der Zahl $N$ der Spins (wobei der Vergrößerung des Probenvolumens durch die Zunahme der Feldinhomogenitäten des $H_0$-Feldes und die Verringerung der Güte des Empfangskreises Grenzen gesetzt sind),

durch Vergrößerung der Feldstärke $H_0$ und
durch Erniedrigung der Temperatur. (Dieser Gewinn wird teilweise durch die Verringerung des $T_2/T_1$-Verhältnisses mit abnehmender Temperatur kompensiert).

Eine weitere Erhöhung der Gleichgewichtsmagnetisierung kann erreicht werden, wenn durch dynamische Polarisation (z. B. Overhauser-Effekt usw., vgl. Abschn. 5.3 und 6.5) eine Veränderung der Besetzungszahlen der stationären Spinzustände ausgelöst wird. Diese Veränderung hängt von Vorzeichen und Größe der gyromagnetischen Verhältnisse der koppelnden Momente und von den longitudinalen Relaxationszeiten ab und ändert sich von System zu System. Mit Hilfe von Doppelresonanzverfahren lassen sich schließlich Multiplettaufspaltungen beseitigen, was auch zu intensiven Zentrallinien führt.

Eine Vergrößerung der transversalen Magnetisierung ist bei solchen Systemen zu erreichen, bei denen $T_1 \gg T_2$ gilt und $T_1$ durch Zusatz von paramagnetischen Ionen verkleinert werden kann. Diese Möglichkeit ist meistens dann vorhanden, wenn die molekulare Beweglichkeit stark eingeschränkt ist und die longitudinale und transversale Relaxation durch unterschiedliche Mechanismen ausgelöst werden. Die Reduktion der Signalamplitude $S_{\max}$ durch die Größe $(T_2/T_1)^{1/2}$ kann vermieden werden, wenn ein mittelschneller Resonanzdurchgang zur Anwendung kommt. Die maximale transversale Magnetisierung entspricht dann der Gleichgewichtsmagnetisierung $M_0$. Starke Beschränkungen werden jedoch unter Umständen durch die damit verbundenen Linienverzerrungen auferlegt, was im Abschn. 3.2.4.4 näher zu untersuchen ist.

Der Nachteil des Einsatzes stationärer Nachweisverfahren zur Gewinnung von Spektren mit schmalen, gut aufgelösten Linien besteht darin, daß die einzelnen Resonanzbereiche nacheinander abgetastet werden und nur ein kleiner Teil der Gesamtzeit für den eigentlichen Meßprozeß benötigt wird. Möglichkeiten zur Verbesserung der Empfindlichkeit, die sich aus der optimalen Nutzung der für ein Resonanzexperiment verfügbaren Meßzeit ergeben, werden im Abschn. 3.2.4.4, S. 106f., und in Zusammenhang mit den Impulsverfahren diskutiert.

*2. Verringerung der Rauscherzeugung*

Die wichtigsten Rauschquellen sind die Empfangsspule, ihre Verbindung zum Vorverstärker und die erste Vorverstärkerstufe. Durch eine Optimierung der elektronischen Schaltungen ist eine weitere Verbesserung des Signal-Rausch-Verhältnisses möglich. Eine neuere Behandlung dieser Fragen, insbesondere im Hinblick auf den Einsatz von Spektrometern mit supraleitenden Magneten, wird von Hoult und Richards [7] vorgenommen. Eine Übersicht über spezifische Probleme bei Kreuzspulenanordnungen und Brückenspektrometern bietet die Arbeit [8].

Faktoren, die die Empfindlichkeit von Autodynspektrometern begrenzen, werden von Adler u. a. [9] untersucht. Danach sind zwei Bereiche für den Spektrometerbetrieb zu unterscheiden: ein Gebiet, in dem das frequenzunabhängige direkte Rauschen (der Spule, der nachfolgenden Verstärkerstufe, u. a.) vorherrscht und ein Gebiet, wo das $1/f$-Rauschen überwiegt. Bei niedrigen Hochfrequenzspannungen dominiert das direkte Rauschen. Eine Erhöhung der Empfindlichkeit wird innerhalb dieses Gebietes durch Vergrößerung der HF-Amplitude erreicht. Die Wahl der Modulationsfrequenz ist nicht kritisch, da Signal und Rauschen durch die gleiche Übertragungsfunktion umgesetzt werden. Bei großer HF-Amplitude dominiert das $1/f$-Rauschen. In diesem Arbeitsbereich ist es unwichtig, welche HF-Amplitude spezifisch gewählt wird. Die Modulationsfrequenz muß dagegen möglichst groß sein. In einer Reihe von Arbeiten [10] wird der Einsatz von Feldeffekttransistoren beim Aufbau der Oszillatoren diskutiert, um diesen Anteil zu verringern.

### 3. *Abtrennung der Signale vom verbleibenden Rauschen nach dem Detektor*

Um den Einfluß des niederfrequenten Rauschens zu reduzieren, wird das Kernresonanzsignal durch Modulation des konstanten Feldes oder der Frequenz des hochfrequenten Feldes in ein Wechselspannungssignal umgewandelt und nach Eliminierung des niederfrequenten Rauschens durch ein Filter einem phasenempfindlichen Verstärker zugeführt. Zur Erhöhung der Empfindlichkeit (vgl. Gl. (3.39) für das SRV) ist man bestrebt, die Bandbreite $\Delta\nu$ dieses Verstärkers möglichst klein zu halten ($\Delta\nu \lesssim 1$ Hz). Die Modulationsfrequenz richtet sich nach der Breite des untersuchten Spektralbereiches:

In der hochauflösenden Kernresonanz ist die Modulationsfrequenz größer als die Spektrenbreite, so daß sich die Seitenbänder nicht überlappen. Zum Nachweis dient meist nur das erste Seitenband.

Bei der Breitlinienkernresonanz ist die Modulationsfrequenz klein gegenüber der Linienbreite. Die Modulationsseitenbänder werden durch die Resonanzlinie überdeckt. Verwendet man jetzt die Modulationsfrequenz zum phasenempfindlichen Nachweis, so entsteht die erste Ableitung des betreffenden Kernresonanzsignals. Bei phasenempfindlicher Verstärkung mit den Vielfachen der Modulationsfrequenz lassen sich die entsprechenden höheren Ableitungen der Resonanzkurve nachweisen. Von großem Einfluß auf die Empfindlichkeit ist die Filterung des Signals vor der weiteren Verstärkung (vgl. z. B. [4]).

Die *Größenordnung des Signal-Rausch-Verhältnisses,* das man in der Kernresonanz erzielen kann, wird von Abragam (vgl. [2], S. 83) unter folgenden Annahmen berechnet:

a) Die Inhomogenitätsverbreiterung der Resonanzlinien (vgl. Abschn. 3.2.4.2) ist vernachlässigbar gering.
b) Es sind die Blochschen Gleichungen anwendbar, wobei $T_1 = T_2$ gelten soll.

c) Die Amplitude des hochfrequenten Feldes wird so gewählt ($\gamma^2 \check{B}_1{}^2 T_1 T_2 = 1$, d. h., $\check{B}_1 = (\gamma T_2)^{-1}$ wegen $T_1 = T_2$), daß die stationäre transversale Magnetisierung maximal ist.

Das Signal-Rausch-Verhältnis beträgt dann

$$\mathrm{SRV} = \frac{10^6}{f} V_S{}^{-1/2} \frac{4}{3} I(I+1) \left(\frac{\gamma}{\gamma_P}\right)^{5/2} \left(\frac{{}^1N}{{}^1N_P}\right) V_P B_0{}^{3/2} \times \left(\frac{Q}{100}\right)^{1/2} \left(\frac{T}{300}\right)^{-3/2} (\Delta\nu)^{-1/2}. \tag{3.39}$$

Dabei bezeichnen $V_S$ das Spulenvolumen (in $\mathrm{cm}^3$), $V_P$ das Probenvolumen (in $\mathrm{cm}^3$), $\gamma$ das gyromagnetische Verhältnis und ${}^1N$ die Zahl der untersuchten Kernspins pro $\mathrm{cm}^3$, $I$ ihre Kernspinquantenzahl, $\gamma_P$ das gyromagnetische Verhältnis der Protonen und ${}^1N_P$ ihre Anzahl pro $\mathrm{cm}^3$ Wasser, $B_0$ die magnetische Induktion des äußeren konstanten Feldes (in T), $f$ einen Rauschfaktor, $Q$ die Güte der Spule, $T$ die Temperatur (in K) und $\Delta\nu$ die Bandbreite (in Hz).

### 3.2.4. *Experimentelle Einflüsse auf die Linienform*

#### 3.2.4.1. *Einfluß starker Hochfrequenzfelder*

##### 3.2.4.1.1. *Sättigungserscheinungen in Flüssigkeiten*

Sättigung tritt dann ein, wenn die Übergangswahrscheinlichkeit für die durch das hochfrequente Feld $B_1(t)$ induzierten Übergänge vergleichbar ist mit der spontanen Übergangswahrscheinlichkeit. Besitzt das hochfrequente Feld wie bisher eine sinusförmige Zeitabhängigkeit, dann ist die induzierte Übergangswahrscheinlichkeit $W_{\mathrm{ind}}$ durch

$$W_{\mathrm{ind}} = \frac{1}{2} \gamma^2 \check{B}_1{}^2 \pi g(\Delta\omega) \tag{3.40}$$

(vgl. Kap. 2.3) gegeben. Wenn wir als ein Maß für die spontane Übergangswahrscheinlichkeit $W_{sp}$ die longitudinale Relaxationsrate verwenden, $W_{sp} \approx \frac{1}{2T_1}$, so ergibt sich als Bedingung

$$\pi\gamma^2\check{B}_1{}^2 g(\Delta\omega) \cdot T_1 \approx 1 \tag{3.41}$$

für die Sättigung. Für eine LORENTZsche Linienformfunktion gilt bei Resonanz $g_L(0) = T_2/\pi$, und es folgt die bekannte Sättigungsbedingung $\gamma^2\check{B}_1{}^2T_1T_2 \approx 1$ der BLOCHschen Gleichungen. In diesen Gleichungen bezeichnen $g(\Delta\omega)$ die normierte Linienformfunktion, $\Delta\omega$ die Resonanzabweichung, $2\check{B}_1$ die Amplitude des hochfrequenten Feldes, $\gamma$ das gyromagnetische Verhältnis, $T_1$ die longitudinale und $T_2$ die transversale Relaxationszeit.

Bei Gültigkeit der BLOCHschen Gleichungen (Gln. (3.24) und (3.25) mit den Hochfrequenzsuszeptibilitäten $\chi'(\omega)$ bzw. $\chi''(\omega)$ gemäß den Gln. (3.13) und (3.14)) wird die Linienform,

$$u = 2\check{H}_1\chi'(\omega) = |\gamma|\check{B}_1M_0\pi\Delta\omega T_2{}'g_L(\Delta\omega), \tag{3.42}$$

$$v = 2\check{H}_1\chi''(\omega) = \frac{|\gamma|\ \check{B}_1M_0}{(1 + \gamma^2\check{B}_1{}^2T_1T_2)^{1/2}}\,\pi g_L(\Delta\omega), \tag{3.43}$$

unabhängig von der Amplitude $2\check{B}_1$ des hochfrequenten Feldes durch die LORENTZ-Formfunktion $g_L(\Delta\omega)$ beschrieben. Maximalwert und Breite der $u$- und $v$-Signale hängen von der Größe $\check{B}_1$ ab.

Wir untersuchen diese Abhängigkeit näher: Für schwache Hochfrequenzfelder, deren Amplitude $2\check{B}_1$ die Bedingung $\gamma^2\check{B}_1{}^2T_1T_2 \ll 1$ erfüllt, besteht zwischen den maximalen Signalamplituden der Gln. (3.42) und (3.43)

$$v_{max} = v(0) = \frac{|\gamma|\ \check{B}_1T_2M_0}{1 + \gamma^2\check{B}_1{}^2T_1T_2} \tag{3.44}$$

und

$$u_{\max} = -u_{\min} = u\left(\Delta\omega = +\frac{1}{T_2'}\right)$$

$$= \frac{1}{2}\frac{|\gamma|\,\check{B}_1 T_2 M_0}{(1+\gamma^2\check{B}_1{}^2 T_1 T_2)^{1/2}} \tag{3.45}$$

und der Größe $\check{B}_1$ eine lineare Beziehung.

Die maximale Amplitude des $v$-Signals in Abhängigkeit von $\check{B}_1$, $v_{\max,\max} = \frac{1}{2} M_0 \left(\frac{T_2}{T_1}\right)^{1/2}$, stimmt mit dem asymptotischen Wert $u_{\max,\text{asymp}}$ des $u$-Signals (für $\gamma^2\check{B}_1{}^2 T_1 T_2 \gg 1$) überein und charakterisiert die optimale Größe der transversalen Magnetisierung, die sich unter stationären Bedingungen und bei langsamem Resonanzdurchgang (vgl. Abschn. 3.2.4.4) erzielen läßt.

Die Abhängigkeit der Linienbreite $\Delta\omega'_{1/2} = \frac{2}{T_2'}$ $= \frac{2}{T_2}(1 + \gamma^2\check{B}_1{}^2 T_1 T_2)^{1/2}$ von der Amplitdue $2\check{B}_1$ des Hochfrequenzfeldes kann zur Bestimmung der longitudinalen Relaxationszeit $T_1$ benutzt werden: Wenn die wahre Linienbreite $\Delta\omega_{1/2} = \frac{2}{T_2}$ bekannt ist, läßt sich $T_1$ aus der linearen Beziehung zwischen $\Delta\omega'_{1/2}$ und $\check{B}_1$ bei starken Hochfrequenzfeldern ermitteln. Die Genauigkeit für diese $T_1$-Messung ist gering. Sie wird im wesentlichen (vgl. auch die Diskussion auf S. 99, 2. Absatz) begrenzt durch die systematischen Fehler bei der Messung der wahren Linienbreite auf Grund der inhomogenen Linienverbreiterung (Abschn. 3.2.4.2). Aus diesem Grunde ist die praktische Bedeutung dieser Methode für Strukturuntersuchungen gegenüber der direkten Messung der longitudinalen Relaxationszeit mit Impulsverfahren gering. Es kann sich bei der Sättigungsmethode nur um eine größenordnungsmäßige Abschätzung der longitudinalen Relaxationszeit $T_1$ handeln.

Charakteristisch für die bisherige Behandlung ist, daß das Sättigungsverhalten des Imaginärteils $\chi''(\omega)$ und der ersten Ableitung $\frac{\partial \chi'}{\partial \omega}$ des Realteils der komplexen Suszeptibilität sehr ähnlich ist, wie die schematische Darstellung in Abb. 3.8 zeigt: Im Falle starker Sättigung ergeben sich die asymptotischen Werte

$$\chi''(\omega_0) = \frac{M_0\mu_0}{2\,|\gamma|\,\check{B}_1{}^2 T_1} \tag{3.46}$$

und

$$\left(\frac{\partial \chi'}{\partial \omega}\right)_{\omega_0} = -\frac{M_0\mu_0}{2\check{B}_1{}^2\,|\gamma|}\,\frac{T_2}{T_1}. \tag{3.47}$$

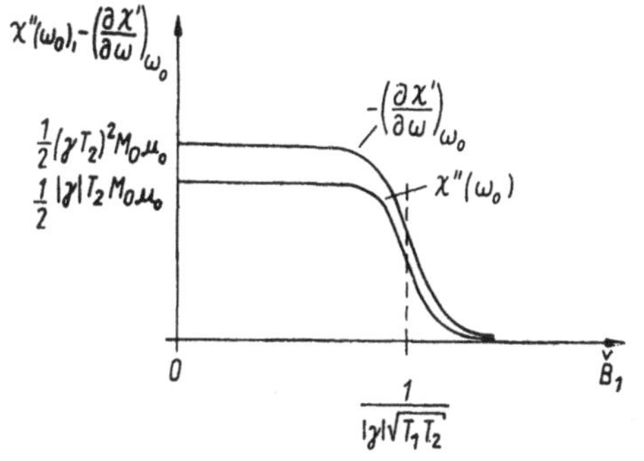


Abb. 3.8. Sättigungsverhalten der Hochfrequenzsuszeptibilitäten nach den Blochschen Gleichungen

Diese Voraussagen sind in Übereinstimmung mit Experimenten im Falle der meisten Gase, Flüssigkeiten, Lösungen und anderer Systeme mit hoher thermischer Beweglichkeit. Wenn nämlich die Blochschen Gleichungen auf derartige Systeme unter den Bedingungen vernachlässigbarer Sättigung anwendbar sind, so ist ihre Gültigkeit (mit den gleichen Relaxationszeiten!) auch in starken Hochfrequenzfeldern gesichert, solange die Ungleichung $|\gamma|\,\check{B}_1\tau_c \ll 1$ zutrifft, wobei $\tau_c$ die Korrelationszeit des für die Relaxation maßgeblichen Wechselwirkungsmechanismus bezeichnet. In diesem Fall verändern sich die Relaxationszeiten $T_x$, $T_y$ bzw. $T_z$ der Komponenten $M_x$, $M_y$ bzw. $M_z$ der Magnetisierung nicht mit der Amplitude $2\check{B}_1$, und es gilt stets $T_x = T_y = T_2$ und $T_z = T_1$. Unterschiede im Sättigungsverhalten von $\chi''(\omega)$ und $\frac{\partial \chi'(\omega)}{\partial \omega}$ sollten also nur dann entstehen, falls die Korrelationszeit $\tau_c$ hinreichend lang ist ($|\gamma|\, \check{B}_1 \tau_c \gtrsim 1$), da sich in diesem Fall die Zeitkonstanten $T_x$ und $T_y$ voneinander unterscheiden und von der Amplitude $2\check{B}_1$ des hochfrequenten Feldes abhängen. Während die Sättigung des Absorptionssignals etwa beim gleichen $\check{B}_1$-Wert einsetzt ($\gamma^2 \check{B}_1{}^2 T_{x,y} T_1 \approx 1$) wie bisher, bleibt die Ableitung des Dispersionssignals auch bei stärkeren Hochfrequenzfeldern konstant [11]. Darüber hinaus kann im Gegensatz zur bekannten Sättigungsverbreiterung eine *Verschmälerung* der Signale bei ihrer Sättigung eintreten.

### *3.2.4.1.2. Sättigungserscheinungen in Festkörpern*

Eine grundlegende Beziehung in der Theorie der kernmagnetischen Resonanz für Festkörper stellt die Gleichung von Bloembergen, Purcell und Pound [12] („BPP-Theorie", vgl. Gl. (2.25), S. 65)

$$\frac{\mathrm{d}n(t)}{\mathrm{d}t} = -\gamma^2 \check{B}_1{}^2 \pi g(\Delta\omega)\, n(t) + \frac{n_0 - n(t)}{T_1} \qquad (3.48)$$

für die Differenz $n(t)$ der Besetzungszahlen zweier stationärer Kernspinzustände dar, zwischen denen durch ein hochfrequentes Magnetfeld Übergänge erzeugt werden. $n_0$ bezeichnet die entsprechende Differenz unter Gleichgewichtsbedingungen, und $g(\Delta\omega)$ ist die normierte Linienformfunktion.

Berechnet man die vom Spinsystem absorbierte Leistung wie im Abschn. 2.3 nach der Gleichung

$$\bar{P}_m = \frac{\mathrm{d}E}{\mathrm{d}t} = n_{\mathrm{st}} W_{\mathrm{ind}} \cdot \Delta E \qquad (3.49)$$

mit $\Delta E = |\gamma| \hbar B_0$, der stationären Lösung $n_{st}$ von Gl. (3.48) und der induzierten Übergangswahrscheinlichkeit $W_{ind}$ nach Gl. (3.40) und vergleicht man mit Gl. (3.21), so ergibt sich für den Imaginärteil der komplexen Suszeptibilität

$$\chi''(\omega) = \frac{1}{2} \frac{|\gamma| M_0 \pi g(\Delta\omega) \mu_0}{1 + \gamma^2 \check{B}_1^2 \pi g(\Delta\omega) T_1}, \tag{3.50}$$

wobei die Symbole die übliche Bedeutung haben. (Man beachte dabei $M_0 = \frac{n_0 |\gamma| \hbar}{2}$ und $\omega_0 \approx \omega$.) Es läßt sich leicht zeigen, daß Gl. (3.50) in die Hochfrequenzsuszeptibilität $\chi''(\omega)$ (Gl. (3.43)) der BLOCHschen Gleichungen übergeht, wenn $g(\Delta\omega)$ LORENTZ-Form besitzt.

Nach der BPP-Theorie tritt wie bei den BLOCHschen Gleichungen mit wachsender Amplitude des Hochfrequenzfeldes eine *Verbreiterung* der Resonanzlinien auf, und für $\chi''(\omega_0)$ und $\left(\frac{\partial \chi'(\omega)}{\partial \omega}\right)_{\omega_0}$ gibt es eine einheitliche Sättigungsbedingung (Gl. (3.41)) $\gamma^2 \check{B}_1^2 \pi g(\Delta\omega) T_1 = 1$. Zwischen den Voraussagen dieser Theorie und Kernresonanzexperimenten bei starken Hochfrequenzfeldern wurden eine Reihe von Unterschieden festgestellt [13].

Zu den typischen Abweichungen zählen die *Verschmälerung* der Absorptions- und Dispersionskurven, die Annäherung der Linienform an eine LORENTZ-Kurve und das unterschiedliche Sättigungsverhalten von $\chi''(\omega_0)$ und $\left(\frac{\partial \chi'(\omega)}{\partial \omega}\right)_{\omega_0}$: Während sich das Verhalten der Absorptionskurve in Einklang mit der BPP-Theorie und den BLOCHschen Gleichungen befindet, bleibt die Ableitung $\left(\frac{\partial \chi'(\omega)}{\partial \omega}\right)_{\omega_0}$ der Dispersionskurve bis zu Hochfrequenzfeldern von einigen $10^{-4}$ Tesla annähernd konstant.

Die Gültigkeit von Gl. (3.48) beruht auf drei Voraussetzungen:

1. Die longitudinale Relaxation kann durch *eine* Relaxationszeit $T_1$ beschrieben werden.
2. Die Spins wechselwirken so stark miteinander, daß ein schneller Energieaustausch innerhalb des Spinsystems stattfindet. Dadurch können alle Bereiche der Linie gleichmäßig gesättigt werden, unabhängig davon, ob das lokale Feld der Frequenz des hochfrequenten Feldes exakt entspricht oder nicht.
3. Die Hochfrequenzsuszeptibilität ist proportional zur Differenz der Besetzungszahlen der Kernspinzustände. Diese Annahme ist äquivalent mit der Voraussetzung, daß sich das Spinsystem so verhält, als befinde es sich in einem inneren Gleichgewicht mit einer „Spin"-Temperatur $T_S$, die größer als die Gittertemperatur ist und durch die Verteilung der Spins auf die einzelnen Spinzustände bestimmt ist: Für den Dichteoperator dieses inneren Gleichgewichtszustandes gilt dann: $\tilde{\varrho} \propto \exp(-\mathscr{H}/kT_S)$. $\mathscr{H}$ bezeichnet den Hamilton-Operator des Systems und $k$ die Boltzmannsche Konstante.

Redfield [11] zeigte, daß die dritte Voraussetzung zur Gl. (3.48) im Falle der Sättigung nicht gerechtfertigt ist. Seine Theorie, für die in diesem Rahmen nur die Ergebnisse diskutiert werden können, geht von folgenden Voraussetzungen aus:

1. Es existiert ein inneres Gleichgewicht im Spinsystem, dessen stationäre Zustände durch einen effektiven Hamilton-Operator $\mathscr{H}_{er}$ gegeben sind, der auch einen Beitrag des äußeren Hochfrequenzfeldes enthält. $\mathscr{H}_{er}$ stellt den zeitunabhängigen Anteil desjenigen Operators dar, der aus dem Hamilton-Operator $\mathscr{H}$ (im Laborkoordinatensystem) nach der Transformation in ein Koordinatensystem hervorgeht, das mit der Frequenz des äußeren Hochfrequenzfeldes rotiert. Redfield [13] nimmt an, daß die Verteilung der Spins auf diese stationären Zustände im rotierenden Koordinatensystem durch eine Spintemperatur $T^*$ beschrieben werden kann und setzt, in Analogie zu den bereits dargestellten Voraussetzungen der BPP-Theorie, für den Dichteoperator $\tilde{\varrho}_r$ dieses inneren Gleichgewichts an
$\tilde{\varrho}_r \propto \exp(-\mathscr{H}_{er}/kT^*)$.

2. Den Betrachtungen liegt ein HAMILTON-Operator $\mathcal{H}$ im Laborsystem zugrunde, der die Wechselwirkungsenergie der Spins mit den äußeren Feldern $B_0$ und $B_1(t)$, die magnetische Dipolwechselwirkung und die indirekte Spin-Spin-Wechsel-Wirkung zwischen den Kernspins enthält.
3. Das hochfrequente Feld $\check{B}_1$ ist *sehr groß* gegenüber dem mittleren lokalen Feld $\sqrt{B_L'^2}$ im rotierenden Koordinatensystem, d. h., es gilt $\check{B}_1{}^2 \gg B_L'^2$. Die Größe $B_L'^2$ ist mit dem zweiten Moment $M_2$ der Resonanzkurve (vgl. Abschn. 6.2) über die Beziehung $\gamma^2 B_L'^2 = \frac{1}{3} M_2$ verknüpft.

Der Imaginärteil der Hochfrequenzsuszeptibilität

$$\chi''(\omega) = \frac{1}{2} \frac{|\gamma| \, [\check{B}_1{}^2 + 2B_L'^2] \, M_0 \mu_0}{[(\Delta\omega)^2 + \gamma^2(\check{B}_1{}^2 + 2\check{B}_L'^2)] \, T_1 \check{B}_1{}^2}. \quad (3.51)$$

stellt eine LORENTZ-Kurve mit der Breite $|\gamma| \, [\check{B}_1{}^2 + 2B_L'^2]^{1/2}$ dar, die bei Resonanz $\Delta\omega = \omega_0 - \omega = 0$ mit Gl. (3.46) identisch ist.

Der Realteil der Suszeptibilität besitzt die Form

$$\chi'(\omega) = \frac{1}{2} \frac{M_0 \, |\gamma| \, \Delta\omega \cdot \mu_0}{(\Delta\omega)^2 + \gamma^2(\check{B}_1{}^2 + 2B_L'^2)}. \quad (3.52)$$

Seine Ableitung

$$\left(\frac{\partial \chi'(\omega)}{\partial \omega}\right)_{\omega_0} = \frac{1}{2} \frac{(-)M_0 \mu_0}{|\gamma| \, (\check{B}_1{}^2 + 2B_L'^2)} \quad (3.53)$$

unterscheidet sich wesentlich von Gl. (3.47), da hier der Faktor $T_2/T_1$ entfällt.

Im Spezialfall $\check{B}_1{}^2 \ll B_L'^2$ *schwacher* Hochfrequenzfelder besitzt das *Absorptionssignal* die Form [14, 15]

$$\chi''(\omega) = \frac{{}^1N\gamma^2 \hbar I_{0z} \mu_0}{2} \frac{\pi g(\Delta\omega)}{1 + \varepsilon(\Delta\omega) \, (T_1 + (\Delta\omega)^2 D^{-2} T_{1D})}, \quad (3.54)$$

wobei zur Abkürzung $\varepsilon(\Delta\omega) = \gamma^2 \check{B}_1{}^2 \pi g(\Delta\omega)$ und $I_{0z} = \hbar\omega_0/kT$ geschrieben wurde. $T_1$ bezeichnet die

Spin-Gitter-Relaxationszeit für die ZEEMAN-Energie, $T_{1D}$ die Spin-Gitter-Relaxationszeit für die dipolare Wechselwirkungsenergie und $D = |\gamma| \sqrt{\overline{B_L'^2}}$ das mittlere lokale Dipolfeld (in $s^{-1}$) im rotierenden Koordinatensystem. Die anderen Symbole besitzen die übliche Bedeutung. Eine Erläuterung zu den Relaxationszeiten $T_1$ und $T_{1D}$ wird im Abschn. 6.3 gegeben.

Es ist sehr interessant, daß auch das Absorptionssignal nach Gl. (3.54) im Falle der Resonanz ($\Delta\omega = 0$) und bei Sättigung, $\varepsilon(0)\, T_1 \gg 1$,

$$\chi''(\omega_0) = \frac{{}^1N\hbar I_{0z}\mu_0}{2} \frac{1}{\check{B}_1{}^2 T_1} \tag{3.55}$$

das gleiche Verhalten zeigt wie das durch die BLOCHschen Gleichungen und die BPP-Theorie vorausgesagte Signal der Gl. (3.46). Dies läßt die Schlußfolgerung zu, daß die mit Hilfe der Sättigungsmethode bestimmten Werte der longitudinalen Relaxationszeit $T_1$ unabhängig davon sind, ob sich die Form der Absorptionslinie bei Sättigung ändert oder nicht. Abgesehen von den bereits aufgezeigten Schwierigkeiten bei diesem $T_1$-Meßverfahren (vgl. S. 88) ist also die Sättigungsmethode hinsichtlich der theoretischen Grundlagen im wesentlichen korrekt.

Eine weitere wichtige Schlußfolgerung aus den bisherigen Betrachtungen ist, daß die Bedingung für die Sättigung des Absorptionssignals in allen Fällen etwa mit Gl. (3.41) übereinstimmt, die sich aus qualitativen Betrachtungen und aus den BLOCHschen Gleichungen ergab.

Bei der Sättigung tritt eine Änderung der Linienform auf: Aus Gl. (3.54) läßt sich unmittelbar ablesen, daß $\chi''(\omega)$ für vernachlässigbare Sättigung $\varepsilon(\Delta\omega)\, T_1 \ll 1$ der Linienformfunktion $g(\Delta\omega)$ proportional ist. Mit Eintreten der Sättigung ändert sich die Kurvenform des Absorptionssignals, das dann einen LORENTZ-förmigen Verlauf besitzt:

$$\chi''(\omega) \propto \frac{1}{T_1 + (\Delta\omega)^2 D^{-2} T_{1D}}. \tag{3.56}$$

Die Halbwertsbreite $\Delta\omega'_{1/2}$ dieses Signals kann man aus der Bedingung $\chi''(\Delta\omega'_{1/2}) = \frac{1}{2}\chi''(0)$ ermitteln, die mit Gl. (3.54) zu der Gleichung

$$\frac{g(\Delta\omega'_{1/2})}{g(0)} = \frac{1}{2 + \varepsilon(0)\,[T_1 - (\Delta\omega'_{1/2})^2\,D^{-2}T_{1D}]} \tag{3.57}$$

führt. Für eine qualitative Interpretation von Gl. (3.57) bemerken wir, daß die Halbwertsbreite $\Delta\omega'_{1/2}$ die Abszisse des Schnittpunktes der beiden Kurven

$$\frac{g(\Delta\omega)}{g(0)} \quad \text{und} \quad y(\Delta\omega) = \frac{1}{2 + \varepsilon(0)\,[T_1 - (\Delta\omega)^2\,D^{-2}T_{1D}]}$$

darstellt. Wenn $\Delta\omega_{1/2}$ den Wert für die Halbwertsbreite $g(\Delta\omega_0) = \frac{1}{2}g(0)$ des durch die Sättigung nicht beeinflußten Signals bezeichnet, so tritt offenbar dann eine Verschmälerung der Resonanzlinie bei Sättigung ein, falls $y(\Delta\omega_{1/2}) > \frac{1}{2}$ oder

$$\frac{T_1}{T_{1D}}\,D^2 < (\Delta\omega_{1/2})^2 \tag{3.58}$$

gilt.

Eine genauere Analyse der Sättigungsverbreiterung und -verschmälerung einer GAUSS-Kurve wurde in der Arbeit [16] für ein stationäres Experiment mit phasenempfindlichem Signalnachweis vorgenommen. Eine Sättigungsverschmälerung tritt bei einer GAUSS-Kurve auf, wenn $T_1 \leqq 6T_{1D}$ ist.

Das *Dispersionssignal* besitzt im Grenzfall schwacher Hochfrequenzfelder $\check{B}_1{}^2 \ll B_L'^2$ die Form

$$\chi'(\omega) = \frac{{}^1N\gamma^2\hbar I_{0z}\mu_0}{2}\,\frac{g'(\Delta\omega) + \varepsilon(\Delta\omega)\,T_{1D}\hbar^2\gamma^2D^{-2}\Delta\omega}{1 + \varepsilon(\Delta\omega)\,[T_1 + (\Delta\omega)^2\,D^{-2}T_{1D}]}. \tag{3.59}$$

$g'(\Delta\omega)$ bezeichnet das Dispersionssignal bei vernachlässigbarer Sättigung. Bei Sättigung $\varepsilon(\Delta\omega)\, T_1 \gg 1$ ändert sich wie beim Absorptionssignal die Kurvenform:

$$\chi'(\omega) \propto \frac{\Delta\omega}{T_1 + (\Delta\omega)^2\, D^{-2} T_{1D}}. \tag{3.60}$$

### 3.2.4.2. *Einfluß von Feldinhomogenitäten*

Wenn die Verteilung der Resonanzfrequenzen auf Grund der Inhomogenität des äußeren Feldes $B_0$ über das Probenvolumen gegenüber der natürlichen Linienbreite $\Delta\omega_{1/2}$

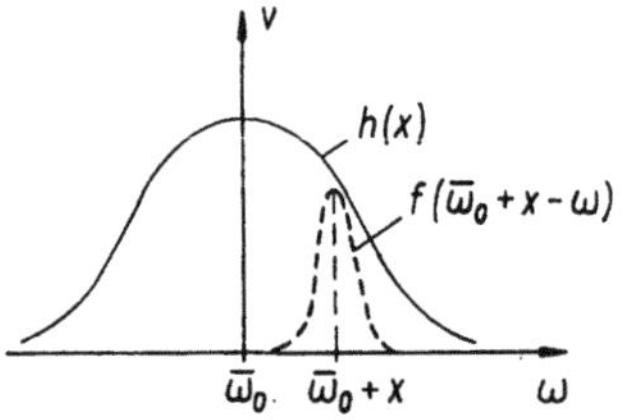


Abb. 3.9. Zur Definition der Verteilungsfunktion $h(x)$

nicht vernachlässigbar ist, kann man die Linienform durch eine Mittelung mit der Feldverteilungsfunktion $h(x)$ berechnen. Wir nehmen an, daß für die Signale $u$ und $v$ die Gln. (3.24) und (3.25) gelten. Die Verteilungsfunktion $h(x)$ ist so normiert, daß $h(x)\, dx$ die relative Anzahl der Spins angibt, deren Resonanzfrequenzen zwischen $\overline{\omega}_0 + x$ und $\overline{\omega}_0 + x + dx$ liegen, wobei $\overline{\omega}_0$ die Resonanzfrequenz mit dem maximalen Gewichtsfaktor bezeichnet (Abb. 3.9). Dann läßt sich das beobachtete Signal nach der Beziehung

$$v = \frac{\pi\, |\gamma|\, \check{B}_1 M_0}{(1 + \gamma^2 \check{B}_1^2 T_1 T_2)^{1/2}} \int\limits_{-\infty}^{+\infty} g_L(\overline{\omega}_0 + x - \omega)\, h(x)\, dx \tag{3.61}$$

berechnen. Die Linienformfunktion $g_L(\overline{\omega}_0 + x - \omega)$ ist wie in Gl. (3.26) durch eine Lorentz-Kurve mit der

Halbwertsbreite $2/T_2'$,

$$g_L(\overline{\omega}_0 + x - \omega) = \frac{1}{\pi} \frac{T_2'}{1 + (\overline{\omega}_0 + x - \omega)^2 T_2'^2}, \tag{3.62}$$

definiert. Zum Verständnis des Einflusses der Magnetfeldinhomogenitäten auf die Linienform reicht es hier aus, den Spezialfall einer LORENTZ-förmigen Feldverteilungsfunktion $h(x)$ mit der Halbwertsbreite $2/T_2^*$ zu behandeln und

$$h(x) = \frac{1}{\pi} \frac{T_2^*}{1 + (xT_2^*)^2} \tag{3.63}$$

zu schreiben. (Weitere Spezialfälle der Feldverteilungsfunktion werden im Zusammenhang mit dem Abfall des Signals der freien Induktion im Abschn. 4.2.1 diskutiert.)

Zur Berechnung des $v$-Signals nach Gl. (3.61) ist dann das Faltungsintegral zweier LORENTZ-Kurven auszurechnen. Die einzelnen Schritte dazu sind:

1. Wir stellen den Integranden in der Form

   $f_1(\Delta - x)\, f_2(x)$

   $[f_1(\Delta - x) \equiv g_L(\overline{\omega}_0 + x - \omega),\ f_2(x) \equiv h(x)]$

   dar $(\Delta = \omega - \omega_0)$.

2. Wir bestimmen die FOURIER-Transformierten $F_i$ der Funktionen $f_i: F_i = \mathcal{F}(f_i)$.

3. Das Faltungsintegral $f_1 * f_2 = \int\limits_{-\infty}^{+\infty} f_1(\Delta - x)\, f_2(x)\, \mathrm{d}x$ ist dann durch die FOURIER-Transformierte des Produktes $F_1F_2$ gegeben [17]:

   $$f_1 * f_2 = 2\pi \mathcal{F}(F_1F_2) = 2\pi \int\limits_{-\infty}^{+\infty} F_1(t)\, F_2(t)\, \mathrm{e}^{-i\Delta t}\, \mathrm{d}t. \tag{3.64}$$

Setzt man in Gl. (3.64) die FOURIER-Transformierten

$$F_1 = \exp\left[-|t|/T_2'\right] \text{ bzw. } F_2 = \exp\left[-|t|/T_2^*\right] \quad (3.65)$$

der Funktionen (Gln. (3.62) bzw. (3.63)) ein, so ergibt sich für das $v$-Signal wieder eine LORENTZ-Kurve,

$$v = \frac{\pi\,|\gamma|\,\check{B}_1 M_0}{(1+\gamma^2\check{B}_1^2 T_1 T_2)^{1/2}} \frac{T_2^{*\prime}}{1+[(\bar{\omega}_0-\omega)\,T_2^{*\prime}]^2}, \quad (3.66)$$

deren Breite jetzt aber durch die Magnetfeldinhomogenität mitbestimmt wird:

$$\frac{1}{T_2^{*\prime}} = \frac{1}{T_2'} + \frac{1}{T_2^*}. \quad (3.67)$$

Interessant ist das Sättigungsverhalten für eine sehr starke inhomogene Verbreiterung $T_2^* \ll T_2'$. Der Maximalwert des $v$-Signals, $v^*_{\text{max}} = v\;(\bar{\omega}_0 = \omega)$, nähert sich gemäß Gl. (3.66) einem *asymptotischen* Wert

$$v^*_{\text{max,asymp}} = \frac{\pi M_0 T_2^*}{\sqrt{T_1 T_2}} \quad (3.68)$$

an, was vom bisher diskutierten Verhalten homogen verbreiterter Kurven (Abb. 3.8) stark abweicht. Das inhomogen verbreiterte $u$-Signal zeigt keine prinzipiellen Abweichungen im Verhalten gegenüber den homogen verbreiterten Kurven.

#### 3.2.4.3. *Magnetfeldmodulation*

##### 3.2.4.3.1. *Einfluß der Modulationsamplitude*

Die Magnetfeldmodulation (oder Frequenzmodulation) spielt bei allen Nachweisverfahren eine Rolle, wo der phasenempfindliche Signalnachweis zur Anwendung kommt (z. B. bei der Breitlinienresonanz).

Das Magnetfeld setzt sich aus einem langsam veränderlichen Anteil $B_a(t)$ („sweep"-Feld) und der Modulation $\check{B}_m \cos \Omega t$ zusammen:

$$B(t) = B_a(t) + \check{B}_m \cos \Omega t. \qquad (3.69)$$

$B_a(t)$ soll sich dabei so langsam verändern (vgl. auch 3.2.4.4), daß es während des Zeitintervalls $2\pi/\Omega$ konstant gesetzt werden kann. Durch die Modulation wird die Linienformfunktion $g(B)$ in eine komplizierte Signalfunktion übergeführt, die als FOURIER-Reihe dargestellt werden kann ($c$ = Normierungsfaktor):

$$g(B) = c \sum_{n=0}^{\infty} [a_n(B) \cos (n\Omega t) + b_n(B) \sin (n\Omega t)]. \qquad (3.70)$$

Führt man einen phasenempfindlichen Nachweis mit einer Vergleichsspannung durch, die sich proportional zu $\cos \Omega t$ verändert, so ist das nachgewiesene Signal gegeben durch $a_1(B)$. Dieses Signal stellt im Idealfall die erste Ableitung der Resonanzkurve $g(B)$ dar, wobei die Güte für die formgetreue Wiedergabe, z. B. Linienbreite und Signalamplitude, vom Verhältnis $\check{B}_m/\Delta B_{1/2}$ der Modulationsamplitude $\check{B}_m$ zur (wahren) Linienbreite $\Delta B_{1/2}$ (in Einheiten von T (SI) oder G (CGS)) abhängt.

Als Beispiel wird eine GAUSS-Kurve als Linienformfunktion (vgl. Tab. 3.1, S. 72) betrachtet:

$$g_G(B) = \frac{s_G}{\sqrt{\pi}} \exp\left[-s_G{}^2(B - B_0)^2\right], \qquad (3.71)$$

mit $s_G = 2\,(\ln 2)^{1/2}/\Delta B_{1/2}$, $\Delta B_{1/2} = \gamma \Delta\omega_{1/2}$, der Linienbreite in Halbwertshöhe des Signals, und $B_0$, der magnetischen Induktion für das Zentrum der Linie. Setzt man $B(t)$ nach Gl. (3.69) ein und betrachtet man $B_\delta = B_a - B_0$ als konstante Größe, so ist die FOURIER-Analyse der Funktion

$$g_G\big(B(t)\big) = \frac{s_G}{\sqrt{\pi}} \exp\left[-s_G{}^2(B_\delta + \check{B}_m \cos \Omega t)^2\right] \qquad (3.72)$$

vorzunehmen. Die Koeffizienten der FOURIER-Entwicklung

$$a_n = \frac{\Omega}{\pi} \int_{-\frac{\pi}{\Omega}}^{+\frac{\pi}{\Omega}} \cos(n\Omega t) \exp[-s_G^2(B_\delta + \check{B}_m \cos \Omega t)^2] \, dt \tag{3.73}$$

nach Gl. (3.70) (mit $c = \frac{s_G}{\sqrt{\pi}}$) sind explizit in einer Arbeit von MYERS und PUTZER [18] zu finden. Die erste FOURIER-Komponente lautet für die GAUSS-Kurve

$$a_1 = \exp(-s_G^2 B_\delta^2) \sum_{n=0}^{\infty} \frac{(s_G \check{B}_m/2)^{2n+1}}{2^{2n}} \binom{2n+1}{n} \times \sum_{k=n+1}^{2n+1} \frac{(-1)^k}{k!} \binom{k}{2k-2n-1} \cdot (2 s_G B_\delta)^{2k-2n-1}. \tag{3.74}$$

Für eine LORENTZ-Kurve

$$g_L(B) = \frac{s_L}{\pi} \frac{1}{1 + s_L^2(B - B_0)^2} \tag{3.75}$$

führt die Rechnung nach Gl. (3.70) (mit $c = \frac{s_L}{\pi} = \frac{2}{\pi \Delta B_{1/2}}$) auf die erste FOURIER-Komponente [18]

$$a_1 = -\sum_{n=0}^{\infty} \frac{(s_L \check{B}_m/2)^{2n+1}}{2^{2n}(1 + s_L^2 B_\delta^2)^{n+1}} \binom{2n+1}{n} \times \sin[2(n+1)\cot^{-1}(s_L B_\delta)], \tag{3.76}$$

falls die Bedingung $s_L B_m < 2(1 + s_L^2 B_\delta^2)^{1/2}$ erfüllt ist.

Unter Verwendung der Gln. (3.71) und (3.74) für die GAUSS-Kurve und der Gln. (3.75) und (3.76) für die LORENTZ-Kurve läßt sich sofort die Proportionalität der Entwicklungskoeffizienten $a_1$ zu den ersten Ableitungen der Linienformfunktionen im Falle kleiner Modulationsamplituden nachprüfen: Für $(s_{L,G} \check{B}_m/2)^2 \ll 1$ sind nur Summanden mit $n = 0$ zu berücksichtigen, und man kann sich durch Ausrechnen leicht überzeugen, daß

$$ca_1 = \left(\frac{\partial g(B)}{\partial B}\right)_{B=Ba} \frac{\check{B}_m}{2} \tag{3.77}$$

gilt.

In der Literatur (vgl. die Übersicht in der Monographie [19]) hat man sich sehr ausführlich mit dem Einfluß größerer Modulationsamplituden auf Linienformfunktionen vom Lorentzschen [20] und vom Gaussschen Typ [21, 22] befaßt. Wie aus Abb. 3.10 zu ersehen ist, unterscheiden sich die Einflüsse der Modulationsamplitude auf die Linienbreite in beiden Fällen nur geringfügig voneinander. Dies rechtfertigt es, für dazwischen liegende Linienformfunktionen die Modulationseinflüsse als Mittel der für Lorentz- und Gauss-Kurven bestimmten Parameter anzusetzen und sich im folgenden auf diese Kurvenformen zu beschränken.

In Tab. 3.2 sind Zahlenwerte für den Entwicklungskoeffizienten $a_1$ einer Gauss- bzw. Lorentz-Kurve zusammengestellt. Zur schnellen Orientierung bei der Bestimmung der *wahren Linienbreite* bei einer übermodulierten Resonanzlinie empfiehlt sich daneben die graphische Darstellung in Abb. 3.10.

Dazu lassen sich folgende wichtige Regeln ableiten:

1. Der Fehler bei der Bestimmung der wahren Linienbreiten $\delta B_{PP}$ zwischen den Wendepunkten der Kurve (Peak-Peak-Abstand des differenzierten Signals) ist geringer als 5%, solange $\check{B}_m/\delta B_{PP} \leqq 0{,}2$ für eine Lorentz- und 0,3 für eine Gauss-Kurve ist.

2. Die Linienbreite $\delta B_{\text{exptl}}$ (Abstand der Extrema des gemessenen Signals) nähert sich dem Wert $2\check{B}_m$ an, wenn $\check{B}_m/\delta B_{PP} \gg 1$ gilt.

3. Die experimentell bestimmte Ableitung der Resonanzkurve besitzt eine maximale Intensität bei $\check{B}_m/\delta B_{PP} \approx 1{,}73$ bzw. 0,94 für Lorentz- bzw. Gauss-Kurven.

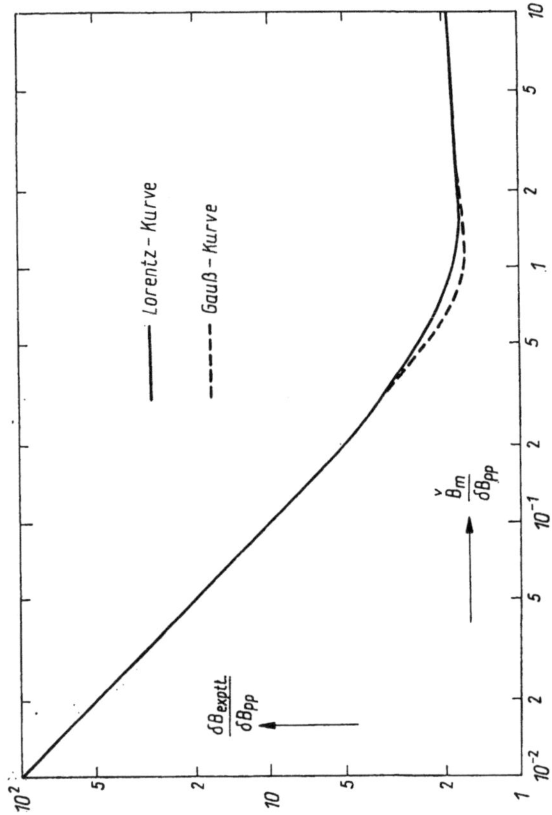


**Abb. 3.10. Zur Bestimmung der wahren Linienbreite $\delta B_{PP}$ (in T) aus der gemessenen Linienbreite $\delta B_{exptl}$ (in T) bei Übermodulation**

Tabelle 3.2.

Linienformparameter für LORENTZ- und GAUSS-Kurven in Abhängigkeit von der Modulationsamplitude [19]

| $\check{B}_m/\Delta B_{1/2}$ | $\check{B}_m/\delta B_{PP}$ | $\delta B_{\text{exptl}}/\delta B_{PP}$ | $\delta B_{\text{exptl}}/\check{B}_m$ | $(a_1)_P$ |
|---|---|---|---|---|
| a) LORENTZ-Kurve | | | | |
| 0 | 0 | 1,000 | ∞ | 0 |
| 0,05 | 0,0866 | 1,006 | 11,63 | 0,13 |
| 0,10 | 0,173 | 1,029 | 5,946 | 0,248 |
| 0,20 | 0,347 | 1,114 | 3,22 | 0,478 |
| 0,40 | 0,694 | 1,432 | 2,070 | 0,784 |
| 0,60 | 1,04 | 1,903 | 1,814 | 0,930 |
| 0,80 | 1,39 | 2,387 | 1,745 | 0,987 |
| 1,0 | 1,73 | 2,785 | 1,732 | 1,000 |
| 1,2 | 2,08 | 3,564 | 1,737 | 0,992 |
| 1,4 | 2,43 | 4,221 | 1,751 | 0,974 |
| 1,6 | 2,78 | 4,884 | 1,766 | 0,952 |
| 1,8 | 3,12 | 5,536 | 1,780 | 0,929 |
| 2,0 | 3,47 | 6,228 | 1,793 | 0,905 |
| 3,0 | 5,20 | 9,55 | 1,844 | 0,800 |
| 4,0 | 6,94 | 13,0 | 1,876 | 0,721 |
| 5,0 | 8,67 | 16,4 | 1,898 | 0,659 |
| 8,0 | 13,86 | 26,5 | 1,933 | 0,541 |
| 10,0 | 17,32 | 33,7 | 1,946 | 0,488 |
| 20,0 | 34,7 | 68,2 | 1,972 | 0,353 |
| ∞ | ∞ | ∞ | 2,000 | 0 |
| b) GAUSS-Kurve | | | | |
| 0 | 0 | 1,00 | ∞ | 0 |
| 0,06 | 0,0705 | 1,00 | 14,19 | 0,148 |
| 0,12 | 0,141 | 1,007 | 7,146 | 0,291 |
| 0,24 | 0,282 | 1,039 | 3,683 | 0,551 |
| 0,48 | 0,564 | 1,178 | 2,088 | 0,887 |
| 0,72 | 0,846 | 1,454 | 1,718 | 0,993 |
| 0,84 | 0,987 | 1,645 | 1,667 | 0,995 |
| 0,96 | 1,13 | 1,862 | 1,652 | 0,983 |
| 1,20 | 1,41 | 2,343 | 1,662 | 0,943 |
| 1,44 | 1,69 | 2,856 | 1,688 | 0,898 |
| 1,68 | 1,97 | 3,384 | 1,715 | 0,857 |
| 1,92 | 2,26 | 3,922 | 1,739 | 0,819 |
| 2,16 | 2,54 | 4,465 | 1,760 | 0,785 |
| 2,40 | 2,82 | 5,013 | 1,778 | 0,755 |
| 3,60 | 4,23 | 7,786 | 1,841 | 0,639 |

Tabelle 3.2. (Fortsetzung)

| $\check{B}_m/\Delta B_{1/2}$ | $\check{B}_m/\delta B_{PP}$ | $\delta B_{\text{exptl}}/\delta B_{PP}$ | $\delta B_{\text{exptl}}/\check{B}_m$ | $(a_1)_P$ |
|---|---|---|---|---|
| 4,80 | 5,64 | 10,6 | 1,877 | 0,564 |
| 6,00 | 7,05 | 13,5 | 1,911 | 0,497 |
| ∞ | ∞ | ∞ | 2,000 | 0 |

$\check{B}_m$ = Modulationsamplitude, $\Delta B_{1/2}$ = Halbwertslinienbreite, $\delta B_{PP}$ = wahre Linienbreite zwischen den Wendepunkten der Kurve = Peak-Peak-Abstand des (unverfälschten) differenzierten Signals, $\delta B_{\text{exptl}}$ = Abstand der Extrema des gemessenen Signals, $(a_1)_P$ = Amplitude der Extrema des gemessenen Signals (normiert)

Die Veränderung der *Linienform* des differenzierten Signals mit der Modulationsamplitude $\check{B}_m$ ist in Abb. 3.11 dargestellt. Das wahre zweite Moment $M_2$ einer Resonanzkurve ist mit dem beobachteten zweiten Moment $M_{2\text{beob}}$ einer modulationsverbreiterten Kurve über die Beziehung

$$M_{2\text{beob}} = M_2 + \frac{1}{4}(\gamma_m \check{B})^2 + \frac{1}{3}\Omega^2 \quad (\text{in s}^{-2})$$

($\check{B}_m$ = Modulationsamplitude, $\Omega$ = Modulationsfrequenz in $s^{-1}$) verknüpft [23], die (ohne das letzte Glied) bereits von ANDREW [24] neben den Ausdrücken für die höheren Momente angegeben wurde. (Zur Definition der Momente vergleiche man Abschn. 6.2).

### 3.2.4.3.2. *Einfluß der Modulationsfrequenz*

Ist die Modulationsfrequenz $\Omega$ (in $s^{-1}$) sehr groß gegenüber der Linienbreite $\Delta\omega_{1/2} = \gamma \Delta B_{1/2}$ (in $s^{-1}$, $\gamma$ = gyromagnetisches Verhältnis), so entstehen Seitenbänder bei den Frequenzen $\omega \pm n\Omega$ ($\omega = |\gamma|\, B_0$), die sich jeweils über einen Frequenzbereich von maximal $2\gamma\check{B}_m$ (in $s^{-1}$) erstrecken.

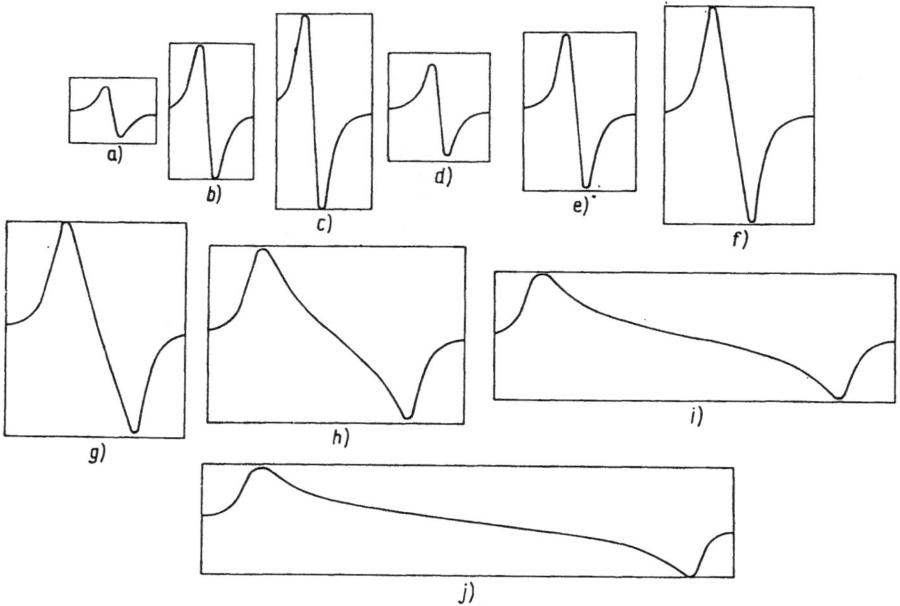


Abb. 3.11. **NMR-Signale von Protonen in wäßrigen $Cr(NO_3)_3$-Lösungen in Abhängigkeit von der Modulationsamplitude $\check{\vec{B}}_m$ [19]: $\delta B_{PP} = 1{,}9 \cdot 10^{-5}$ T; $\Omega/2\pi = 40$ Hz. $\check{B}_m/\delta B_{PP} = 0{,}075$ (a); 0,199 (b); 0,276 (c, d); 0,526 (e); 1,24 (f); 2,47 (g); 5,07 (h); 10,3 (i); 14,4 (j).** Verstärkungsfaktoren: 1(a bis c), 1/2 (d bis j)

### *3.2.4.4. Einfluß der Abtastgeschwindigkeit*

Bei stationärem Signalnachweis interessiert besonders die Frage, welche Bedingungen an die zeitliche Veränderung $B_a(t) = \mathrm{a} + bt$ des äußeren Feldes (Gl. 3.69)) beim Signalnachweis zu stellen sind, damit die Rückwirkungen des Meßvorganges auf die Linienform möglichst klein sind. Von grundlegender Wichtigkeit für die Beantwortung dieser Frage ist das Adiabatentheorem.

*Adiabatentheorem*

In der Quantenmechanik wird gezeigt [25], daß im Grenzfall einer beliebig langsamen Änderung einer Störung die Wahrscheinlichkeit $W_{nk}$ für einen Übergang vom Zustand $k$ in den Zustand $n$, der mit einer Energieänderung $\hbar\omega_{kn} \neq 0$ verbunden ist, gegen Null strebt. Von einer hinreichend langsamen („adiabatischen") Änderung spricht man dann, wenn sich die Störung während eines Zeitintervalls der Größenordnung $\Delta t = \omega_{kn}^{-1}$ sehr wenig ändert oder, anders ausgedrückt, wenn die Fourier-Entwicklung der Störfunktion vernachlässigbare Komponenten bei Frequenzen von der Größenordnung $|\omega_{kn}|$ besitzt. Überträgt man diese Aussage auf den vorliegenden Fall, wo sich im Meßprozeß die magnetische Induktion $B_0$ des äußeren Feldes zeitlich ändert, so ist das charakteristische Zeitintervall durch $\Delta t \approx (\gamma B_e)^{-1}$ gegeben ($\hbar\gamma B_e$ = Energieänderung der Spins mit dem gyromagnetischen Verhältnis $\gamma$ im effektiven Feld $B_e$). Adiabatisch heißt der Prozeß also dann, wenn die Änderung $|\dot{B}_0|\,\Delta t$ klein gegen das effektive Feld $B_e$ ist, d. h., wenn $|\dot{B}_0|\,\Delta t \approx |\dot{B}_0|\,(\gamma B_e)^{-1} \ll B_e$ oder $|\dot{B}_0| \ll \gamma B_e^2$ [1]) gilt. Die Be-

[1]) Eine genauere Formulierung des Adiabatentheorems [26] auf der Grundlage der Bewegungsgleichung für freie Spins führte zu der Bedingung $|\dot{B}_0| \ll \frac{\gamma B_e^2}{\sin\theta}$ mit $\sin\theta = \frac{\check{B}_1}{B_e}$, die im Resonanzfall mit Gl. (3.78) identisch ist.

dingung ist am schärfsten für den Resonanzfall $B_e = \check{B}_1$:

$$|\dot{B}_0| \ll \gamma \check{B}_1^2 . \tag{3.78}$$

Wenn man die Durchgangsdauer $\tau$ durch die Gleichung

$$\tau = \frac{\check{B}_1}{|\dot{B}_0|} \tag{3.79}$$

einführt, läßt sich die Adiabatenbedingung (3.78) durch die etwas anschaulichere Formulierung ersetzen, daß

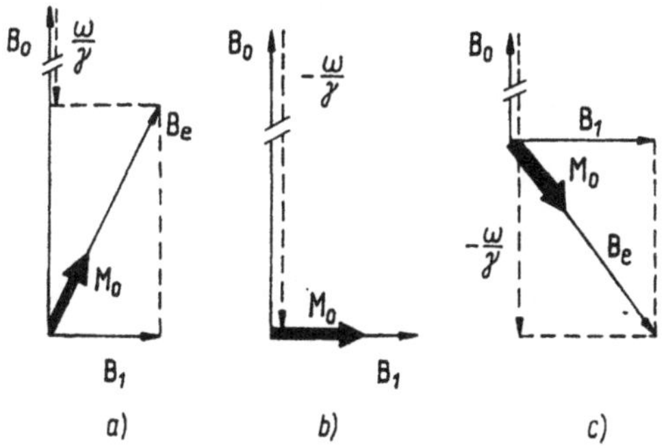


**Abb. 3.12.** Adiabatischer Resonanzdurchgang: Die Magnetisierung $\boldsymbol{M}_0$ folgt dem effektiven Feld $\boldsymbol{B}_e$:
a), c) außerhalb Resonanz, b) in Resonanz
(Die Amplitude des hochfrequenten Feldes $\boldsymbol{B}_1(t)$ ist für die Fälle a) bzw. c) zu groß gezeichnet im Vergleich zu $\boldsymbol{B}_0 - \frac{\omega}{\gamma}$; in diesen Fällen ist die Magnetisierung $\boldsymbol{M}_0$ praktisch parallel bzw. antiparallel zu $\boldsymbol{B}_0$ orientiert)

die Durchgangsdauer $\tau$ im Resonanzfall groß gegen die Periode $(\gamma \check{B}_1)^{-1}$ der Präzession um die Richtung des hochfrequenten Feldes sein muß:

$$(\gamma \check{B}_1)^{-1} \ll \tau . \tag{3.80}$$

Für die Anwendung des Adiabatentheorems auf die Feldmodulation $B(t) = B_0 + \check{B}_m \cos \Omega t$ ist zu fordern, daß die Modulation keine Frequenzen enthält, die mit

$|\gamma \check{B}_1|$ vergleichbar sind. Die Durchgangsdauer $\tau$ ist groß gegen die Modulationsperiode $\Omega^{-1}$ zu wählen.

Ein adiabatischer Resonanzdurchgang (Abb. 3.12) weist viele Ähnlichkeiten mit einem $\pi$-Impuls auf. Startet man nämlich von einem Feldwert $B_0$, der weit oberhalb des Resonanzwertes liegt und für den das effektive Feld $\boldsymbol{B}_e$ praktisch zu dem Vektor $\boldsymbol{B}_0$ parallel ist, und führt man einen Resonanzdurchgang zu einem Wert unterhalb der Resonanz durch, so wird das magnetische Moment (Magnetisierung) immer parallel zum effektiven Feld $\boldsymbol{B}_e$ bleiben, wenn es anfänglich parallel zu $\boldsymbol{B}_0$ war.

*Langsamer adiabatischer Durchgang*

Auf Grund der Relaxationsprozesse sind die Bedingungen zu modifizieren. Dies ist auf einfache Weise möglich, wenn das System den BLOCHschen Gleichungen genügt. Erfolgt der Resonanzdurchgang während einer Zeitdauer

$$\tau = \frac{\check{B}_1}{|\dot{B}_0|} \gg T_1, T_2, \tag{3.81}$$

so kann $B_0$ im wesentlichen als konstant angesehen werden. Wegen $\tau \gg T_1$ nimmt die Magnetisierung stets den stationären Wert $M_0 = \chi_0 H_0$ an. Zur Beschreibung des Sachverhaltes ist die stationäre Lösung anwendbar, d. h., die Linienform wird durch die Abtastgeschwindigkeit nicht beeinflußt. Der hinsichtlich der Signalamplitude optimale Sättigungsparameter $S$ beträgt $S = \gamma^2 \check{B}_1{}^2 T_1 T_2 = 1$. Die Linie ist dabei bereits um den Faktor $\sqrt{2}$ verbreitert (Abschn. 3.2.4.1).

*Schneller adiabatischer Durchgang*

Erfolgt der Resonanzdurchgang während einer Zeitdauer $\tau \ll T_1, T_2$, so spricht man vom schnellen adiabatischen Durchgang. Wegen $T_2 \leqq T_1$ (für Systeme mit hinreichend hoher innerer Beweglichkeit) kann man die Ungleichungen in der Bedingung

$$\frac{1}{T_2} \ll \frac{|\dot{B}_0|}{\check{B}_1} \ll |\gamma \check{B}_1| \tag{3.82}$$

zusammenfassen. Für Festkörper, wo die transversale Magnetisierung in einer Zeit abklingt, die sehr klein

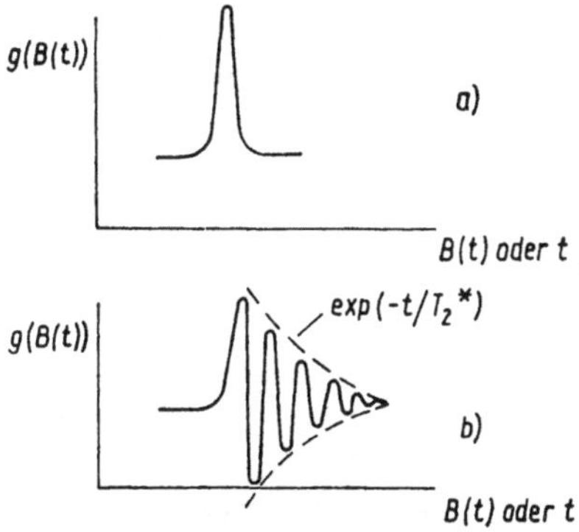


Abb. 3.13. Schematische Signalform bei schnellem adiabatischen (a) und nichtadiabatischem Resonanzdurchgang (b)

gegenüber $T_1$ ist, ist die Ungleichung durch die viel schwächere Forderung

$$\frac{1}{T_1} \ll \frac{|\dot{B}_0|}{\check{B}_1} \ll |\gamma \check{B}_1| \tag{3.83}$$

zu ersetzen [26]. Linienbreiten und -form werden allein durch die experimentellen Bedingungen bestimmt. Der Sättigungsparameter $S_{opt}$, der eine maximale Signalamplitude erzeugt, ist mit der normierten Abtastgeschwindigkeit $A = \dot{B}_0 T_1 T_2 / 2\pi$ über die Beziehung $S_{opt} \approx 1 + 3{,}01\,A$ verknüpft [4].

Typische Resonanzkurven bei schnellen adiabatischen und nichtadiabatischen Resonanzdurchgängen sind in Abb. 3.13 gegenübergestellt. Die Oszillationen bei schnellem nichtadiabatischen Resonanzdurchgang (Abb. 3.13b) nehmen proportional zu $\exp(-t/T_2^*)$ ab und können daher als Maß für die Homogenität des $B_0$-Feldes dienen.

Auf der Grundlage der Methode des schnellen adiabatischen Resonanzdurchgangs wurden *Verfahren zur Bestimmung von $T_1$ und $T_2$* entwickelt:

a. Messung von $T_1$

Führen wir einen periodischen Resonanzdurchgang durch, so wird ein stationärer Wert $M_1$ für die (zu $M_z$ proportionale) Signalamplitude gemessen, der vom Zeitintervall

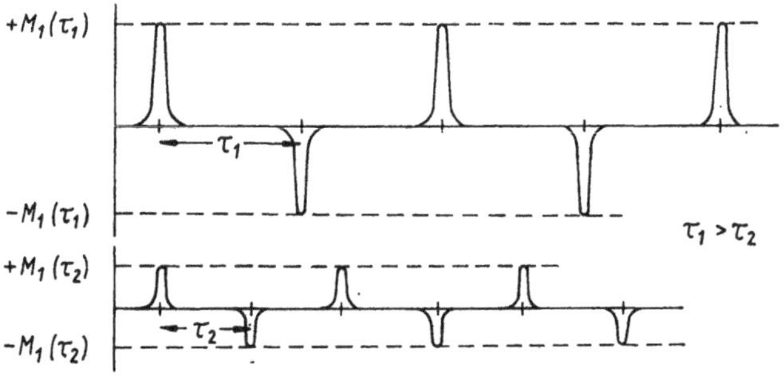


Abb. 3.14. Schema zur Messung der longitudinalen Relaxationszeit $T_1$ mit Hilfe des schnellen adiabatischen Resonanzdurchgangs. $M(\tau_i)$: stationäre Werte der Magnetisierung bei verschiedenen Abständen $\tau_i$ zwischen zwei Resonanzdurchgängen

$\tau$ zwischen zwei schnellen adiabatischen Durchgängen in entgegengesetzten Richtungen abhängt, wie in Abb. 3.14 schematisch dargestellt ist: Unmittelbar vor dem Resonanzdurchgang haben wir die Magnetisierung $M_1$, unmittelbar danach $-M_1$. Wenden wir die BLOCHschen Gleichungen für die Komponente $M_z$ an, so folgt aus der Lösung $M_z(\tau) - M_0 = (M_z(0) - M_0) \exp(-\tau/T_1)$ und den Werten: $M_z(0) = -M_1$ (unmittelbar nach einem beliebig herausgegriffenen Resonanzdurchgang zu einem Zeitpunkt, für den sich bereits der stationäre Zustand eingestellt hat; Zeitpunkt $t = 0$) und $M_z(\tau) = M_1$ (unmittelbar vor dem nächsten Resonanzdurchgang in entgegengesetzter Richtung; Zeitpunkt $t = \tau$):

$$M_1 = M_0 \frac{1 - \exp(-\tau/T_1)}{1 + \exp(-\tau/T_1)}. \tag{3.84}$$

Nach dieser Beziehung läßt sich die longitudinale Relaxationszeit ermitteln.

b. Messung der Relaxation entlang der Richtung eines hochfrequenten Feldes

Wir wenden einen schnellen Durchgang an, der exakt bei Erreichen der Resonanz gestoppt werde. Dadurch wird eine Magnetisierung, die anfänglich parallel zum Feld $\boldsymbol{B}_0$ orientiert war, in die Richtung von $\boldsymbol{B}_1$ gebracht. Führen wir die weiteren Betrachtungen im rotierenden Koordinatensystem $x'$, $y'$, $z'$ durch, dann haben wir als Anfangsbedingungen nach Erreichen der Resonanz $M_{x'} = M_0$, $M_{y'} = M_{z'} = 0$ zu setzen. Da die Magnetisierung bei Resonanz mit gleicher Frequenz wie das hochfrequente Feld präzediert, verbleibt sie ständig in $\boldsymbol{B}_1$-Richtung, und der Einfluß von Inhomogenitäten $\Delta\boldsymbol{B}(\boldsymbol{r})$ des äußeren Feldes auf die Magnetisierung ist vernachlässigbar, falls $\check{B}_1 \gg |\Delta\boldsymbol{B}(\boldsymbol{r})|$ gilt. Dann läßt sich der Zeitverlauf

$$M_{x'}(t) - M_{x'}(\infty) = M_0 \exp(-t/T_{1\varrho}) \tag{3.85}$$

in den meisten Fällen durch die Relaxationszeit $T_{1\varrho}$ im rotierenden Koordinatensystem beschreiben. $M_{x'}(\infty)$ entspricht dem stationären Wert $M_{x'}(\infty) = \chi_0 \check{H}_1$ im rotierenden Feld.

Es ist an dieser Stelle zu vermerken, daß die Blochschen Gleichungen zur Beschreibung dieses Sachverhaltes nicht anwendbar sind. Wir wollen hier nicht näher auf die Theorie zur Relaxationszeit $T_{1\varrho}$ eingehen [27, 28], sondern nur folgende Aussagen treffen:

(1) Erfolgen die stochastischen Bewegungen (vgl. die Diskussion im Abschn. 2.2) so schnell, daß die Korrelationszeiten $\tau_c$ die Bedingung

$$|\gamma| \check{B}_1 \tau_c \ll 1 \tag{3.86}$$

erfüllen, dann unterscheidet sich die Relaxationszeit $T_{1\varrho}$ nicht von der transversalen Relaxationszeit $T_2$.

(2) In den Fällen, wo $T_{1\varrho} = T_2$ gilt, sind modifizierte Blochsche Gleichungen (im rotierenden Koordinatensystem)

$$\begin{aligned} \dot{M}_{x'} &= -\frac{1}{T_2}(M_{x'} - \chi_0 \check{H}_1) \mp \Delta\omega \cdot M_{y'}, \\ \dot{M}_{y'} &= \pm\Delta\omega \cdot M_{x'} \qquad -\frac{1}{T_2} M_{y'} \mp \omega_1 M_{z'}, \qquad (3.87) \\ \dot{M}_{z'} &= \qquad \pm\,\omega_1 M_{y'} \quad -\frac{1}{T_1}(M_{z'} - \chi_0 H_0) \end{aligned}$$

anwendbar, die sich von Gl. (3.5) im Abschn. 3.1 nur darin unterscheiden, daß die Relaxation der Magnetisierung $\boldsymbol{M}$ gegen den stationären Wert $\chi_0(\boldsymbol{H}_0 + \boldsymbol{H}_1(t))$ erfolgt. Die Unterschiede sind hier belanglos, da $H_0 \gg |H_1(t)|$ gilt.

(3) Der Vorteil der Methode, den Einfluß der Inhomogenitäten des äußeren Feldes auszuschalten und damit bei Gültigkeit von Gl. (3.86) die transversale Relaxationszeit $T_2$ zu messen, wird im wesentlichen durch die praktische Unmöglichkeit zunichte gemacht, den adiabatischen Durchgang exakt bei Resonanz zu stoppen. Diese Schwierigkeiten lassen sich aber auf einfache Weise durch Impulsverfahren umgehen (Abschn. 4.2.3).

### *Mittelschneller Resonanzdurchgang* [4]

(„Intermediate Passage Region“)

Ein mittelschneller Resonanzdurchgang liegt für Systeme vor, bei denen zwischen der longitudinalen ($T_1$) und der transversalen Relaxationszeit $T_2$ die Ungleichung $T_1/T_2 \gg 1$ besteht, wenn die Zeit $\tau$ für den Resonanzdurchgang klein gegen $T_1$, aber groß gegen $T_2$ ist. Unter diesen Bedingungen können die Blochschen Gleichungen (Gl. (3.5), Abschn. 3.1), deren Gültigkeit vorausgesetzt wird, beträchtlich vereinfacht werden. Da die Resonanzlinie in einer Zeit überstrichen wird, die klein gegenüber $T_1$ ist, gilt (im rotierenden Koordinatensystem)

$$\frac{1}{T_1}(M_0 - M_{z'}) \ll \alpha \frac{dM_{z'}}{d(\Delta\omega)} \tag{3.88}$$

mit $\Delta\omega = |\gamma| B_0 - \omega$, der Resonanzabweichung (in $s^{-1}$), und $\alpha = \frac{d(\Delta\omega)}{dt} = |\dot{\gamma}| \frac{dB_0}{dt}$, der Abtast- oder Sweepgeschwindigkeit (in $s^{-2}$). Aus diesem Grunde kann der zu $T_1^{-1}$ proportionale Term in den Blochschen Gleichungen vernachlässigt werden. Weiterhin können die Zeitableitungen $\frac{dM_{x'}}{dt} = \frac{dM_{y'}}{dt} = 0$ gesetzt werden, weil die Zeit für den Resonanzdurchgang $\tau = \frac{|\gamma| \check{B}_1}{\alpha} \sim \frac{(\Delta\omega)_{1/2}}{\alpha}$ sehr groß gegenüber der transversalen Relaxationszeit $T_2$ ist und daher die Ungleichungen

$$\left|\frac{dM_{x'}}{dt}\right| = \left|\alpha \frac{dM_{x'}}{d(\Delta\omega)}\right| \ll \frac{M_{x'}}{T_2} \quad \text{und} \quad \left|\alpha \frac{dM_{y'}}{d(\Delta\omega)}\right| \ll \frac{M_{y'}}{T_2} \tag{3.89}$$

bestehen. $(\Delta\omega)_{1/2}$ bezeichnet die Halbwertsbreite der Linie in $s^{-1}$. Unter Beachtung der Gln. (3.88) und (3.89) ergibt sich aus Gl. (3.5) das vereinfachte Gleichungssystem [4]

$$\begin{aligned} 0 &= -\frac{1}{T_2} M_{x'} \mp \Delta\omega M_{y'}, \\ 0 &= \pm\Delta\omega M_{x'} - \frac{1}{T_2} M_{y'} \mp \omega_1 M_{z'}, \\ \alpha \frac{dM_{z'}}{d(\Delta\omega)} &= \pm\omega_1 M_{y'} \end{aligned} \tag{3.90}$$

mit $\omega_1 = |\gamma| \check{B}_1$ und $\Delta\omega = \omega_0 - \omega$. Das obere Vorzeichen gilt für $\gamma < 0$. Nach Umformung von Gl. (3.90) entsteht die homogene Differentialgleichung

$$\alpha \frac{dM_{z'}}{d(\Delta\omega)} = -M_{z'}\omega_1^2 \left[T_2 \left[(\Delta\omega)^2 + \frac{1}{T_2^2}\right]\right]^{-1}, \tag{3.91}$$

deren Lösung

$$M_{z'} = M_0 \exp\left[-\left(\frac{\pi}{2} + \tan^{-1}(\Delta\omega T_2)\,\frac{\omega_1^2}{\alpha}\right)\right] \tag{3.92}$$

lautet, wenn die Bedingung $M_{z'}(\Delta\omega = -\infty) = M_0$ vor dem Durchgang erfüllt ist. Für die transversalen Magnetisierungen folgt dann nach Einsetzen in Gl. (3.90):

$$\begin{aligned} M_{x'} &= M_{z'}\omega_1\Delta\omega\left[(\Delta\omega)^2 + \frac{1}{T_2^2}\right]^{-1}, \\ M_{y'} &= \mp M_{z'}\omega_1\left[T_2\left[(\Delta\omega)^2 + \frac{1}{T_2^2}\right]\right]^{-1}. \end{aligned} \tag{3.93}$$

Von diesen Signalen interessiert besonders das Verhalten für verschiedene Verhältnisse $\omega_1^2/\alpha$, das am Beispiel des Absorptionssignals $M_{y'}$ für $\gamma > 0$ in Abb. 3.15 dargestellt ist und sich wie folgt charakterisieren läßt [4]:

1. Das maximale Absorptionssignal für konstante Abtastgeschwindigkeit $\alpha$ ist bei $\omega_1^2/\alpha = 0{,}359$ nachzuweisen (Kurve 1: $\omega_1^2/\alpha = 0{,}2$; Kurve 2: $\omega_1^2/\alpha = 0{,}359$). Bei diesem für das *S/R-Verhältnis optimalen* Parameter ist die Linienverfälschung gering; die Linie ist nur um den Faktor 1,02 verbreitert. (Demgegenüber trat bei langsamem Resonanzdurchgang und optimalem Sättigungs-

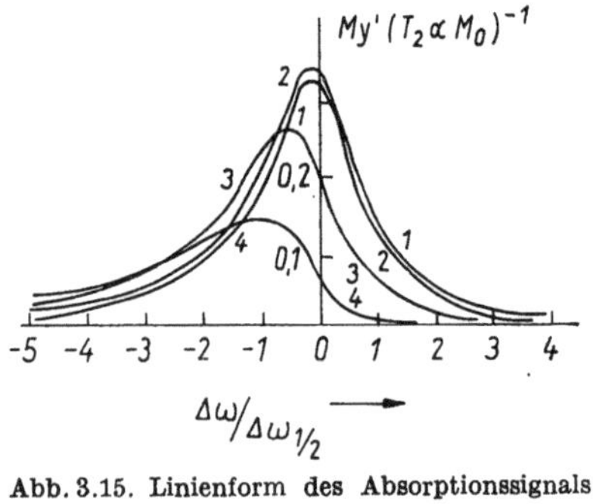


**Abb. 3.15.** Linienform des Absorptionssignals für mittelschnellen Resonanzdurchgang [4] (Sweep von links nach rechts)

parameter $S_{opt} = \gamma^2 \check{B}_1{}^2 T_1 T_2 = 2$ (für das $S/R$-Verhältnis) bereits eine Linienverbreiterung um den Faktor $\sqrt{3}$ auf!)

2. Bei $\omega_1{}^2/\alpha > 0{,}359$ werden die Linien unsymmetrisch verbreitert (Kurve 3: $\omega_1{}^2/\alpha = 1$; Kurve 4: $\omega_1{}^2/\alpha = 2$). Dadurch verschiebt sich die Position für den Extremalwert des Absorptionssignals, das nicht mehr bei $\Delta\omega = 0$, sondern bei $(\Delta\omega)_{extr} = -\dfrac{\omega_1{}^2}{2\alpha T_2}$ erscheint. Die Positionen der beiden Extrema des Dispersionssignals sind:

$$(\Delta\omega)_{extr} = -\frac{\omega_1{}^2}{2\alpha T_2} \pm \left[\frac{\omega_1{}^4}{(2\alpha T_2)^2} + \frac{1}{T_2{}^2}\right]^{1/2}.$$

3. Bei Systemen mit einem hohen $T_1/T_2$-Verhältnis $\left(1 \ll 2\pi A \ll \dfrac{T_1}{T_2}\right)$ gibt es ein weiteres Gebiet, wo das $S/R$-Verhältnis weitgehend unabhängig von der Abtastgeschwindigkeit $A$ bzw. $\alpha$ (Abb. 3.16) ist. Unter diesen Bedingungen ist eine Optimierung der Meßzeit möglich, was für eine weitere Verbesserung des $S/R$-Verhältnisses durch Signalakkumulation sehr wichtig

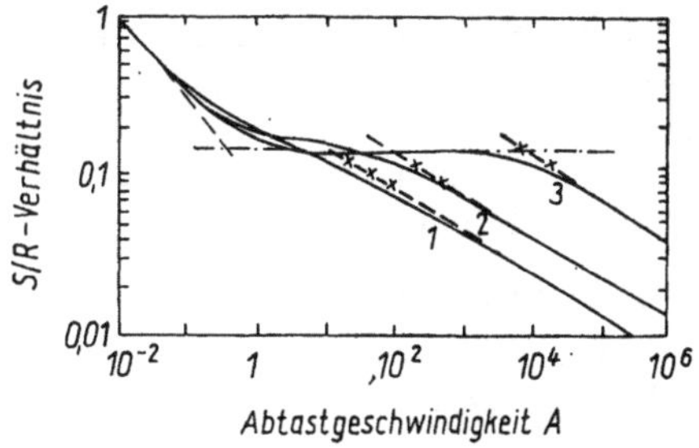


Abb. 3.16. $S/R$-Verhältnis bei einem Resonanzdurchgang für das Absorptionssignal mit optimalem Sättigungsparameter $S$. $A = (2\pi)^{-1}\,\alpha T_1 T_2$: normierte Abtastgeschwindigkeit; $S/R$-Verhältnis willkürlich normiert; verschiedene Verhältnisse $\dfrac{T_1}{T_2} : \dfrac{T_1}{T_2} = 1$ (Kurve 1), $= 10$ (Kurve 2), $= 10^3$ (Kurve 3). Asymptotisches Verhalten (--- langsamer, -·-·- mittelschneller, -×-×- schneller Austausch) [4]

ist. Die Optimierung des $S/R$-Verhältnisses im Meßprozeß wird dabei noch dadurch begünstigt, daß bei optimalem Sättigungsparameter $S$ (hinsichtlich des $S/R$-Verhältnisses: $\omega_1^2/\alpha = 0{,}359$ bzw. $S/A = 2{,}25$) die Linienverfälschung praktisch vernachlässigbar ist (vgl. Pkt. 1).

# 4. Impulsverfahren der kernmagnetischen Resonanz in Flüssigkeiten

## *4.1. Fourier-Spektroskopie*

### *4.1.1. Hochfrequenzsuszeptibilitäten und Relaxationsfunktionstensor*

In diesem Kapitel wollen wir den Zusammenhang zwischen dem unter stationären Bedingungen und bei langsamen Resonanzdurchgang gemessenen Kernresonanzsignal und dem Zeitverlauf des nach einem Hochfrequenzimpuls induzierten Signals untersuchen.

Dazu betrachten wir ein Spinsystem, das in ein starkes konstantes Magnetfeld mit dem Vektor $\boldsymbol{H}_0$ der magnetischen Feldstärke und ein zeitabhängiges Magnetfeld $\boldsymbol{H}_1$ gebracht wurde. Ist das Störfeld $\boldsymbol{H}_1$ genügend klein, so daß zwischen ihm und der makroskopisch meßbaren Magnetisierung $\boldsymbol{M}(t)$ ein linearer Zusammenhang besteht, dann ist der Relaxationsfunktionstensor $R_{kl}$ durch folgende Gleichungen definiert [1]:

$$M_k(t) - M_{k0} = R_{kl}(t - t') \cdot H_{1l}(t') \tag{4.1}$$

mit $M_{k0} = M_k\,(t = -\infty)$, dem thermischen Gleichgewichtswert, und den Beziehungen

$$H_{1l}(t) = \begin{cases} 0, & t = -\infty, \\ H_{1l}, & -\infty < t < t', \\ 0, & t' \leqq t, \end{cases} \tag{4.2}$$

für die Komponenten des Störfeldes ($k,\ l = x,\ y,\ z$). Nach der Summenkonvention ist über doppelt vorkommende Indizes zu summieren. Die Komponente $M_k(t) - M_{k0}$ der Magnetisierung nimmt also zur Zeit $t$ den Wert $R_{kl}(t - t')\,\boldsymbol{H}_{1l}(t')$ an, wenn $\boldsymbol{H}_1$ zur Zeit $t'$ abgeschaltet wurde (Abb. 4.1a).

Liegt das Feld $\boldsymbol{H}_1$ nur kurzzeitig im Intervall $t' \cdots t' + \Delta t'$ an (Abb. 4.1b), so besitzt $M_k(t) - M_{k0}$ den Wert

$$-R_{kl}(t - t') \cdot H_{1l} + R_{kl}\bigl(t - (t' + \Delta t')\bigr) \cdot H_{1l} \doteq \left(\frac{dR_{kl}(t - t')}{dt'}\right) \Delta t' H_{1l} \,. \tag{4.3}$$

Die negative Ableitung $-\dfrac{dR_{kl}(t - t')}{dt} \doteq + \dfrac{dR_{kl}(t - t')}{dt'}$ heißt „Impulsreaktion“ oder „Deltaantwort“.

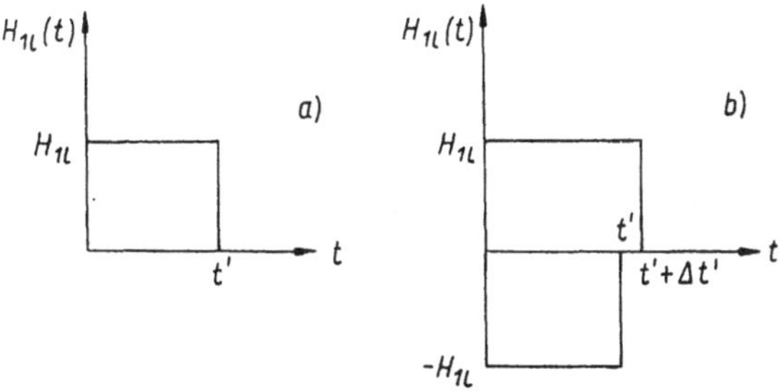


Abb. 4.1. Zeitverlauf des Magnetfeldes $\boldsymbol{H}_1 = \{H_{1l}\}$ für die Definition des Relaxationsfunktionstensors (Erläuterungen im Text)

Eine beliebige Zeitabhängigkeit von $\boldsymbol{H}_1(t')$ können wir aus vielen einzelnen Impulsen entsprechender Amplitude zusammensetzen, so daß sich im Grenzfall $\Delta t' \to dt'$ für die Magnetisierung ergibt:

$$M_k(t) - M_{k0} = \int_{-\infty}^{t} \frac{dR_{kl}(t - t')}{dt'} \cdot H_{1l}(t')\, dt' \,. \tag{4.4}$$

Berücksichtigt man, daß im Gleichgewichtszustand ($t \to \infty$) für ein abgeschaltetes Magnetfeld $H_{1l} = 0$ auch die meßbare Magnetisierung $M_k = 0$ sein muß, so folgt $R_{kl}(\infty) = 0$, und nach partieller Integration ergibt sich

$$M_k(t) - M_{k0} = R_{kl}(0) \cdot H_{1l}(t) - \int_{-\infty}^{t} R_{kl}(t-t') \frac{\mathrm{d}H_{1l}(t')}{\mathrm{d}t'} \, \mathrm{d}t' . \tag{4.5}$$

Wir nehmen nun für $\boldsymbol{H}_1(t)$ eine sinusförmige Zeitabhängigkeit an, die wir in komplexer Schreibweise darstellen,

$$\boldsymbol{H}_1(t) = \mathrm{Re}\left\{2\check{\vec{H}}_1 \, \mathrm{e}^{i\omega t}\right\}, \tag{4.6}$$

und definieren den Tensor $\chi_{kl} = \chi'_{kl} - i\chi''_{kl}$ der komplexen Suszeptibilität durch die Gleichung

$$\begin{aligned} M_k(t) - M_{k0} &= \mathrm{Re}\,\{\chi_{kl} \cdot 2\check{H}_{1l} \, \mathrm{e}^{i\omega t}\} \\ &= \{\chi'_{kl} \cos\omega t + \chi''_{kl} \sin\omega t\} \cdot 2\check{H}_{1l} . \end{aligned} \tag{4.7}$$

Setzen wir die Gl. (4.6) in die Gl. (4.5) ein und vergleichen wir mit Gl. (4.7), so erkennen wir, daß $\chi'_{kl}$ und $\chi''_{kl}$ entsprechend den Beziehungen

$$\begin{aligned} \chi'_{kl}(\omega) &= R_{kl}(0) - \omega \int_0^\infty R_{kl}(\tau) \sin\omega\tau \, \mathrm{d}\tau , \\ \chi''_{kl}(\omega) &= \omega \int_0^\infty R_{kl}(\tau) \cos\omega\tau \, \mathrm{d}\tau \end{aligned} \tag{4.8}$$

voneinander nicht unabhängig wählbar sind. Der allgemeine Zusammenhang über die Kronig-Kramersschen Beziehungen wird z. B. in [1] dargestellt (vgl. auch Gl. (3.15) auf S. 69 für die skalaren komplexen Suszeptibilitäten).

Zur *quantenmechanischen Berechnung* des Relaxationsfunktionstensors $R_{kl}$ gehen wir vom Erwartungswert (zur Definition vgl. Anhang A.2)

$$M_k(t) = \mathrm{Sp}\,\{\tilde{\varrho}(t) \cdot \tilde{M}_k\} \tag{4.9}$$

der Komponente $M_k$ $(k = x, y, z)$ der Magnetisierung aus. Wir nehmen an, daß nur eine Kernsorte vorliegt. Dann gilt für den Operator der Magnetisierung

$$\tilde{\boldsymbol{M}} = \gamma\hbar\tilde{\boldsymbol{I}}\,. \tag{4.10}$$

Die Größe $\tilde{\boldsymbol{I}} = \sum_{i=1}^{{}^1N} \tilde{\boldsymbol{I}}_i$ bezeichnet den dimensionslosen Gesamtspinvektoroperator und ${}^1N$ die Zahl der Kerne pro Volumeneinheit. Im folgenden wird mit dem Einheitsvolumen gerechnet. Dann ist der HAMILTON-Operator des Systems unter dem Einfluß des hochfrequenten Magnetfeldes mit der Induktion $B_1(t)$ gegeben durch

$$\mathcal{H}^* = \mathcal{H} - \boldsymbol{B}_1(t)\,\tilde{\boldsymbol{M}} \equiv \mathcal{H} + \mathcal{H}_1\,. \tag{4.11}$$

Die einzelnen Schritte der weiteren Berechnung sind:

1. Wir lösen die Bewegungsgleichung des Dichteoperators

$$\frac{\partial\varrho(t)}{\partial t} = -\frac{i}{\hbar}\,[\mathcal{H}^*, \tilde{\varrho}(t)]\,, \tag{4.12}$$

die wir mit Hilfe der Transformation

$$\tilde{\varrho}_w(t) = e^{+\frac{i}{\hbar}\mathcal{H}t}\,\tilde{\varrho}(t)\,e^{-\frac{i}{\hbar}\mathcal{H}t} \tag{4.13}$$

in die Wechselwirkungsdarstellung

$$\frac{\partial\varrho_w(t)}{\partial t} = \frac{i}{\hbar}\left[e^{+\frac{i}{\hbar}\mathcal{H}t}\,2\check{B}_{1l}\cos\omega t\cdot\tilde{M}_l e^{-\frac{i}{\hbar}\mathcal{H}t}, \tilde{\varrho}_w\right] \tag{4.14}$$

überführen.

2. Wir nehmen an, daß sich die Probe zur Zeit $t = -\infty$ im thermischen Gleichgewicht befindet (vgl. Gln. (4.1) und (4.2)). Dann ist der Operator $\varrho_w(-\infty)$ vor Anschalten des hochfrequenten Feldes durch

$$\tilde{\varrho}_0 = e^{-\beta\mathcal{H}}(\mathrm{Sp}\,\{e^{-\beta\mathcal{H}}\})^{-1} \tag{4.15}$$

bestimmt ($\beta = 1/kT$, $T$ Temperatur, $k$ BOLTZMANNsche Konstante).

3. Unter der Voraussetzung, daß das Wechselfeld mit der Feldstärke $\boldsymbol{H}_1(t)$ so klein sei, daß die Proportionalität zur Magnetisierung gewahrt bleibt, reicht es aus, eine Näherungslösung in erster Ordnung zu bestimmen. Nach Substitution von $\tilde{\varrho}_w$ durch $\tilde{\varrho}_0$ in Gl. (4.14), Integration von Gl. (4.14), Rücktransformation mit Hilfe von Gl. (4.13) und Einsetzen des erhaltenen Ausdruckes für $\tilde{\varrho}(t)$ in Gl. (4.9) ergibt sich

$$M_k(t) - M_{k0} = \frac{i2\check{B}_{1l}}{\hbar} \int\limits_0^\infty \mathrm{Sp}\left\{\left[e^{-\frac{i}{\hbar}\mathcal{H}\tau} \tilde{M}_l e^{+\frac{i}{\hbar}\mathcal{H}\tau}, \tilde{\varrho}_0\right] \tilde{M}_k\right\} \times \cos\left[\omega(t-\tau)\right] \mathrm{d}\tau \qquad (4.16)$$

mit

$$M_{k0} = \mathrm{Sp}\,\{\tilde{\varrho}_0 \tilde{M}_k\}\,. \qquad (4.17)$$

4. Durch Vergleich mit Gl. (4.7) gewinnt man aus Gl. (4.16) Beziehungen für $\chi'_{kl}$ und $\chi''_{kl}$.

5. Zur weiteren Umformung berücksichtigen wir die Tatsache, daß die Temperaturen meist so hoch sind, um für die Gl. (4.15) die Hochtemperaturnäherung[1])

$$\tilde{\varrho}_0 \approx (1 - \beta\mathcal{H} + \cdots)\,(\mathrm{Sp}\,\{1\})^{-1} \qquad (4.15')$$

anwenden zu können, wobei Sp {1} die Spur über den Einheitsoperator darstellt.

6. Zur Bestimmung der Spur in Gl. (4.16) verwenden wir (vgl. Anhang A.2) die Eigendarstellung des HAMILTON-Operators $\mathcal{H}$:

$$\mathcal{H}\,|n\rangle = E_n\,|n\rangle\,. \qquad (4.18)$$

Nach Berechnung der Matrixelemente und partieller Integration ergibt sich schließlich

$$\chi''_{kl}(\omega) = \frac{\beta\mu_0}{\mathrm{Sp}\,\{1\}}\,\omega \int\limits_0^\infty G_{kl}(\tau)\cos\omega\tau\,\mathrm{d}\tau \qquad (4.19)$$

[1]) Die Bedingung $\beta\,\mathrm{Sp}\,\{\varrho_0\mathcal{H}\} \ll 1$ wäre nicht zu erfüllen, wenn bei der Berechnung des Mittelwertes $\mathrm{Sp}\,\{\varrho_0\mathcal{H}\} \approx {}^1N\hbar\omega_0$ die Wechselwirkungen zwischen allen Teilchen (Teilchenzahl ${}^1N \approx 10^{18}\cdots10^{23}$) berücksichtigt werden müßten. Da wir es bei den vorliegenden Systemen (Festkörper, Flüssigkeiten, Gase u. a.) mit Wechselwirkungen von kurzer Reichweite zu tun haben, ist an die Hochtemperaturnäherung lediglich die Forderung $\beta\hbar\omega_0 N' \ll 1$ zu stellen, wobei $N' \ll {}^1N$ die Zahl der nächsten Nachbarn bezeichnet [2].

Der Erwartungswert

$$G_{kl}(\tau) = \mathrm{Sp}\left\{e^{\frac{i}{\hbar}\mathscr{H}\tau}\tilde{M}_k e^{-\frac{i}{\hbar}\mathscr{H}\tau}\tilde{M}_l\right\} \tag{4.20}$$

heißt Autokorrelationsfunktion für $l = k$ und Kreuzkorrelationsfunktion für $l \neq k$. Bei der Integration wurde berücksichtigt, daß die Größe $G_{kl}(\tau)$ für $\tau \to \infty$ Null ist.

7. Durch Vergleich von Gl. (4.19) mit Gl. (4.8) gewinnt man die Beziehung

$$R_{kl}(t) = \frac{\beta\mu_0}{\mathrm{Sp}\,\{1\}} G_{kl}(t) \tag{4.21}$$

zwischen der Korrelationsfunktion $G_{kl}(t)$ und dem Relaxationsfunktionstensor $R_{kl}(t)$. •

An Hand der Definitionsgleichungen (4.7) und (3.10) (S. 68) kann man sich leicht überlegen, daß die skalaren Hochfrequenzsuszeptibilitäten $\chi'(\omega)$ bzw. $\chi''(\omega)$ nach Gl. (3.12) durch den Real- bzw. Imaginärteil der Komponente $\chi_{xx}$ des Tensors gegeben sind. Soll im Kernresonanzexperiment die gegenüber dem Hochfrequenzfeld $H_1(t)\,\boldsymbol{e}_x$ um $\frac{\pi}{2}$ phasenverschobene Magnetisierung $M_y(t)$ nachgewiesen werden, so interessiert die Komponente $\chi_{yx}$. Da bei Vernachlässigung der falsch rotierenden Komponenten des Hochfrequenzfeldes die Magnetisierung mit der Winkelgeschwindigkeit $\omega_0$ um die $z$-Achse präzediert, gilt $M_y(t) = M_x\left(t \overset{+}{\scriptstyle(-)} \frac{\pi}{2\omega_0}\right)$, und aus Gl. (4.7) folgt

$$\begin{aligned}&\chi'_{yx}\cos\omega_0 t + \chi''_{yx}\sin\omega_0 t\\ &= \chi'_{xx}\cos\left(\omega_0 t \overset{+}{\scriptstyle(-)} \frac{\pi}{2}\right) + \chi''_{xx}\sin\left(\omega_0 t \overset{+}{\scriptstyle(-)} \frac{\pi}{2}\right),\end{aligned} \tag{4.22}$$

d. h. $\chi'_{yx} = \overset{+}{\scriptstyle(-)}\chi''_{xx}$ und $\chi''_{yx} = \overset{-}{\scriptstyle(+)}\chi'_{xx}$. Das obere Vorzeichen ist bei positivem, das untere bei negativem gyromagnetischen Verhältnis zu wählen.

Legen wir ein linear polarisiertes Feld in $x$-Richtung an, so ist die vom Spinsystem pro Periode des hochfrequenten Feldes absorbierte Leistung $\overline{P}_m(\omega)$ (vgl. Kap. 3)

$$\overline{P}_m(\omega) \propto \chi''_{xx}(\omega)\,. \tag{4.23}$$

*Das stationäre Signal ist* somit nach den Gln. (4.8) und (4.19) *proportional zur Fourier-Tranformierten der transversalen Relaxationsfunktion:*

$$R_{xx}(t) = \frac{\beta \operatorname{Sp}\{\tilde{M}_x^2\}\mu_0}{\operatorname{Sp}\{1\}} G(t) \tag{4.24}$$

mit der normierten Autokorrelationsfunktion

$$G(t) = \frac{\operatorname{Sp}\left\{e^{+\frac{i}{\hbar}\mathscr{H}t}\tilde{M}_x e^{-\frac{i}{\hbar}\mathscr{H}t}\tilde{M}_x\right\}}{\operatorname{Sp}\{\tilde{M}_x^2\}}. \tag{4.24'}$$

### 4.1.2. *Freie Induktion nach einem Hochfrequenzimpuls*

Es wird nun gezeigt, daß die Funktion $G(t)$ den zeitlichen Verlauf eines Kernresonanzsignals (der sog. freien Induktion, s. u.) nach einer kurzzeitig wirkenden „Störung" des Spinsystems durch ein äußeres homogenes Hochfrequenzfeld (Impuls) beschreibt. Die Bedingungen, die der experimentellen Bestimmung der Relaxationsfunktion zugrunde liegen, unterscheiden sich also grundsätzlich von den bisherigen Voraussetzungen.

Wir nehmen an, daß sich das Spinsystem vor dem Anlegen des Impulses im thermischen Gleichgewicht befindet und durch den Dichteoperator $\tilde{\varrho}_0$ nach Gl. (4.15) beschrieben wird. Der HAMILTON-Operator $\mathscr{H} = \mathscr{H}_z + \mathscr{H}_2$ des Systems setzt sich aus dem Operator $\mathscr{H}_z = -B_0\tilde{M}_z$ und dem Operator $\mathscr{H}_2$ für die Wechselwirkungen im Spinsystem zusammen, dessen Einfluß auf die Gleichgewichtsverteilung vernachlässigbar ist. Unter dem Einfluß des hochfrequenten Wechselfeldes $\boldsymbol{B}_1(t) = 2\check{B}_1 \cos(\omega t + \varphi)\, \boldsymbol{e}_x$ lautet der HAMILTON-Operator gemäß Gl. (4.11)

$$\mathscr{H}^* = \mathscr{H} + \mathscr{H}_1 \text{ mit } \mathscr{H}_1 = -2\check{B}_1 \cos(\omega t + \varphi)\, \tilde{M}_x. \tag{4.11'}$$

Wird die Amplitude $2\check{B}_1$ des Hochfrequenzfeldes so groß gewählt, daß die entsprechende Zusatzenergie gemäß

Gl. (4.11') groß gegen die Energieaufspaltungen durch den Operator $\mathcal{H}_2$ ist, und ist seine Dauer $t_w$ klein gegenüber der Meßzeit $t \approx T_2$ ($t_w \ll T_2$, $T_2$ = transversale Relaxationszeit), dann können die Wechselwirkungen *während* des Impulses vernachlässigt werden. Die Berechnung der transversalen Relaxationsfunktion ist also in zwei Schritten möglich:

1. Berechnung des Dichteoperators $\tilde{\varrho}(t_w)$ unmittelbar nach Abschalten des Impulses gemäß der Gleichung

$$\frac{\partial \tilde{\varrho}}{\partial t} = -\frac{i}{\hbar}\,[\mathcal{H}_z + \mathcal{H}_1, \tilde{\varrho}]. \tag{4.25}$$

2. Berechnung des Zeitverlaufes der transversalen Magnetisierung

$$M_x(t) = \mathrm{Sp}\,\{\tilde{\varrho}(t)\,\tilde{M}_x\} \tag{4.26}$$

durch Lösung der Gleichung

$$\frac{\partial \tilde{\varrho}}{\partial t} = -\frac{i}{\hbar}\,[\mathcal{H}_z + \mathcal{H}_2, \tilde{\varrho}] \tag{4.27}$$

mit dem Anfangswert $\tilde{\varrho}(t_w)$.

*1. Schritt*

Gehen wird durch die Transformation

$$\tilde{\varrho}_r(t) = \mathrm{e}^{+\frac{i}{\hbar}\mathcal{H}_z t}\,\tilde{\varrho}\,\mathrm{e}^{-\frac{i}{\hbar}\mathcal{H}_z t}, \tag{4.28}$$

mit

$$\mathcal{H}_z = -B_0 \tilde{M}_z = -\omega_0 \hbar \tilde{I}_z,$$

in ein Koordinatensystem über, das um das konstante Feld $\boldsymbol{B}_0 = B_0 \boldsymbol{e}_z$ mit der Kreisfrequenz $\omega_0 = |\gamma|\,B_0$ rotiert, und strahlen wir das hochfrequente Wechselfeld $\boldsymbol{B}_1(t)$ mit einer Kreisfrequenz $\omega \approx \omega_0$ ein, so geht Gl. (4.25) über in

$$\frac{\partial \tilde{\varrho}_r}{\partial t} = -\frac{i}{\hbar}\,[\mathcal{H}_{1r}, \tilde{\varrho}_r], \tag{4.29}$$

was sich durch Differentation von Gl. (4.28) und Einsetzen in Gl. (4.25) sofort nachrechnen läßt. Der Operator $\mathcal{H}_{1r}$ ist definiert durch

$$\mathscr{H}_{1r} = e^{\frac{i}{\hbar}\mathscr{H}_z t}\,\mathscr{H}_1\, e^{-\frac{i}{\hbar}\mathscr{H}_z t}. \tag{4.30}$$

Setzt man $\mathscr{H}_1$ nach Gl. (4.11') (S. 122) und $\mathscr{H}_z$ nach Gl. (4.28) ein, so folgt

$$\mathscr{H}_{1r} = -2\check{B}_1 \cos(\omega_0 t + \varphi) \cdot \gamma\hbar\, e^{-i\omega_0 \tilde{I}_z t}\tilde{I}_x\, e^{+i\omega_0 \tilde{I}_z t}. \tag{4.30'}$$

**Tabelle 4.1.**

**Transformation $\tilde{I}_{l'} = \tilde{\mathbf{R}}^{-1}(\alpha)\,\tilde{I}_l\tilde{R}(\alpha)$ von Spinoperatoren $\tilde{I}_l$ ($l = x, y, z$) bei Rotationen**

| Rotation um die | $x$-Achse | $y$-Achse | $z$-Achse |
|---|---|---|---|
| $\tilde{\mathbf{R}}(\alpha)$ | $\exp(i\alpha\tilde{I}_x)$ | $\exp(i\alpha\tilde{I}_y)$ | $\exp(i\alpha\tilde{I}_z)$ |
| $\tilde{I}_{x'}$ | $\tilde{I}_x$ | $\tilde{I}_x\cos\alpha - \tilde{I}_z\sin\alpha$ | $\tilde{I}_x\cos\alpha + \tilde{I}_y\sin\alpha$ |
| $\tilde{I}_{y'}$ | $\tilde{I}_y\cos\alpha + \tilde{I}_z\sin\alpha$ | $\tilde{I}_y$ | $\tilde{I}_y\cos\alpha - \tilde{I}_x\sin\alpha$ |
| $\tilde{I}_{z'}$ | $\tilde{I}_z\cos\alpha - \tilde{I}_y\sin\alpha$ | $\tilde{I}_z\cos\alpha + \tilde{I}_x\sin\alpha$ | $\tilde{I}_z$ |

Unter Verwendung von Tab. 4.1 und unter Vernachlässigung der Glieder mit der doppelten Resonanzfrequenz erhält man

$$\mathscr{H}_{1r} = -\hbar\gamma\check{B}_1\tilde{I}_x\cos\varphi + \hbar\gamma\check{B}_1\tilde{I}_y\sin\varphi. \tag{4.31}$$

Da $\mathscr{H}_{1r}$ nicht von der Zeit abhängt, lautet die Lösung von Gl. (4.29) unmittelbar nach einem Impuls von der Dauer $t_w$:

$$\tilde{\varrho}_r(t_w) = e^{-\frac{i}{\hbar}\mathscr{H}_{1r}t_w}\,\tilde{\varrho}_r(0)\, e^{+\frac{i}{\hbar}\mathscr{H}_{1r}t_w}. \tag{4.32}$$

Der Operator $\tilde{\varrho}_r(0)$ ist identisch mit dem Operator $\tilde{\varrho}_0$ (Gl. (4.15')) für das thermische Gleichgewicht, $\tilde{\varrho}_0 \approx (1 + \beta\omega_0\hbar\tilde{I}_z)\,(\mathrm{Sp}\,\{1\})^{-1}$, in der Hochtemperaturnäherung.

Wenn man Impulse mit einer solchen Breite $t_w$ verwendet, daß $\omega_1 t_w = \frac{\pi}{2}$ gilt ($\frac{\pi}{2}$-Impulse), kann man die Schreibweise vereinfachen [3]:

$$\tilde{\varrho}_r(t_w) = \tilde{P}_l\tilde{\varrho}_r(0)\,\tilde{P}_l^{-1}. \tag{4.32'}$$

Für spätere Betrachtungen (Kap. 6) ist es nützlich, diese Gleichung in der Form

$$\tilde{\varrho}_r\,(\text{nach}) = \tilde{P}_l \tilde{\varrho}_r\,(\text{vor})\, \tilde{P}_l^{-1} \qquad (4.32'')$$

darzustellen, wobei $\tilde{\varrho}_r$ (vor) bzw. $\tilde{\varrho}_r$ (nach) die Dichteoperatoren im rotierenden Koordinatensystem unmittelbar „vor" bzw. „nach" einem Hochfrequenzimpuls bezeichnen.

Tabelle 4.2.
Zur Wirkung von $\frac{\pi}{2}$-Impulsen

| Impuls | Phase $\varphi$ | Entwicklungs-Operator | $\tilde{\varrho}_{r(\text{nach})}$ Sp {1} |
|---|---|---|---|
| $\frac{\pi}{2}, x$ | 0 | $\tilde{P}_x = \exp\left(i \frac{\pi}{2} \tilde{I}_x\right)$ | $1 + \beta\omega_0\hbar \tilde{I}_y$ |
| $\frac{\pi}{2}, -x$ | $\pi$ | $\tilde{P}_{-x} = \exp\left(-i \frac{\pi}{2} \tilde{I}_x\right)$ | $1 - \beta\omega_0\hbar \tilde{I}_y$ |
| $\frac{\pi}{2}, y$ | $\frac{\pi}{2}$ | $\tilde{P}_y = \exp\left(i \frac{\pi}{2} \tilde{I}_y\right)$ | $1 - \beta\omega_0\hbar \tilde{I}_x$ |
| $\frac{\pi}{2}, -y$ | $-\frac{\pi}{2}$ | $\tilde{P}_{-y} = \exp\left(-i \frac{\pi}{2} \tilde{I}_y\right)$ | $1 + \beta\omega_0\hbar \tilde{I}_x$ |

Einige Spezialfälle sind in Tab. 4.2 zusammengestellt. Mit Hilfe der hier angegebenen Entwicklungs-Operatoren $\tilde{P}_l$ kann man unter Verwendung von Tab. 4.1 die Dichtematrizen $\tilde{\varrho}_r$ (nach) unmittelbar berechnen. Die Wirkung von $\frac{\pi}{2}$-Impulsen auf das Spinsystem ist in Abb. 4.2 auch anschaulich dargestellt.

Den Dichteoperator $\tilde{\varrho}(t_w)$ im Laborsystem gewinnt man durch Rücktransformation mit Hilfe von Gl. (4.28):

$$\tilde{\varrho}(t_w) = \mathrm{e}^{+i\omega_0 \tilde{I}_z t_w} \tilde{\varrho}_r(t_w)\, \mathrm{e}^{-i\omega_0 \tilde{I}_z t_w}. \qquad (4.33)$$

Als Beispiel wird ein $P_{-y}\left(\frac{\pi}{2}, -y\right)$-Impuls betrachtet:

Aus Tab. 4.2 erhält man dafür

$$\tilde{\varrho}_r(t_w) \approx (1 + \beta\omega_0\hbar\tilde{I}_x)\,(\mathrm{Sp}\,\{1\})^{-1}. \qquad (4.34)$$

Die Transformation in das Laborkoordinatensystem nach Gl. (4.33) läßt sich sofort aus Tab. 4.1 (2. Zeile, 4. Spalte) ablesen, wenn man $\alpha = \omega_0 t_w$ setzt:

$$\tilde{\varrho}(t_w) \approx \left(1 + \beta\omega_0\hbar(\tilde{I}_x \cos\alpha + \tilde{I}_y \sin\alpha)\right)(\mathrm{Sp}\,\{1\})^{-1}. \qquad (4.34')$$

Die makroskopische Magnetisierung $\boldsymbol{M} = \mathrm{Sp}\,\{\tilde{\varrho}(t_w)\,\widetilde{\boldsymbol{M}}\}$ hat also neben der Nutationsbewegung von der $z$-Achse

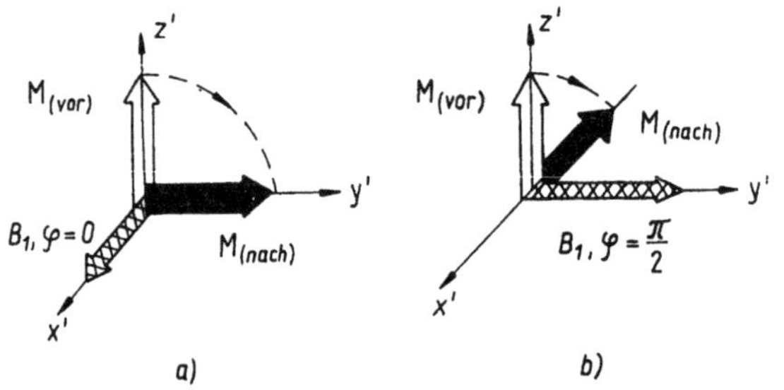


Abb. 4.2. Zur Wirkung von Impulsen unterschiedlicher Phase auf die Magnetisierung im rotierenden Koordinatensystem ($x'$, $y'$, $z$)

a) $\frac{\pi}{2}$, $x$-Impuls ($B_1$ in $x'$-Richtung)

b) $\frac{\pi}{2}$, $y$-Impuls ($B_1$ in $y'$-Richtung)

in die $x,y$-Ebene noch $n_z = \dfrac{\alpha}{2\pi}$ Umdrehungen um die $z$-Richtung vollführt und nimmt am Ende des Impulses einen Winkel $\alpha$ mit der $x$-Richtung ein. Da das System zylindrische Symmetrie um das äußere konstante Magnetfeld besitzt, sollte der anfängliche Azimutwinkel zwischen der Magnetisierung die Geschwindigkeit des Abfalls der makroskopischen Magnetisierung nicht beeinflussen. Wir können daher zur Vereinfachung für $n_z$ eine ganze Zahl annehmen und erhalten

$$\tilde{\varrho}(t_w) \approx (1 + \beta\omega_0\hbar\tilde{I}_x)\,(\mathrm{Sp}\,\{1\})^{-1}. \qquad (4.34'')$$

*2. Schritt*

Da der HAMILTON-Operator $\mathscr{H} = \mathscr{H}_z + \mathscr{H}_2$ in Gl. (4.24) nicht explizit von der Zeit abhängt, erhält man für den Dichteoperator $\tilde{\varrho}(t')$ zur Zeit $t' = t - t_w \geqq 0$ nach Abschalten des Impulses

$$\tilde{\varrho}(t') = \mathrm{e}^{-\frac{i}{\hbar}\mathscr{H}t'}\,\tilde{\varrho}(t_w)\,\mathrm{e}^{+\frac{i}{\hbar}\mathscr{H}t'}. \tag{4.35}$$

Durch Einsetzen von Gl. (4.35) in Gl. (4.26) ist es nun möglich, die makroskopische Magnetisierung zu berechnen. Unter Beachtung der zyklischen Vertauschbarkeit der Operatoren in der Spur folgt:

$$M_x(t') = \frac{\beta\gamma^2\hbar^2B_0}{\mathrm{Sp}\{1\}}\,\mathrm{Sp}\left\{\mathrm{e}^{\frac{i}{\hbar}\mathscr{H}t'}\,\tilde{I}_x\,\mathrm{e}^{-\frac{i}{\hbar}\mathscr{H}t'}\,\tilde{I}_x\right\}. \tag{4.36}$$

Durch Gl. (4.36) wird der Zeitverlauf des nach Abschalten eines $\pi/2$-Impulses in der Meßspule induzierten Kernresonanzsignals, des Signals der freien Induktion, beschrieben. In Verbindung mit den Gln. (4.23) bis (4.24′) läßt sich zusammenfassend die Aussage treffen, daß *das unter stationären Bedingungen gemessene Kernresonanzsignal der Fourier-Transformierten der Einhüllenden der freien Induktion* entspricht: Es gilt

$$g(\omega) = 2\pi \int_{-\infty}^{+\infty} G(t) \exp(-i\omega t)\,\mathrm{d}t \tag{4.37}$$

oder nach Rücktransformation

$$G(t) = \int_{-\infty}^{+\infty} g(\omega) \exp(i\omega t)\,\mathrm{d}\omega, \tag{4.37′}$$

wobei die Funktionen $G(t) \propto M_x(t)$ (vgl. die Gln. (4.36) und (4.24′)) und $g(\omega) \propto \overline{P}_m(\omega)$ (vgl. die Gln. (4.23) und (4.19)) hier so normiert werden, daß die Bedingungen $G(0) = 1$ und $\int_{-\infty}^{+\infty} g(\omega)\,\mathrm{d}\omega = 1$ erfüllt sind.

Diese Relationen sind von sehr allgemeiner Gültigkeit für die kernmagnetische Resonanz, wie erstmals in der Arbeit [2] gezeigt werden konnte. An das untersuchte System und den Meßprozeß sind bisher lediglich folgende Voraussetzungen gestellt worden:

1. Das System muß zeitunabhängig sein, d. h., die Gleichung für den Dichteoperator muß zeitunabhängig sein. Unabhängig davon, zu welchem Zeitpunkt der Impuls anliegt, muß also die gleiche Signalinformation vorliegen.
2. Das System muß linear sein. Abgesehen von der bekannten Bedingung $\gamma^2\check{B}_1^2T_1T_2 \ll 1$ für vernachlässigbare Sättigung im stationären Experiment, schließt dies ein, daß die Form des Signals der freien Induktion nicht von der verwendeten Impulsleistung abhängt. Diese Forderung ist gleichbedeutend mit einer so kurzen Impulsdauer $t_w \ll T_2$, daß für das Intervall $0 \leqq t \leqq t_w$ alle Wechselwirkungen im System gegenüber der Zeeman-Energie zu vernachlässigen sind.
3. Das System befindet sich vor Anlegen eines Hochfrequenzimpulses in einem inneren thermodynamischen Gleichgewicht, d. h., es kann durch Angabe einer Spintemperatur $T_S$ oder durch $\beta_S = (kT_S)^{-1}$ und den Dichteoperator nach Gl. (4.15) beschrieben werden, wobei $T_S$ nicht notwendigerweise mit der Gittertemperatur $T$ übereinstimmen muß.
4. Die Hochtemperaturnäherung ist anwendbar, d. h., es treten nur kurzreichweitige Wechselwirkungen im Spinsystem auf, so daß $\beta_S\hbar\omega_0N' \ll 1$ ist ($N'$: Zahl der nächsten Nachbarn, vgl. Fußnote zur Gl. (4.15')).

Für die praktische Anwendung der in Abb. 4.3 veranschaulichten Äquivalenz zwischen der Fourier-Transformierten des Signals der freien Induktion und dem Spektrum bei einem stationären Experiment mit kleiner Amplitude $2\check{B}_1$ des hochfrequenten Feldes und langsamen Resonanzdurchgang ist der Begriff „Äquivalenz" zu erweitern. Von „Äquivalenz" spricht man, wenn diese Beziehung für beliebigen Drehwinkel $\alpha = \gamma\check{B}_1t_w$ Gültigkeit besitzt, abgesehen von einem trigonometrischen Faktor (z. B. Proportionalität der Amplitude des Signals zu sin $\alpha$). Die Bedingungen dafür sind von R. R. Ernst u. a. [4] im einzelnen untersucht worden. Die zusätzliche

Schwierigkeit entsteht dadurch, daß bei beliebigem Drehwinkel $\alpha$ für den Anfangszustand des Dichteoperators neben den Operatoren der transversalen Magnetisierung auch der Operator $\tilde{I}_z$ maßgeblich ist.

Betrachtet man z. B. die Wirkung eines $(\alpha, -y)$-Impulses, so ergibt sich aus Gl. (4.32) mit Hilfe von

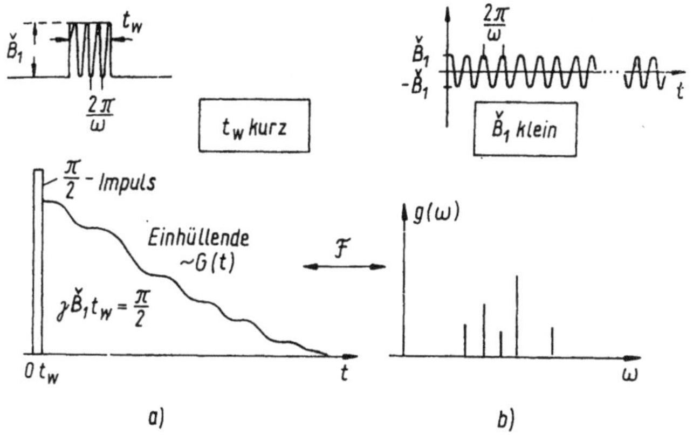


Abb. 4.3. Zum Zusammenhang zwischen instationärem und stationärem Signalnachweis

a) Freie Induktion — Zeitbereich

b) Spektrum — Frequenzbereich

Tab. 4.1 unter den bisherigen Voraussetzungen für den Dichteoperator:

$$\tilde{\varrho}_r(t_w) = \mathrm{e}^{-i\alpha\tilde{I}_y}\tilde{\varrho}_r(0)\,\mathrm{e}^{+i\alpha\tilde{I}_y}$$
$$\approx \{1 + \beta\omega_0\hbar(\tilde{I}_z\cos\alpha - \tilde{I}_x\sin\alpha)\}\,(\mathrm{Sp}\,\{1\})^{-1} \quad (4.38)$$

im rotierenden Koordinatensystem. In Analogie zu den Berechnungen in den Gln. (4.33) bis (4.35) lautet die makroskopische Magnetisierung

$$M_x(t') = \frac{\beta\gamma^2\hbar^2B_0}{\mathrm{Sp}\,\{1\}}\left[\sin\alpha\,\mathrm{Sp}\left\{\mathrm{e}^{-\frac{i}{\hbar}\mathscr{H}t'}\tilde{I}_x\,\mathrm{e}^{+\frac{i}{\hbar}\mathscr{H}t'}\tilde{I}_x\right\}\right.$$
$$\left.+\cos\alpha\,\mathrm{Sp}\left\{\mathrm{e}^{-\frac{i}{\hbar}\mathscr{H}t'}\tilde{I}_z\,\mathrm{e}^{+\frac{i}{\hbar}\mathscr{H}t'}\tilde{I}_x\right\}\right]. \quad (4.39)$$

Die Unabhängigkeit von Drehwinkel $\alpha$ bedeutet also, daß der für die Zeitentwicklung relevante Anteil dem ersten Summanden in Gl. (4.39) proportional ist.

Das ist z. B. dann der Fall, wenn neben den bisherigen Voraussetzungen

5. die Hochfeldnäherung gilt. In diesem Fall ist die ZEEMAN-Wechselwirkung dominierend gegenüber den Wechselwirkungen im Spinsystem: In dem für die Zeitentwicklung maßgeblichen HAMILTON-Operator $\mathscr{H} = \mathscr{H}^z + \mathscr{H}^n$ in Gl. (4.39) können die nichtsäkularen Anteile $\mathscr{H}^n$ der Wechselwirkungsoperatoren vernachlässigt werden, da sie im Sinne der Störungstheorie erst in zweiter oder höherer Ordnung wirksam werden. Da $[\mathscr{H}^z, \bar{I}_z] = 0$ ($\mathscr{H}^z$ säkularer Anteil) gilt, verschwindet der zweite Summand:

$$\cos\alpha \, \mathrm{Sp}\left\{e^{-\frac{i}{\hbar}\mathscr{H}t'}\bar{I}_z\, e^{+\frac{i}{\hbar}\mathscr{H}^z t'}\bar{I}_x\right\} = \cos\alpha \, \mathrm{Sp}\,\{\bar{I}_z\bar{I}_x\} \equiv 0, \tag{4.40}$$

und der Zeitverlauf $M_x(t)$ wird nach Gl. (4.39) unabhängig vom Drehwinkel im obigen Sinne.

Zu den Voraussetzungen, die bei praktischen Anwendungen am häufigsten verletzt sind, zählen Bedingung 1 für zeitabhängige Systeme (z. B. Chemische Reaktionen, Doppelresonanzexperimente) und Bedingung 3 für Systeme, die sich nicht im thermischen Gleichgewicht befinden (z. B. Experimente unter Ausnutzung des OVERHAUSER-Effekts). Hinsichtlich dieser Spezialfälle gelten die folgenden Aussagen zur Gültigkeit der Äquivalenzrelation [4]:

1. Hochauflösende Kernresonanz in Flüssigkeiten:
   a) Normales Resonanzexperiment — Äquivalenz gegeben bei Gültigkeit der Hochtemperaturnäherung;
   b) OVERHAUSER-Experiment — Äquivalenz nicht gegeben, wenn nicht sehr kleiner Drehwinkel;
   c) Doppelresonanzexperiment — Äquivalenz nicht

gegeben, wenn nicht sehr kleiner Drehwinkel und Signalakkumulation;

d) Chemischer Austausch — Äquivalenz gegeben.

2. Kernresonanz in Festkörpern:

Die Äquivalenzbeziehung ist gültig für beliebige anisotrope Dipol- und Quadrupolwechselwirkungen, falls die Hochtemperaturnäherung anwendbar ist und starke $B_0$-Felder Verwendung finden.

Alle zusätzlichen Effekte auf die Linienintensitäten und -formen stellen keine weiteren Einschränkungen für die Gültigkeit des Äquivalenzprinzips dar, sondern ergeben sich aus der experimentellen Realisierung. Sie leiten sich aus der Notwendigkeit ab, den Meßprozeß hinsichtlich der Nachweisempfindlichkeit und/oder dem Auflösungsvermögen zu optimieren, worauf nun näher eingegangen wird.

### *4.1.3. Fourier-Meßprinzip. Impuls-Fourier-Transform-NMR-Spektroskopie*

Eine wesentliche Besonderheit des instationären Signalnachweises, dem Studium der Kernresonanzsignale im „Zeitbereich" (Abb. 4.3), besteht darin, daß alle Kerne mit Resonanzfrequenzen im untersuchten Spektralbereich gleichzeitig angeregt werden können. Diese Form der Anregung kommt der Wirkung eines „Multifrequenzsenders" gleich, das Fourier-Transformspektrometer fungiert als ein „Vielkanalspektrometer". Die gleichzeitige Beobachtung der Kernspinresonanzen bei mehreren Frequenzen erhöht die Geschwindigkeit, mit der die Information über das zu messende Spektrum registriert wird und führt daher zu einer Verbesserung der Nachweisempfindlichkeit (vgl. S. 141).

Zu den Anordnungen, die gegenwärtig für die Multifrequenzanregung zum Einsatz kommen, zählen die Impulsanregung (Impuls-Fourier-Transform-Spektroskopie [5]), die stochastische oder pseudostochastische

Anregung (Stochastische Resonanz [9, 10]) und der schnelle Frequenzsweep (Korrelationsspektroskopie [11, 12]). In den genannten Beispielen besteht das Anregungsspektrum, das durch Fourieranalyse der verwendeten Anregung gegeben ist, aus einem Satz von Frequenzen mit annähernd gleicher Intensität über den Bereich des NMR-Spektrums. Die einzelnen Anregungsschemen unterscheiden sich in den Phasenbeziehungen zwischen den verschiedenen Frequenzkomponenten.

In der *Impuls-Fourier-Transform-Spektroskopie* werden alle Linien mit Hilfe einer Serie von HF-Impulsen gleichzeitig und kohärent angeregt. Zur Beobachtung gelangt das Signal der freien Induktion, das durch die Überlagerung der Signalbeiträge aus allen Spektralbereichen des angeregten Bereiches entsteht (s. u.).

Bei der *stochastischen Resonanz* wird, in Analogie zur optischen Interferometrie, die kohärente „Strahlungsquelle" der Impuls-Fourier-Spektroskopie durch eine stochastische Anregung ersetzt. Die Störung des Kernspinsystems erfolgt durch ein statistisches Feld mit einer frequenzunabhängigen Spektraldichteverteilungsfunktion für die HF-Leistung (weißes Rauschen). Wir bezeichnen das stochastische Feld mit $s(t)$ und nehmen an, daß die Spektraldichtefunktion auf Eins normiert sei. Die Größe $v(t)$ stelle die vom Spinsystem unter dem Einfluß der stochastischen Störung $s(t)$ induzierte Spannung dar. Die Kreuzkorrelationsfunktion $R_{sv}(\tau)$ läßt sich nach der Gleichung

$$R_{sv}(\tau) = \lim_{T\to\infty} \frac{1}{2T} \int_{-T}^{T} s(t)\, v(t+\tau)\, dt \tag{4.40}$$

ermitteln (z. B. mit Hilfe eines Rechners). Aus der Theorie linearer Systeme folgt dann, daß das Absorptionssignal $v(\omega)$ durch

$$v(\omega) \propto \int_{0}^{\infty} R_{sv}(\tau) \cos \omega\tau \, d\tau \tag{4.40'}$$

und das Dispersionssignal $u(\omega)$ durch

$$u(\omega) \propto \int_0^\infty R_{sv}(\tau) \sin \omega\tau \, d\tau \qquad (4.40'')$$

gegeben ist [9].

Bei der stochastischen Resonanz kann die Nachweisempfindlichkeit wie bei der Impulsspektroskopie durch Signalakkumulation vergrößert werden. Der Vorteil der stochastischen Resonanz besteht darin, daß Empfindlichkeit und Auflösungsvermögen im Gegensatz zur Impulsanregung unabhängig voneinander optimiert werden können.

Eine relativ einfache Methode, mit deren Hilfe ein begrenzter Bereich des Spektrums gleichmäßig angeregt werden kann, stellt die *Korrelationsspektroskopie* dar. Diese Form der Anregung läßt sich auf einfache Weise durch einen linearen Frequenzsweep realisieren, der schnell im Vergleich zur longitudinalen Relaxationszeit der Linien im gewählten Resonanzbereich erfolgt. Die dabei entstehenden Linienformverfälschungen werden durch die Berechnung der Kreuzkorrelationsfunktion (Gl. (4.40)) zwischen den Zeitfunktionen für die Anregung $(s(t))$ und für das gemessene Kernresonanzsignal $(v(t))$ eliminiert. Diese Zeitfunktionen werden durch die Fourier-Transformation der Spektraldichtefunktionen für die Anregung (konstante Leistung über den begrenzten Resonanzbereich) bzw. für das mit schnellem Frequenzsweep gemessene Spektrum gewonnen. Das Absorptionsspektrum ergibt sich dann wie in Gl. (4.40′) durch die cos-Fourier-Transformation dieser Kreuzkorrelationsfunktion. Das Dispersionsspektrum ist durch die sin-Fourier-Transformierte bestimmt. Die Verbesserung der Nachweisempfindlichkeit resultiert aus der verringerten Meßzeit für ein Spektrum und der daraus folgenden Möglichkeit zur Signalakkumulation bei gleicher Meßzeit wie für den stationären Nachweis bei langsamem Resonanzdurchgang.

Neben den bisher behandelten Methoden der nichtselektiven Anregung kommen für spezielle Anwendungen auch die Techniken der *selektiven* oder „*tailored*“ („maßgeschneiderten“) Anregung von bestimmten Frequenzbereichen zum Einsatz. Eine sehr allgemeine Methode, die es erlaubt, jedes gewünschte Anregungsspektrum zu konstruieren, wurde von TOMLINSON und HILL [13] vorgeschlagen: Das gewünschte Anregungsspektrum wird vorher im Frequenzbereich definiert. Der Rechner ermittelt dann die Fourier-Transformierte davon und benutzt sie, um die Amplitude oder die Impulsbreite einer Folge von Hochfrequenzimpulsen zu modulieren. Diese Technik der „synthetisierten“ Anregung wurde erfolgreich eingesetzt zur Unterdrückung starker Lösungsmittelresonanzlinien, für die Zeugmatographie (Abschn. 4.4) u. a. Spezielle Formen der selektiven Anregung werden in der Arbeit [7] betrachtet.

Da die Impulsanregung bei der praktischen Realisierung gegenwärtig vorherrscht, wird nur dieser Form der Fourier-Transform-NMR-Spektroskopie im folgenden ein etwas breiterer Rahmen gegeben.

Am einfachsten läßt sich die *Impulsanregung* (Impuls-FOURIER-Transform-NMR-Spektroskopie) durch eine Folge von äquidistanten identischen Impulsen (Abstand $T$) mit der Impulsbreite $t_w$ realisieren.

Wie in Abb. 4.4 schematisch dargestellt ist, besteht das Frequenzspektrum der Impulsfolge aus zahlreichen Seitenbändern im Abstand von $\frac{1}{T}$ Hz voneinander. Die FOURIER -Koeffizienten der Frequenzen

$$t_m = \frac{\omega}{2\pi} + \frac{m}{T} \tag{4.41}$$

sind gegeben durch

$$A_m = \frac{\sin (m\pi t_w/T)}{(m\pi t_w/T)}. \tag{4.41'}$$

Damit das Seitenbandspektrum eine konstante Amplitude über den interessierenden Frequenzbereich $F$, der Spektrenbreite in Hz symmetrisch zur „Trägerfrequenz" $\frac{\omega}{2\pi}$ des Hochfrequenzimpulses (Abb. 4.4), besitzt, muß $A_m \approx 1$ für $-\frac{F}{2} \leqq \frac{m}{T} \leqq +\frac{F}{2}$ sein, d. h.

$$\pi F t_w \ll 1 \tag{4.42}$$

gelten.

Die Anforderung, die durch Ungleichung (4.42) an das Experiment gestellt wird, bedeutet keine zusätzliche

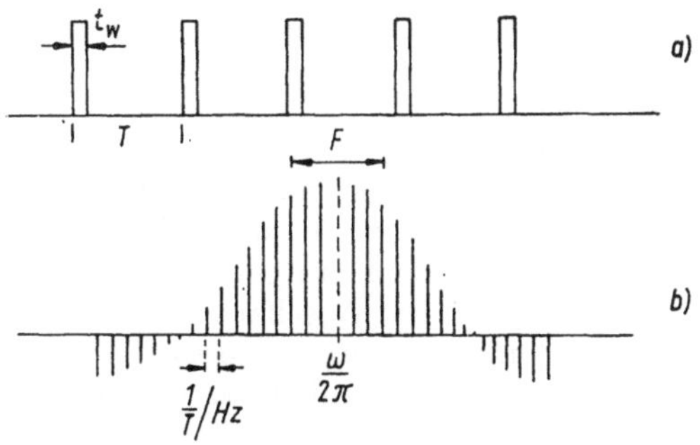


Abb. 4.4. Impulsfolge (a) und entsprechendes Frequenzspektrum (b). $\omega/2\pi$: Frequenz des hochfrequenten Wechselfeldes (Trägerfrequenz), $F$: Spektrenbreite (Zeichnung nicht maßstabsgerecht!)

Beschränkung gegenüber der allgemeineren Voraussetzung $t_w \ll T_2$, wie folgendes Beispiel zeigt: Nimmt man für die $^{13}C$-Kernresonanz als maximale Spektrenbreite $F = 5$ kHz an (entsprechend einem Bereich der chemischen Verschiebungen von ca. 200 ppm bei $f_{res} = 25$ MHz), so ergibt sich als Forderung $t_w \ll 700$ µs. Mit $\frac{\pi}{2}$-Impulsbreiten von 10···30 µs bei handelsüblichen Fourier-Transform-NMR-Spektrometern für Flüssigkeiten ist diese Ungleichung automatisch erfüllt.

Die Einwirkung dieser Impulsfolge (Abb. 4.4) führt zur Ausbildung eines stationären Zustandes im Spinsystem, der durch eine Präzession des Magnetisierungsvektors um das effektive Feld während der Impulse und dem Abfall $G(t)$ der freien Induktion zwischen den Impulsen gekennzeichnet ist. Ist dabei $|\gamma|\,\check{B}_1/2\pi$ viel größer als die Spektrenbreite $F$, so ist es möglich, $|\omega_i - \omega| \ll |\gamma|\,\check{B}_1$ für jede Resonanzlinie ($i$) im Spektrum zu wählen. Für das effektive Feld (im rotierenden Koordinatensystem) folgt dann ein Wert $B_e = \sqrt{(\omega_i - \omega)^2 \gamma^{-2} + \check{B}_1^2} \approx \check{B}_1$, der unabhängig von der speziellen Resonanzfrequenz $\omega_i/2\pi$ ist.

Durch eine wiederholte Speicherung der Funktion $G(t)$ unter stets gleichen Bedingungen im Zeitintervall $nt_d$ ($n$ = Anzahl der Datenpunkte (Speicherplätze), $t_d$ = Abstand zwischen zwei aufeinanderfolgenden Speicherungen (dwell-time)) wird ein Interferogramm akkumuliert, dessen FOURIER-Transformierte dem NMR-Spektrum um so ähnlicher wird, je mehr Zeit für die Aufnahme des Interferogramms aufgewandt wird, je größer also der Abstand $T$ ist. Anschaulich ist es einleuchtend, daß die Auflösung um so besser wird, je dichter die Seitenbänder liegen und desto vollständiger die freie Induktion erfaßt wird, je größer dementsprechend der Impulsabstand $T$ ist. Andererseits ist bei Verlängerung der Aufnahmezeit eine Verschlechterung des Signal-Rausch-Verhältnisses zu erwarten, da die Signalbeiträge gegenüber dem Rauschen immer stärker zurückgehen. Wie der Meßvorgang (Abb. 4.4) zeigt, hängt die Magnetisierung von zwei frei wählbaren Parametern ab, dem Drehwinkel $\alpha = \gamma\check{B}_1 t_w$ und dem Impulsabstand $T$. Da schon aus der einfachen Darlegung folgt, daß sich hohe Empfindlichkeit und hohes Auflösungsvermögen gegenseitig ausschließen, kommt der Optimierung von $\alpha$ und $T$ eine große Bedeutung zu.

*Optimierung des Drehwinkels $\alpha$*

Dazu wird die Bewegung des Magnetisierungsvektors $\boldsymbol{M}(t)$ zwischen zwei aufeinanderfolgenden Impulsen der Folge auf der Grundlage der BLOCHschen Gleichungen (Abschn. 2.2) beschrieben [5]. Nimmt man wieder an, daß während der Impulse die Relaxation vernachlässigbar ist, dann erfolgt durch einen Impuls von der Dauer $t_w$ in $x'$-Richtung des rotierenden Koordinatensystems lediglich eine Drehung der Magnetisierung. Nennt man die Anfangswerte der Magnetisierung unmittelbar nach dem Impuls

$$\boldsymbol{M}'(+0) = \{M_{x'}(+0), M_{y'}(+0), M_{z'}(+0)\}, \quad (4.43)$$

so läßt sich die Magnetisierung $\boldsymbol{M}'(t)$ für $+0 \leqq t \leqq T$ mit Hilfe der BLOCHschen Gleichungen berechnen.

Die Lösung der BLOCHschen Gleichungen (vgl. Gl. (3.5) im Abschn. 3.1 für $\omega_1 = 0$, $\Delta\omega_i = \omega_i - \omega = 0$, $\omega_i$ = Resonanzfrequenz in $s^{-1}$ des Spins $i$ mit dem gyromagnetischen Verhältnis $\gamma_i = \gamma > 0$) lautet in einem Koordinatensystem, das um die $z'$-Richtung mit der Resonanzfrequenz $\omega_i$ präzediert:

$$\boldsymbol{M}'(t) = \mathrm{S}(t, T_1, T_2)\,\boldsymbol{M}'(+0) + \left(1 - \exp\left(-\frac{t}{T_1}\right)\right)\boldsymbol{M}_0$$

mit $\boldsymbol{M}_0 = \{0, 0, M_0\}$.

Bei Resonanzabweichung $\Delta\omega_i \neq 0$ ergibt sich im rotierenden Koordinatensystem

$$\boldsymbol{M}'(t) = \mathbf{R}_{z'}(\beta)\,\mathrm{S}(t, T_1, T_2)\,\boldsymbol{M}'(+0) + \left(1 - \exp\left(-\frac{t}{T_1}\right)\right)\boldsymbol{M}_0. \quad (4.44)$$

Dabei wurde der Index $i$ an den Vektoren der Teilmagnetisierung zur $i$-ten Resonanzlinie, an den Relaxationszeiten $T_1$, $T_2$ sowie am Drehwinkel $\beta = (\omega_i - \omega)\,t$ weggelassen.

$$\mathbf{R}_{z'}(\beta) = \begin{pmatrix} \cos\beta & \sin\beta & 0 \\ -\sin\beta & \cos\beta & 0 \\ 0 & 0 & 1 \end{pmatrix}. \quad (4.44')$$

bezeichnet die Rotationsmatrix für die Rotation um die $z'$-Richtung (infolge der Präzession um das effektive Magnetfeld $\frac{\omega_i - \omega}{\gamma} \boldsymbol{e}_{z'}$) und

$$\mathrm{S}(t, T_1, T_2) = \begin{pmatrix} \exp\left(-\frac{t}{T_2}\right) & 0 & 0 \\ 0 & \exp\left(-\frac{t}{T_2}\right) & 0 \\ 0 & 0 & \exp\left(-\frac{t}{T_1}\right) \end{pmatrix} \tag{4.44''}$$

eine Relaxationsmatrix.

Die Lösung ist aber erst dann eindeutig, wenn es gelingt, $\boldsymbol{M}'(+0)$ zu bestimmen. Zu diesem Zweck geht man von dem experimentellen Befund aus, daß sich durch Anlegen der Impulsfolge ein stationärer Zustand im Spinsystem ausbildet, der durch folgende Beziehungen gekennzeichnet ist:

Nennt man die Magnetisierung, die unmittelbar vor dem Impuls vorhanden war, $\boldsymbol{M}_1$, so folgt für die Magnetisierung $\boldsymbol{M}'(+0)$ unmittelbar nach dem Impuls

$$\boldsymbol{M}'(+0) = \mathrm{R}_{x'}(\alpha)\, \boldsymbol{M}_1 \,. \tag{4.45}$$

Die Matrix

$$\mathrm{R}_{x'}(\alpha) = \begin{pmatrix} 1 & 0 & 0 \\ 0 & \cos\alpha & \sin\alpha \\ 0 & -\sin\alpha & \cos\alpha \end{pmatrix} \tag{4.45'}$$

charakterisiert dabei die Drehung um die $x'$-Richtung unter dem Einfluß des Impulses. Die Bedingung für den stationären Zustand besagt, daß die Magnetisierung $\boldsymbol{M}'(T)$ unmittelbar vor dem nächsten Impuls mit dem Vektor $\boldsymbol{M}_1$ übereinstimmen muß. Setzt man die Bedingung $\boldsymbol{M}'(T) = \boldsymbol{M}_1$ in Gl. (4.44) ein, so ergibt sich ein einfaches Gleichungssystem zur Ermittlung der Komponenten $\{M_{x'}(T), M_{y'}(T), M_{z'}(T)\}$ des Vektors $\boldsymbol{M}'(T)$:

$$\begin{pmatrix} E_2 \cos\vartheta - 1 & E_2 \sin\vartheta \cos\alpha & E_2 \sin\vartheta \sin\alpha \\ -E_2 \sin\vartheta & E_2 \cos\vartheta \cos\alpha - 1 & E_2 \cos\vartheta \sin\alpha \\ 0 & -E_1 \sin\alpha & E_1 \cos\alpha - 1 \end{pmatrix}$$

$$\times \begin{pmatrix} M_{x'}(T) \\ M_{y'}(T) \\ M_{z'}(T) \end{pmatrix} = \begin{pmatrix} 0 \\ 0 \\ (E_1 - 1) M_0 \end{pmatrix}. \tag{4.46}$$

Die Abkürzungen sind dabei $E_1 = \exp(-T/T_1)$, $E_2 = \exp(-T/T_2)$ und $\vartheta = (\omega_i - \omega) T$. $M_0$ bezeichnet den Gleichgewichtswert. Durch Koeffizientenvergleich mit der Gl. (4.44) (für $t = T$) ergibt sich:

$$\begin{aligned} M_{x'}(+0) &= -M_0(1 - E_1) E_2 \sin\vartheta \cdot f(\alpha), \\ M_{y'}(+0) &= M_0(1 - E_1)(1 - E_2 \cos\vartheta) \cdot f(\alpha), \end{aligned} \tag{4.47}$$

mit

$$f(\alpha) = \sin\alpha \cdot [(1 - E_1 \cos\alpha)(1 - E_2 \cos\vartheta) - (E_1 - \cos\alpha)(E_2 - \cos\vartheta) E_2]^{-1}. \tag{4.48}$$

Der optimale Drehwinkel $\alpha_{\text{opt}}$ liegt offenbar dann vor, wenn die Anfangsamplituden

$$M_{x'}(+0) \quad \text{und} \quad M_{y'}(+0)$$

maximal sind. Eine einfache Extremwertberechnung der Funktion $f(\alpha)$ führt so auf die Bedingung

$$\cos\alpha_{\text{opt}} = \frac{E_1 + E_2(\cos\vartheta - E_2)(1 - E_2 \cos\vartheta)^{-1}}{1 + E_1 E_2(\cos\vartheta - E_2)(1 - E_2 \cos\vartheta)^{-1}}. \tag{4.49}$$

Für $T \gg T_1$ beträgt $\alpha_{\text{opt}} = \frac{\pi}{2}$. Für alle anderen Verhältnisse $\frac{T}{T_1}$ ändert sich $\cos\alpha_{\text{opt}}$ wegen seiner Abhängigkeit von $\cos\vartheta$ ($\vartheta = (\omega_i - \omega) T$ für die $i$-te Spinsorte) von Linie zu Linie. Für hinreichend kurze Abstände $T/T_2 \ll 1$

gehorcht die mittlere Amplitude $(\gamma \check{B}_1)_{\text{opt}} \frac{t_w}{T} \equiv \frac{\alpha_{\text{opt}}}{T}$ des hochfrequenten Wechselfeldes der bekannten Sättigungsbedingung der BLOCHschen Gleichungen $\left[(\gamma \check{B}_1)_{\text{opt}} \frac{t_w}{T}\right]^2 \times T_1 T_2 = 1$. Für Zeiten $T \approx T_1$ kann als mittlerer Wert für $\overline{\alpha_{\text{opt}}}$, der nicht von $\vartheta$ abhängt,

$$\cos \overline{\alpha_{\text{opt}}} = E_1 = \exp\left(-\frac{T}{T_1}\right) \tag{4.50}$$

gelten. (Dieser Winkel wird oft auch ERNST-Winkel genannt.)

*Abhängigkeit des Spektrums von $T$, $\alpha$ und $\vartheta$*

Es konnte gezeigt werden [5], daß die Linienform im Fourier-Experiment identisch mit der Linienform für ein Spektrum ist, das im stationären Signalnachweis unter idealen Bedingungen (langsamer Resonanzdurchgang und vernachlässigbare Sättigung) bestimmt wurde: Die Linienform ist unabhängig von den Parametern $T$, $\alpha$ und $\vartheta$. Im Gegensatz dazu hängen die Linienintensitäten in sehr komplizierter Weise von allen drei Größen und von den Relaxationszeiten $T_1$ und $T_2$ ab: Die Variation mit dem Winkel $\vartheta$ beträgt bei optimalem Drehwinkel $\alpha_{\text{opt}}$ maximal 5%, falls $T/T_2 = 3$ gilt. Der Einfluß von $T_1$ auf die Intensitäten ist geringer als 2,5% für $T/T_1 \gtrapprox 3$.

Diese Aussagen zur Linienform sind nur auf das diskrete Spektrum mit Seitenbändern im Abstand von $\frac{1}{T}$ Hz anwendbar. Um unter üblichen experimentellen Bedingungen ein kontinuierliches Spektrum zu erhalten, wird willkürlich die freie Induktion für $t > T$ Null gesetzt. Dadurch entstehen zusätzliche Fehler: Die Abweichungen für die Intensitäten sind ähnlich wie

bereits diskutiert; es treten jetzt aber auch Einflüsse auf die Linienform auf:
Das erhaltene Spektrum enthält wieder einen dem Absorptions- und einen dem Dispersionsspektrum ähnlichen Anteil, je nachdem, ob die cos- oder sin-FOURIER-Transformation betrachtet wird. Die Resonanzlinien sind verbreitert, wenn der Abstand der Modulationsseitenbänder (Abb. 4.4b) größer als die Linienbreite ist, wobei die verfälschte Linienbreite wenig geringer als der Abstand zweier benachbarter Seitenbänder ist. Die Resonanzlinien können asymmetrisch und die Position ihrer Maxima verschoben sein. Die Verschiebung ist aber viel geringer als der Abstand der Modulationsseitenbänder [6]. Um das wirkliche Spektrum mit ausreichender Qualität zu reproduzieren, ist es erforderlich, $T \gtrapprox 3T_2$ zu wählen.

*Signal-Rausch-Verhältnis*

Das mit der FOURIER-Transform-NMR-Methode erreichbare Signal-Rausch-Verhältnis $(\mathrm{SRV})_{\mathrm{Impuls}}$ steht zu dem eines stationären Experiments bei langsamem Resonanzdurchgang und gleicher Meßzeit in der Beziehung [5]

$$\frac{(\mathrm{SRV})_{\mathrm{Impuls}}}{(\mathrm{SRV})_{\mathrm{Stationär}}} = 0{,}799 \left(\frac{F}{\Delta f}\right)^{1/2} G\left(\frac{T}{T_1}\right) \qquad (4.51)$$

mit

$$G(x) = \left[\frac{2}{x} \tan h \frac{x}{2}\right]^{1/2}, \qquad (4.51')$$

$F$, der Spektrenbreite in Hz, und $\Delta f$, der Breite einer einzelnen Linie in Hz, $T$, dem Impulsabstand im FT-NMR-Experiment, und $T_1$, der longitudinalen Relaxationszeit einer Linie.

Der Gewinn durch das FOURIER-Experiment hängt also empfindlich vom Faktor $\frac{F}{\Delta f}$ ab und ist um so höher, je größer die gesamte Meßzeit eines Spektrums im Vergleich zu derjenigen für eine einzelne Linie ist. Durch die gleichzeitige Beobachtung aller Linien des Spektrums wird somit die gesamte Meßzeit um den Faktor $\frac{F}{\Delta f}$ bei gleichem S/R-Verhältnis reduziert. Aus dieser Zeiteinsparung resultiert der Empfindlichkeitsgewinn. Die Fourier-Methode ist demnach dann von Nutzen, wenn die Feinstruktur im Spektrum nur langsame Resonanzdurchgänge im stationären Meßprozeß zuläßt. Gilt dagegen $T_1 \gg T_2$ (vgl. Abschn. 3.2.4.4) oder besteht das Spektrum aus weit voneinander getrennten Linien, so ist es möglich, eine schnellere Abtastgeschwindigkeit zu wählen und/oder eine Optimierung der stationären Spektrenaufnahme vorzunehmen, wodurch die Vorzüge der Fourier-Methode teilweise zunichte gemacht werden. Von entscheidender Bedeutung bleibt auf jeden Fall die einfache Realisierung der Signalakkumulation bei der Fourier-Meßtechnik, die nach $N$ Akkumulationen zu der bekannten Zunahme des S/R-Verhältnisses um den Faktor $\sqrt{N}$ führt (bei weißem Rauschen). Der Verlauf der Funktion $G(x)$ läßt erkennen, daß durch Verkürzung des Impulsabstandes $T$ die Empfindlichkeit leicht verbessert werden kann. Das hat aber eine Verschlechterung der Auflösung zur Folge, da die Seitenbänder weiter auseinanderrücken und andererseits das Induktionssignal nicht bis zu dessen vollständigem Zerfall beobachtet werden kann.

*Sampling-Theorem. Spektrenbreite*

Abschließend wird noch auf die Digitalisierung der Induktionssignale als Grundlage für eine maschinelle Fourier-Transformation eingegangen: Bei der Digitalisierung (vgl. Abb. 4.5) einer Welle werden zu $n$ gleichen Zeitintervallen mit dem Abstand $t_d$ voneinander

Meßwerte gespeichert. Um eine bestimmte Frequenz $F$ eindeutig erfassen zu können, darf der zeitliche Abstand zweier Datenpunkte nicht größer als die halbe

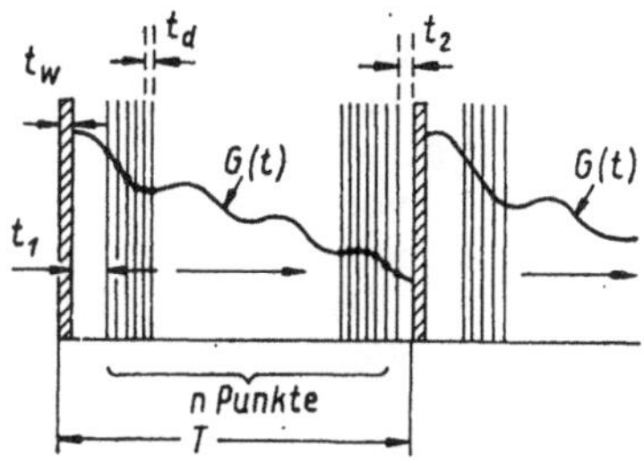


Abb. 4.5. Zur Akkumulation eines Interferogramms
$n$: Zahl der Datenpunkte (Speicherplätze);
$t_d$: Abstand zwischen zwei aufeinanderfolgenden Speicherungen („dwell"-time); $t_1$ bzw. $t_2$: Verzögerungszeiten nach dem $k$-ten bzw. vor dem folgenden $(k + 1)$-ten Impuls

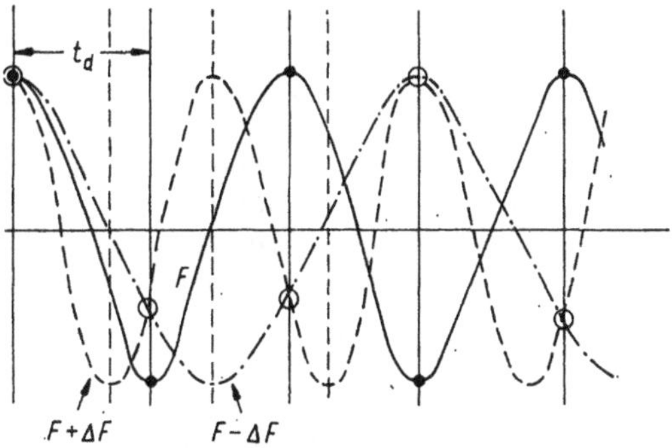


Abb. 4.6. Zur Definition der kritischen Frequenz $F = 1/(2t_d)$ (Datenpunkte für die kritische Frequenz $F$(●) und für die Frequenzen $F \pm \Delta F$(○))

Schwingungsperiode sein. Durch die Wahl des Meßintervalles $t_d$ ist damit eine Grenzfrequenz festgelegt, die durch

$$F = \frac{1}{2t_d} \qquad (4.52)$$

definiert ist (Sampling-Theorem). Die Frequenzen $F + \Delta F$ und $F - \Delta F$ werden durch die gleichen digitalen Meßwerte charakterisiert (Abb. 4.6) und sind daher nicht unterscheidbar: Alle Frequenzen $F + \Delta F$ werden demnach in das Spektrum zurückgefaltet. Durch die Einstellung des Digitalisierungsintervalls $t_d$ („dwell"-time) ist also die Spektrenbreite festgelegt.

Auf die experimentelle Technik von hochauflösenden FOURIER-Transform-NMR-Spektrometern und insbesondere auf die Möglichkeiten der Datenmanipulation, die durch die „software" des Rechners gegeben sind, kann hier nicht eingegangen werden (vgl. dazu die Monographie [8], Kap. 6, und [14, 15]).

Auf die zweidimensionale FOURIER-Transform-NMR-Spektroskopie wird im Abschn. 5.5 eingegangen.

## 4.2. *Impulsmethoden zur Messung von Relaxationszeiten*

### 4.2.1. *Freie Induktion im inhomogenen Magnetfeld*

Das Spinsystem befinde sich jetzt in einem inhomogenen Magnetfeld mit der magnetischen Induktion $B_0(\boldsymbol{r})\,\boldsymbol{e}_z$, deren Mittelwert über die Probe $\bar{B}_0\boldsymbol{e}_z$ die Resonanzbedingung erfüllen möge. Auf das Spinsystem wirke ein $\left(\frac{\pi}{2}, -y\right)$-Impuls ein (vgl. Tab. 4.2 und Abb. 4.2), der die makroskopische Magnetisierung in die $x'$-Richtung des mit der Resonanzfrequenz $\omega_0$ rotierenden Koordinatensystems kippt. Während der Impulse sind die Inhomogenitäten unwirksam, wenn die Impulsbreiten $t_w$ entsprechend kurz sind und die Amplitude des hochfrequenten Feldes $\check{B}_1 \gg \Delta B_{1/2}$ groß gegen die Halbwertsbreite der Feldverteilungsfunktion $g(B_0)$ (Abb. 4.7) gewählt wird.

Für die folgenden Betrachtungen setzen wir stets eine homogene Spindichte in der Probe voraus. Zur Berechnung der freien Induktion nach Abschalten der Impulse wird die Probe in differentielle Volumenelemente zerlegt, für die gleiche $B_0$-Werte angesetzt werden können. Wegen der Linearität der Gleichungen ist dann die Gesamtmagnetisierung durch Summation über alle Teilmagnetisierungen bestimmt.

Das Verhalten der $z$-Komponente der Magnetisierung bleibt im wesentlichen unbeeinflußt, und zwar relaxiert

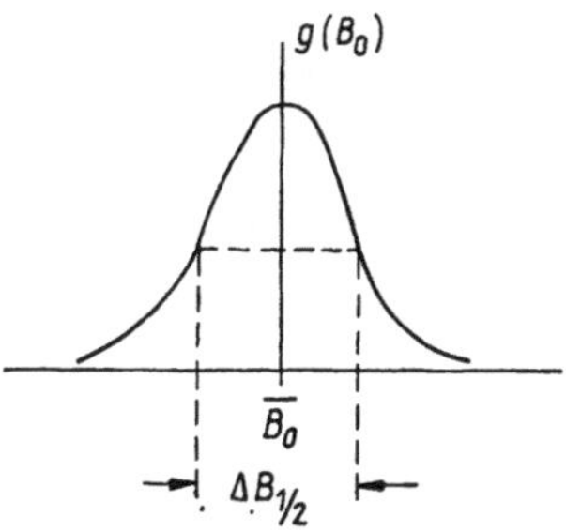


Abb. 4.7. Feldverteilungsfunktion. $\bar{B}_0$ ist definiert durch $\bar{B}_0 = \int B_0 g(B_0)\,\mathrm{d}B_0 \left[\int g(B_0)\,\mathrm{d}B_0\right]^{-1}$

sie lediglich gegen den Gleichgewichtswert

$$M_0 = \chi_0 \bar{H}_0 . \tag{4.53}$$

Die transversale Magnetisierung hängt dagegen sehr empfindlich von der Feldverteilung ab: Nach Abschalten des $\left(\frac{\pi}{2}, -y\right)$-Impulses präzediert die makroskopische Magnetisierung im Laborkoordinatensystem um die Richtung des äußeren Feldes, und es folgt (wenn im folgenden ohne Beschränkung der Allgemeinheit $\gamma > 0$ gesetzt wird)

$$\begin{aligned} M_x(t) &= M_0 \cos(\gamma B_0 t) \exp\left(-\frac{t}{T_2}\right), \\ M_y(t) &= -M_0 \sin(\gamma B_0 t) \exp\left(-\frac{t}{T_2}\right). \end{aligned} \tag{4.54}$$

Zunächst werde die Relaxation vernachlässigt, d. h. $T_2 = \infty$ gesetzt. Da die magnetische Induktion $B_0 = B_0(r)$ eine Funktion des Ortes darstellt, nimmt die Kreisfrequenz $\omega_0(\boldsymbol{r}) = \gamma B_0(\boldsymbol{r})$ an unterschiedlichen Orten unterschiedliche Werte an. Die unmittelbar nach dem Impuls in eine Richtung zeigenden Teilmagnetisierungen erhalten zunehmende Phasenunterschiede zur mittleren Präzessionsfrequenz $\bar{\omega}_0 = \gamma \bar{B}_0$ und laufen auseinander. Um die dadurch hervorgerufene Abnahme der makroskopischen Magnetisierung mathematisch zu erfassen, führen wir eine transversale Komponente der Magnetisierung ein:

$$M_\perp(t) = M_x(t) - iM_y(t) = M_0 \exp\left(i\gamma B_0(\boldsymbol{r}) \cdot t\right). \tag{4.55}$$

Mit Hilfe der Feldverteilungsfunktion $g(B_0)$ läßt sich der Mittelwert nach der Gleichung

$$\bar{M}_\perp(t) = M_0 \int\limits_{(\gamma B_0)_{\min}}^{(\gamma B_0)_{\max}} g(B_0)\, e^{i\gamma B_0 t}\, d(\gamma B_0) \left[\int\limits_{(\gamma B_0)_{\min}}^{(\gamma B_0)_{\max}} g(B_0)\, d(\gamma B_0)\right]^{-1} \tag{4.56}$$

berechnen, die sich auch in der Form

$$\bar{M}_\perp(t) = M_0\, e^{i\gamma \bar{B}_0 t} f(t) \tag{4.56'}$$

schreiben läßt. Die Funktion

$$f(t) = \int\limits_{(\Delta\omega)_{\min}}^{(\Delta\omega)_{\max}} g(\Delta\omega)\, e^{i\Delta\omega t}\, d(\Delta\omega) \left[\int\limits_{(\Delta\omega)_{\min}}^{(\Delta\omega)_{\max}} g(\Delta\omega)\, d(\Delta\omega)\right]^{-1} \tag{4.57}$$

mit $\Delta\omega = \gamma(B_0 - \bar{B}_0)$ stellt die Einhüllende der freien Induktion im inhomogenen Magnetfeld dar. Als allgemeine Regel läßt sich somit formulieren, daß die Einhüllende $f(t)$ der freien Induktion die Fourier-Transformierte der Feldverteilungsfunktion ist. Einige Beispiele sind in Tab. 4.3 zusammengestellt [16].

Von praktischer Bedeutung ist der Fall, daß die Inhomogenität des äußeren Feldes durch einen konstanten Gradienten in $z$-Richtung beschrieben wird:

$$\boldsymbol{B}_0 = \{B_x, B_y, B_0\} \tag{4.58}$$

mit $B_0 = \overline{B}_0 + Gz$, $B_x = -\frac{G}{2}x$ und $B_y = -\frac{G}{2}y$.
In diesem Ansatz können die Komponenten $B_x$ und $B_y$ senkrecht zum konstanten Feld $\overline{B}_0\boldsymbol{e}_z$ vernachlässigt

Tabelle 4.3.
Zum Zusammenhang zwischen der Feldverteilungsfunktion $g(\Delta\omega)$ und der Einhüllenden $f(t)$ der freien Induktion ($\Delta\omega = \gamma(B_0 - \overline{B}_0)$; $\Delta\omega_{1/2} = \gamma\Delta B_{1/2}$: Halbwertsbreite der Verteilungsfunktion $g(\Delta\omega)$)

| Verteilungsfunktion | $g(\Delta\omega)$ | $\Delta\omega_{1/2}$ | $f(t)$ |
|---|---|---|---|
| Gauß-Kurve | $\exp\left[-\frac{1}{2}(\Delta\omega)^2\, T_{2g}^{*2}\right]$ | $\frac{2\ln 2}{T_{2g}^{*2}}$ | $\exp\left[-\frac{t^2}{2T_{2g}^{*2}}\right]$ |
| Exponential-kurve | $\exp\left[-\lvert\Delta\omega\rvert \cdot T_{2E}^*\right]$ | $\frac{\ln 2}{T_{2E}^*}$ | $\frac{1}{1 + (t/T_{2E}^*)^2}$ |
| Lorentz-Kurve | $\frac{1}{1 + (\Delta\omega)^2\, T_{2L}^{*2}}$ | $\frac{1}{T_{2L}^*}$ | $\exp\left[-\frac{t}{T_{2L}^*}\right]$ |
| Rechteckkurve | $g(\Delta\omega) = \begin{cases} 1 & \lvert\Delta\omega\rvert \leqq \frac{1}{T_{2K}^*} \\ 0 & \lvert\Delta\omega\rvert > \frac{1}{T_{2K}^*} \end{cases}$ | $\frac{1}{T_{2K}^*}$ | $\frac{\sin(t/T_{2K}^*)}{(t/T_{2K}^*)}$ |

werden, deren Anwesenheit erforderlich ist, um die Bedingung $\operatorname{div}\boldsymbol{B} = 0$ zu erfüllen. Diese Vernachlässigung ist möglich wegen $\overline{B}_0 \gg |Gz|$.

Die Probenform sei zylindrisch mit dem Radius $R$ und der Länge $l$. Für die Feldverteilungsfunktion $g(B_0)$ ist dann zu wählen:

$$g(B_0) = \begin{cases} 1, & r \leqq R, \quad |y| \leqq \frac{l}{2}, \\ 0, & r > R, \quad |y| > \frac{l}{2}. \end{cases} \tag{4.59}$$

Setzt man die Gln. (4.58) und (4.59) in die Gl. (4.56) ein, so erhalten wir in Zylinderkoordinaten (Abb. 4.8)

$$M_{\perp} = M_0 \, e^{i\gamma \bar{B}_0 t} \int\limits_{y=-\frac{l}{2}}^{\frac{l}{2}} \int\limits_{r=0}^{R} \int\limits_{\varphi=0}^{2\pi} e^{iar\cos\varphi} r \, dr \, d\varphi \, dy \cdot (\pi R^2 l)^{-1} \tag{4.60}$$

mit der Abkürzung $a = \gamma G t$. Entwickelt man nach BESSEL-Funktionen,

$$e^{iar\cos\varphi} = I_0(ar) + \sum_{n=1}^{\infty} I_n(ar) \cdot i^n (e^{in\varphi} + e^{-in\varphi}),$$

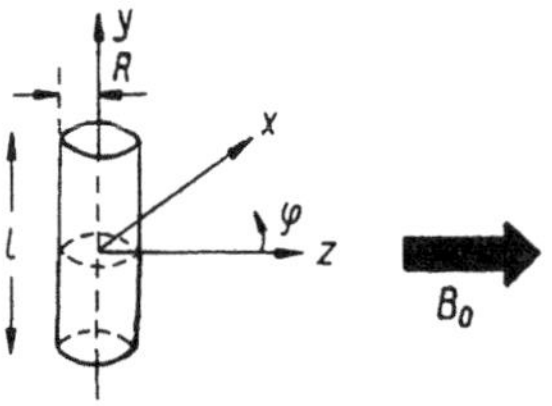


Abb. 4.8. Zylindrische Probe im Magnetfeld $B_0$

und berücksichtigt man, daß $\int\limits_0^{2\pi} e^{\pm in\varphi} \, d\varphi = 0$ für $n \neq 0$ gilt, so folgt aus Gl. (4.60)

$$M_{\perp} = 2M_0 \, e^{i\gamma \bar{B}_0 t} \int\limits_{x=0}^{aR} I_0(x) \cdot x \, dx \cdot (aR)^{-2}$$

oder, mit Hilfe der bekannten Beziehung $\int I_0(x) \cdot x \, dx = I_1(x) \cdot x$,

$$M_{\perp} = 2M_0 \, e^{i\gamma \bar{B}_0 t} \frac{I_1(aR)}{aR}. \tag{4.61}$$

Die Einhüllende der freien Induktion stellt somit eine oszillierende Funktion dar, deren Nullstellen $I_1(aR) = 0$ bei $aR = 3{,}83$; $7{,}01$; $10{,}17$; $19{,}32$ usw. liegen. Da $\gamma$ und $R$ bekannt sind und die Zeit $t$ aus den Nullstellen

(Abb. 4.9) der freien Induktion zu ermitteln ist, kann der Gradient $G$ abgeschätzt werden.

Jetzt läßt sich auch entscheiden, „wie homogen" das Magnetfeld sein muß, so daß der Abfall der freien Induktion nicht durch die Feldinhomogenitäten, sondern durch die bisher außer acht gelassene transversale Relaxation bestimmt wird. Offenbar muß dann zwischen

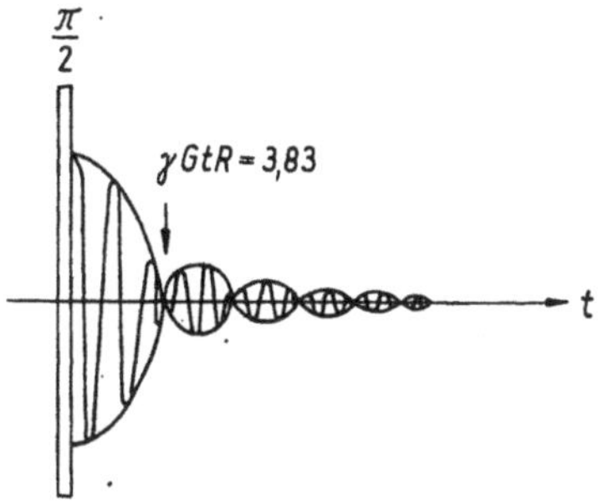


Abb. 4.9. Freie Induktion bei konstantem Gradienten des äußeren Magnetfeldes

der Relaxationszeit $T'_2$ und der Zeit $t_1$ für die erste Nullstelle die Ungleichung

$$T_2 \ll t_1 = \frac{3{,}8}{\gamma R G} \tag{4.62}$$

bestehen, d. h. ein Gradient $G$ von $G \ll \frac{3{,}8}{\gamma R T_2}$ vorliegen.

### 4.2.2. *Hahnsches Spin-Echo*

Ein Ensemble von Kernspins mit dem gyromagnetischen Verhältnis $\gamma > 0$ befinde sich in einem äußeren Magnetfeld, dessen Inhomogenität so groß sei, daß die Einhüllende der freien Induktion nach Abschn. 4.2.1 nur durch die Fourier-Transformierte der Feldverteilungsfunktion bestimmt wird. Wir wollen nun ein Impulsprogramm kennenlernen, das von den $B_0$-Feldinhomogenitäten nicht beeinflußt wird (Abb. 4.10). Man läßt hierbei dem $\frac{\pi}{2}$-Impuls im Abstand $\tau$ einen $\pi$-Impuls folgen. Die Wirkung dieses Impulses besteht darin, daß er die Magnetisierungsabnahme infolge der $B_0$-Feldinhomogenität wieder aufhebt. Wie es sich zeigen wird, ist unter gewissen Voraussetzungen die Abnahme

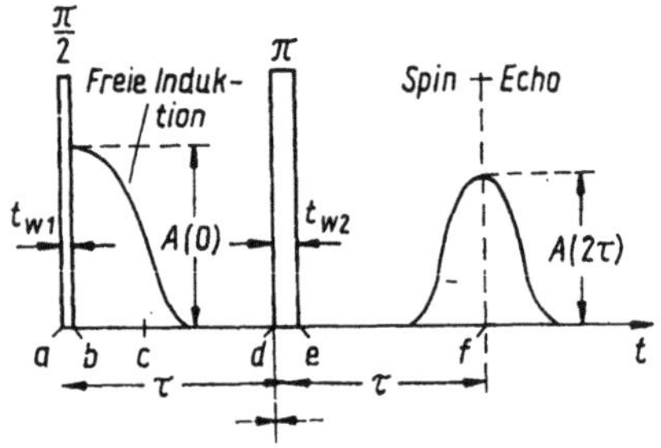


Abb. 4.10. Impulsprogramm zur Erzeugung eines HAHNschen Spin-Echos:

$$\gamma B_1 t_{w1} = \frac{\pi}{2}, \qquad \gamma B_1 t_{w2} = \pi$$

der Magnetisierung infolge der Feldinhomogenität *reversibel* — im Gegensatz zum irreversiblen Relaxationsprozeß.

Wir wollen uns nun anschaulich verständlich machen, wieso durch den $\pi$-Impuls wieder eine Zunahme der Magnetisierung erreicht wird (und dabei zunächst die Wirkung der Relaxation außer acht lassen):

Durch Anlegen eines $\left(\frac{\pi}{2}, x\right)$-Impulses klappt die Magnetisierung aus dem thermischen Gleichgewichtszustand (a) in die $y'$-Richtung um (Abb. 4.11). Nach dem Abschalten des Impulses (c) werden die Feldinhomogenitäten wirksam. Infolge der unterschiedlichen Präzessionsfrequenzen $\omega_i = \overline{\omega}_0 + \gamma \cdot \Delta B_i$ in verschiedenen Volumenelementen $i$ der Probe erhalten die einzelnen Komponenten unterschiedliche Phasenabweichungen $\gamma \cdot \Delta B_i \cdot t$ vom Mittelwert, die zum Auffächern der Komponenten führen. Wegen der vektoriellen Addition verringert sich der Vektor der makroskopischen Magnetisierung bis zum Wert Null (d), wie bereits in Abschn. 4.2.1 genauer dargestellt wurde. Betrachtet man einen konstanten Feldgradienten $B_0 = \bar{B}_0 + Gz$ ($G$ = const), so

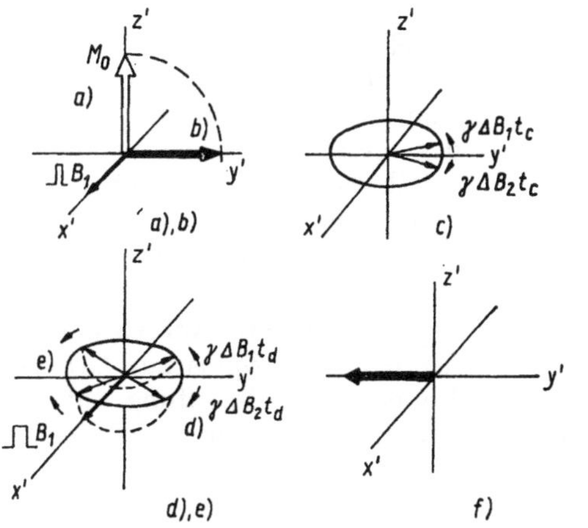


Abb. 4.11. Zum Zustandekommen eines HAHNschen Spin-Echos: $\Delta B_1$ bzw. $\Delta B_2$ bezeichnen negative bzw. positive Abweichungen vom Mittelwert $\bar{B}_0$, $x'$, $y'$, $z'$ Achsen eines rotierenden Koordinatensystems (Präzessionsfrequenz $\bar{\omega}_0 = \gamma \bar{B}_0$). Zeitpunkte $a, \ldots, f$ wie in Abb. 4.10 (Weitere Erläuterungen im Text)

beträgt die Abweichung der Phase $\Delta\varphi$ unmittelbar vor dem $\pi$-Impuls (d) zur Zeit $\tau$ vom Mittelwert $\bar{\varphi} = \gamma \bar{B}_0 \tau$

$$\Delta\varphi = \gamma G z \tau. \tag{4.63}$$

Die Wirkung des $\pi$-Impulses (e) besteht darin, daß $\Delta\varphi$ in $-\Delta\varphi$ umgeändert wird, so daß sich zum Zeitpunkt $t > \tau$

$$\Delta\varphi(t) = \gamma G z \tau - \gamma G z \cdot (t - \tau) \tag{4.64}$$

ergibt. Speziell für $t = 2\tau$ (f) erhält man $\Delta\varphi = 0$. Zum Zeitpunkt $t = 2\tau$ ist somit wieder eine *makroskopische* Magnetisierung zu beobachten, die *Spin-Echo* heißt und erstmals von Hahn beschrieben wurde [24].

Für die Amplitude $A(2\tau)$ des Spin-Echos ergibt sich unter Einschluß der transversalen Relaxation

$$A(2\tau) = A(0) \exp\left(-\frac{2\tau}{T_2}\right). \tag{4.65}$$

Man kann sich auf einfache Weise überlegen, daß in Gl. (4.65) noch ein weiterer Term erscheinen kann: Die Refokussierung ist nur dann vollständig, wenn die Kernspins während des gesamten Experiments an einem Ort bleiben, d. h., falls $z = \text{const}$ gilt. Nehmen die spintragenden Teilchen an einer Diffusionsbewegung teil, so stellt $z$ eine stochastische Funktion der Zeit dar. Damit ist $\Delta\varphi$ nicht identisch gleich Null, sondern unterliegt einer gewissen Verteilung um $\overline{\Delta\varphi} = 0$. Auf Grund der vektoriellen Addition der einzelnen Spins zur Gesamtmagnetisierung tritt also eine Echodämpfung auf, die um so größer ist, je breiter die Verteilung ist. Man erwartet also eine um so schnellere Abnahme der Amplitude $A(2\tau)$, je größer $\overline{\Delta\varphi^2}$ als Maß für die Verteilungsbreite ist. Führt man den Selbstdiffusionskoeffizienten $D$ wie üblich über die Beziehung $\overline{z^2} \propto 2\tau D$ ein, so besteht die Proportionalität $\overline{\Delta\varphi^2} \propto \gamma^2 G^2 D (2\tau)^3$. Den quantitativen Zusammenhang zur *Amplitude* des Spin-Echos (zur Zeit $t = 2\tau$) beschreibt die Gleichung [17]

$$A(t = 2\tau) = A(0) \exp\left(-\frac{t}{T_2}\right) \cdot \psi(t) \tag{4.66}$$

mit dem Diffusionsdämpfungsglied

$$\psi(t) = \exp\left(-\frac{1}{12} \gamma^2 G^2 D t^3\right). \tag{4.67}$$

Dieses Ergebnis wurde von Carr und Purcell [18] sowie von Mc Call, Douglass und Anderson [19] auf der Grundlage einer statistischen Behandlung erzielt. Zu dem gleichen Resultat gelangte TORREY [20] mit Hilfe einer BLOCHschen Gleichung, die durch einen Diffusionsterm $D^2\,\nabla^2 \boldsymbol{M}(\boldsymbol{r}, t)$ ($D$ = Selbstdiffusionskoeffizient) modifiziert wurde. Die *Form* des Spin-Echos entspricht zwei Rücken an Rücken gesetzten freien Induktionen.

Das Zustandekommen weiterer Echos wird in den Arbeiten [21—28] behandelt. Die Impulsfolgen sind in

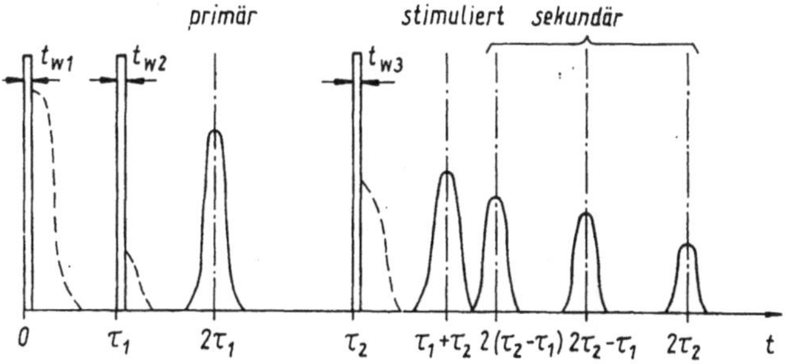


Abb. 4.12. Drei-Impuls-Programm zum Nachweis weiterer Echos

Abb. 4.12 veranschaulicht. Der Zeitverlauf jeder dieser Signalamplituden läßt sich als Produkt $c_i f_i(T_1, T_2, t)\,\psi_i$ dreier Faktoren schreiben, die in Tab. 4.4 angegeben sind.

### *4.2.3. Messung der transversalen Relaxationszeit $T_2$*

CARR und PURCELL [18] zeigten, daß durch eine einfache Modifizierung der HAHNschen Spin-Echo-Methode der Diffusionseinfluß stark reduziert werden kann, wodurch eine Messung von $T_2$ ermöglicht wird. Dabei kommt eine Impulsfolge zur Anwendung, wo sich einem $\frac{\pi}{2}$-Impuls eine Gruppe von $\pi$-Impulsen anschließt, zwischen denen ein Abstand $2\tau$ besteht. Von großer

Tabelle 4.4.

**Zur Charakterisierung der Spin-Echos in einer Folge von drei verschiedenen Impulsen [21]**

($c_i$: trigonometrischer Faktor; $f_i(t, T_1, T_2) = \exp(-a_i)$: Relaxationsfaktor; $\Psi_i = \exp(-b_i)$: Diffusionsdämpfungsglied)

| Spin-Echo | Entstehung zur Zeit $t$ | $c_i$ | $a_i$ | $b_i$ |
|---|---|---|---|---|
| Primär | $2\tau_1$ | $M_0 \sin \omega_1 t_{w1} \sin^2 \frac{\omega_1 t_{w2}}{2}$ | $\frac{2\tau_1}{T_2}$ | $\frac{2}{3} \gamma^2 G^2 D \tau_1^3$ |
| Stimuliert | $\tau_1 + \tau_2$ | $\frac{1}{2} M_0 \sin \omega_1 t_{w1} \sin \omega_1 t_{w2} \sin \omega_1 t_{w3}$ | $\frac{\tau_2 - \tau_1}{T_1} + \frac{2\tau_1}{T_2}$ | $\gamma^2 G^2 D \left( \tau_1^2 \tau_2 - \frac{1}{3} \tau_1^3 \right)$ |
| Sekundär | $2\tau_2 - 2\tau_1$ | $-M_0 \sin \omega_1 t_{w1} \sin^2 \frac{\omega_1 t_{w2}}{2} \sin^2 \frac{\omega_1 t_{w3}}{2}$ | $\frac{2(\tau_2 - \tau_1)}{T_2}$ | $\frac{2}{3} \gamma^2 G^2 D [(\tau_2 - 2\tau_1)^3 + \tau_1^3]$ |
| | $2\tau_2 - \tau_1$ | $M_z(\tau_1) \sin \omega_1 t_{w2} \sin^2 \frac{\omega_1 t_{w3}}{2}$ | $\frac{2(\tau_2 - \tau_1)}{T_2}$ | $\frac{2}{3} \gamma^2 G^2 D (\tau_2 - \tau_1)^3$ |
| | $2\tau_2$ | $M_0 \sin \omega_1 t_{w1} \cos^2 \frac{\omega_1 t_{w2}}{2} \sin^2 \frac{\omega_1 t_{w3}}{2}$ | $\frac{2\tau_2}{T_2}$ | $\frac{2}{3} \gamma^2 G^2 D \tau_2^3$ |

Bedeutung ist dabei die Genauigkeit, mit der die Impulse eingestellt werden können. Praktisch werden die Impulse über eine Impulsbreitenvariation $0 < t \leqq t_w$ bis zum Maximum (bei einem $\frac{\pi}{2}$-Impuls) oder Minimum (bei $\pi$-Impulsen) der Anfangsamplitude der freien Induktion eingeregelt. Wegen der Inhomogenität des $B_1$-Feldes ist gewöhnlich mit Abweichungen der Impulsbreiten von 3···5% zu rechnen, die bei Impulsgruppen wegen der möglichen Akkumulation der Fehler nicht ohne weiteres

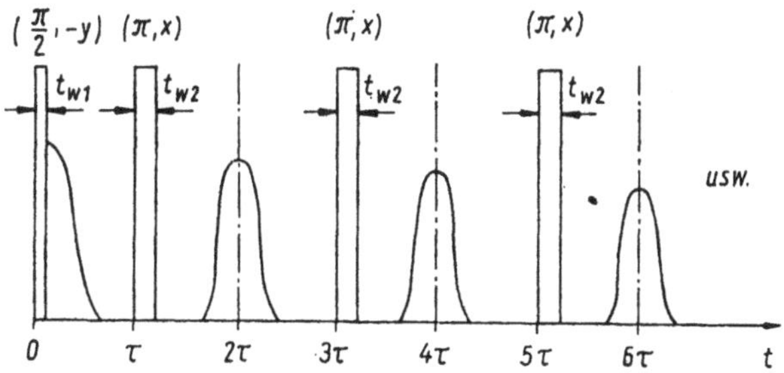


Abb. 4.13. CARR-PURCELL-Gruppe mit der Modifizierung nach MEIBOOM und GILL

vernachlässigt werden können. Diese Fehlerakkumulation läßt sich allerdings durch geeignete Wahl der Phasen für die Impulse (zur Definition vgl. Tab. 4.2) unterbinden. Einfach zu realisieren ist die Modifizierung nach MEIBOOM und GILL [29] (Abb. 4.13):

Einem $\left(\frac{\pi}{2}, -y\right)$- (oder $\left(\frac{\pi}{2}, +y\right)$-)Impuls, der die Gleichgewichtsmagnetisierung in die $(+x')$- (oder $(-x')$-) Richtung des mit der mittleren Resonanzfrequenz $\overline{\omega}_0$ rotierenden Koordinatensystems dreht, folgt eine Gruppe von $(\pi, x)$-Impulsen. Die Kompensation der Impulsbreitenfehler an den $(\pi, x)$-Impulsen ist in Abb. 4.14 anschaulich dargestellt: Durch den $\left(\frac{\pi}{2}, -y\right)$-Impuls entsteht eine transversale Magnetisierung (a, b). Zum Zeitpunkt $\tau$ danach werden $(\pi - \delta, x)$-Impulse durch ein Hochfrequenzfeld erzeugt, das gegenüber dem ersten Impuls um $\frac{\pi}{2}$ phasenverschoben ist (c, d). Dadurch werden die während der Zeit $\tau$ in der $(x', y')$-Ebene aufgefächerten Teilkomponenten der Magnetisierung nur

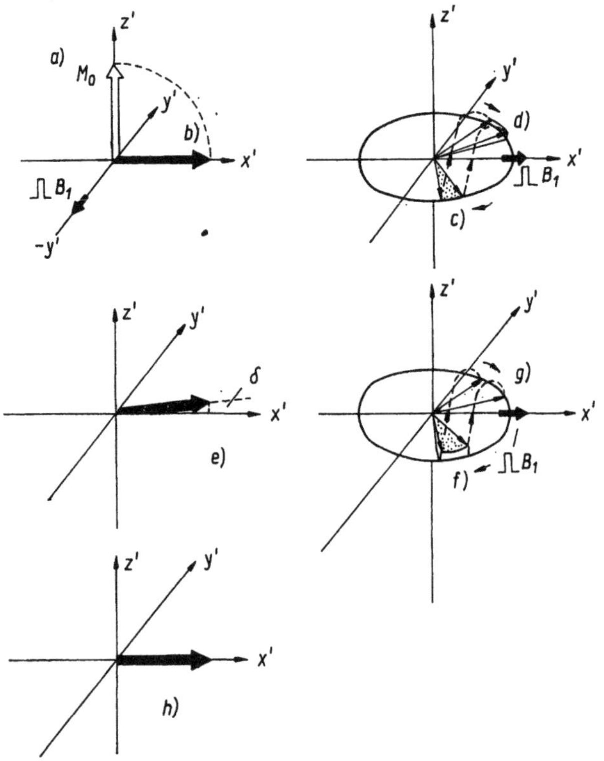


Abb. 4.14. Kompensation der Fehljustierung der $\pi$-Impulsbreiten bei der CARR-PURCEL-MEIBOOM-GILL-Impulsfolge.

➔ makroskopische Magnetisierung; → Teilkomponenten der Magnetisierung (Erläuterungen zu den Abb. *a*) bis *h*) im Text)

um einen Winkel $\pi - \delta$ um die $x'$-Achse gedreht. Auf Grund der Abweichung $\delta$ verringert sich die Amplitude der makroskopischen transversalen Magnetisierung um den Faktor $1 - \frac{\delta^2}{2}$ zur Zeit $2\tau$(e) (bei Vernachlässigung der Echodämpfung durch die transversale Relaxation und durch Selbstdiffusionseinflüsse). Durch den zweiten $(\pi - \delta, x)$-Impuls (f, g) werden die Teilmagnetisierungen aber gerade wieder in die $(x', y')$-Ebene gedreht, und das zweite Echo (h) zur Zeit $4\tau$ besitzt eine unverfälschte Amplitude usw. Es läßt sich zeigen, daß die Amplitude des $n$-ten Echos zur Zeit $2n\tau$ ($n$: ganze Zahl) bei konstantem äußeren Gradienten $G$ durch die Zeitfunktion [17]

$$A(t) = A(0) \exp\left(-\frac{t}{T_2}\right) \cdot \psi(t) \tag{4.68}$$

beschrieben werden kann mit dem Diffusionsdämpfungsglied

$$\psi(t) = \exp\left[-t \cdot \frac{1}{3} D\gamma^2 G^2 \tau^2\right]. \tag{4.69}$$

Im Gegensatz zur Gl. (4.66) erfolgt der Abfall rein exponentiell, und durch Extrapolation auf $\tau^2 = 0$ kann der Diffusionseinfluß eliminiert werden. In der Darstellung von $\ln \psi$ über $\tau^2$ ergibt sich eine Gerade, deren Anstieg durch $D$ festgelegt ist.

Schwerer überschaubare Verhältnisse liegen bei Experimenten ohne äußeren Gradienten vor. Ein formales Anwenden der bisherigen Betrachtungen (Gln. (4.67) und (4.69)) unter Ersetzen des konstanten Gradienten durch den Mittelwert der statistischen Gradienten führt zu unrichtigen Aussagen [31, 32]. Kärger [32] konnte zeigen, daß in diesen Fällen $-\ln \psi$ schwächer als linear mit $\tau^2$ anwächst. Da die Einflüsse konstanter äußerer und statistischer innerer Gradienten unabhängig voneinander sind, können sie durch Variation von $G$ getrennt ermittelt werden.

Die Anwendbarkeit dieser Impulsgruppen zum Studium der transversalen Relaxation ist nicht daran gebunden, daß eine transversale Relaxationszeit $T_2$ definiert werden kann und die BLOCHschen Gleichungen gültig sind. Im allgemeinen Fall wird man (nach Eliminierung des Diffusionseinflusses) die transversale Relaxationsfunktion $\Phi_2(t)$ aus dem Zeitverlauf $A(t) = A(0)\,\Phi_2(t)$ ermitteln, der sich häufig in der Form

$$\Phi_2(t) = \sum_{i=1}^{n} p_i \exp\left(-\frac{t}{T_{2i}}\right) \tag{4.70}$$

als eine Überlagerung mehrerer Exponentialfunktionen mit den Gleichgewichtsfaktoren $p_i > 0$ und den Zeitkonstanten $T_{2i}$ darstellen läßt.

Das Problem der Anpassung wird oft in der Art angegangen, daß bei den größten Meßzeiten durch halblogarithmische Auftragung $\ln \Phi_2(t)$ über der Zeit $t$ versucht wird, die längste auftretende Relaxationszeit $T_{2i}$ und den Anteil $p_i$ zu bestimmen. Danach subtrahiert man diesen Teilprozeß und verfährt zur Bestimmung von $T_{2i-1}$ und $p_{i-1}$ ebenso usw. Der Vorgang wird erst nach vollständigem Ablauf der gesamten Untersuchung rückwärts analysiert. Es ist aber wegen einer starken Fehlerfortpflanzung zu kleinen Zeiten hin bereits schwierig, drei Teilprozesse genau genug aufzulösen. Ein interessanter Lösungsweg wird in [30] vorgeschlagen: Trägt man $\Phi_2(t)$ nicht über $t$, sondern z. B. über $a = \lg t$ auf, so erhält man aus Gl. (4.70) Kurven, die signifikante Stellen wie Wendepunkte, Maxima, Nullstellen aufweisen, deren Lage auf der $a$-Achse bzw. deren Intensitäten in direkter Beziehung zu den Relaxationszeiten $T_{2i}$ bzw. den Anteilen $p_i$ stehen. Solche besonderen Kurvenpositionen können dann mit entsprechenden Rechenprogrammen quantitativ erfaßt werden.

### *4.2.4. Longitudinale Relaxation*

Inhomogenitäten des konstanten äußeren Feldes und demzufolge auch die Diffusion der spintragenden Teilchen spielen keine Rolle beim Studium des Verlaufes $M_z(t)$ der longitudinalen Magnetisierung, da dieser Ordnungszustand nicht durch die Phasenbeziehungen zwischen den einzelnen Teilmagnetisierungen in der Probe beeinflußt wird.

Standardmethoden zur Beobachtung der Annäherung von $M_z(t)$ an den thermischen Gleichgewichtswert $M_0$ sind die $\pi$–$\frac{\pi}{2}$- und die $\frac{\pi}{2}$–$\frac{\pi}{2}$-Impulsfolge.

Der Auswertung der Messung liegt zunächst die Annahme zugrunde, daß die longitudinale Relaxation durch Angabe *einer* Relaxationszeit $T_1$ beschrieben werden kann und daß damit die BLOCHschen Gleichungen (vgl. Kap. 2, Gl. (2.13) bzw. (2.15) anwendbar sind:

$$\frac{\mathrm{d}M_z(t)}{\mathrm{d}t} = -\frac{M_z(t) - M_0}{T_1} \tag{4.71}$$

mit der Lösung

$$M_z(t) - M_0 = \left(M_z(0) - M_0\right) \exp\left(-\frac{t}{T_1}\right). \tag{4.72}$$

Bei der $\left(\pi\text{–}\frac{\pi}{2}\right)$*-Impulsfolge* (Abb. 4.15) wird die Gleichgewichtsmagnetisierung durch den ersten Impuls in die $(-z)$-Richtung gedreht, und die Anfangsbedingung lautet $M_z(0) = -M_0$. Zur Zeit $t = \tau$ folgt ein $\frac{\pi}{2}$-Impuls. Die im Anschluß beobachtete freie Induktion besitzt eine Anfangsamplitude $A(\tau)$, die dem Wert $M_z(\tau)$ proportional ist ($A(\tau \to \infty)$ ist proportional zu $M_0$) und sich gemäß der Gleichung

$$A(\tau) = A(\infty) \left[1 - 2 \exp\left(-\frac{\tau}{T_1}\right)\right] \tag{4.73}$$

zeitlich verändert. Variiert man den Impulsabstand $\tau$ so lange, bis die Magnetisierung durch Null geht: $A(\tau_0) = 0$, so ergibt sich aus Gl. (4.73) ein einfacher Zusammenhang zwischen dem Impulsabstand $\tau_0$ für die „Nullstelle" und der longitudinalen Relaxationszeit $T_1$:

$$T_1 = \frac{\tau_0}{\ln 2}. \tag{4.74}$$

Neben statistischen Fehlern bei der Einstellung der „Nullstelle" (als Minimum der freïen Induktion nach

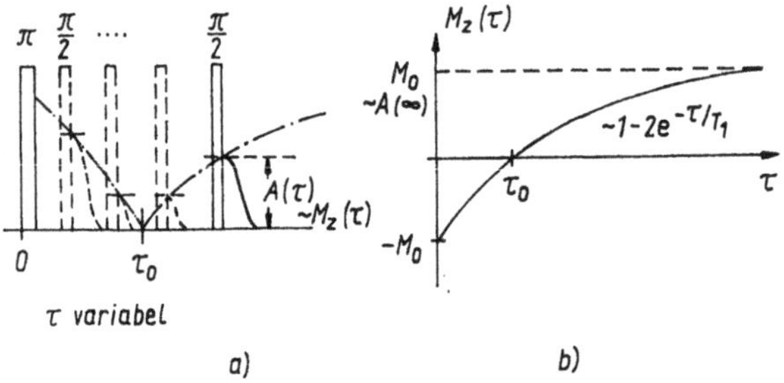


Abb. 4.15. Messung der longitudinalen Relaxationszeit mit der $\pi$-$\frac{\pi}{2}$-Impulsfolge

a) Veränderung der Anfangsamplitude der freien Induktion $A(\tau)$ nach dem $\frac{\pi}{2}$-Impuls mit dem Impulsabstand $\tau$ bei nicht-phasenempfindlichem Nachweis

b) Zeitverlauf der Magnetisierung $M_z(\tau)$

dem $\pi$-Impuls) können systematische Fehler wegen der Inhomogenität des hochfrequenten Feldes $B_1$ auftreten [33]:

Als Folge der $B_1$-Inhomogenität ist die Magnetisierung nach einem Impuls gegenüber der Gleichgewichtsmagnetisierung um einen Faktor $f$ verringert. Wir setzen voraus, daß der mittlere Winkel $\beta$, um den sich die Teilmagnetisierungen nach einem $\frac{\pi}{2}$-Impuls auffächern, hinreichend klein ist und daß die transversale Relaxationszeit groß gegen die Impulsbreite ist. Der Faktor $\mathfrak{f}$ (vgl. Abb. 4.16) beträgt dann für einen $\frac{\pi}{2}$-*Impuls*:

$$\mathfrak{f}_{\frac{\pi}{2}} = 1 - \Delta \tag{4.75}$$

mit $\Delta = \frac{\Delta M_0}{M_0} = 1 - \cos\beta \approx \frac{\beta^2}{2}$;

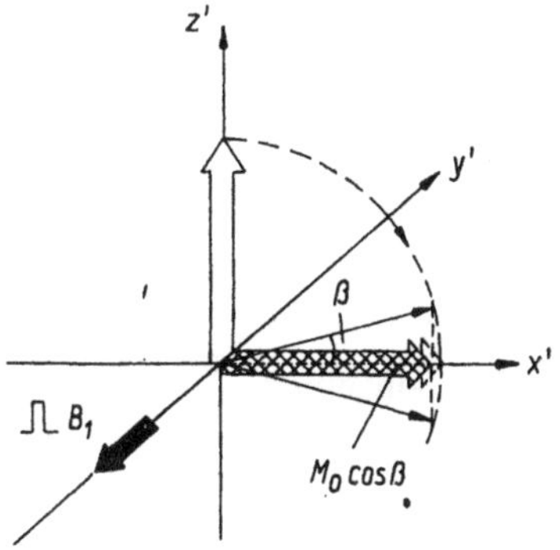


Abb. 4.16. Zur Wirkung von Inhomogenitäten des hochfrequenten Feldes

für einen $\pi$-*Impuls*:

$$\mathfrak{f}_{\pi} = 1 - \Delta_{(\pi)} = 1 - 4\Delta \tag{4.76}$$

wegen $\Delta_{(\pi)} = 1 - \cos 2\beta \approx 4 \cdot \frac{\beta^2}{2}$

und analog für einen $\frac{3\pi}{2}$-*Impuls*:

$$\mathfrak{f}_{\frac{3\pi}{2}} = 1 - 9\Delta. \tag{4.77}$$

Verwendet man Gl. (4.76), so erhält man für die Anfangsamplitude $M_z(0) = -M_0(1 - 4\Delta)$ und nach Einsetzen in Gl. (4.72)

$$M_z(\tau) = M_0 \left[1 - 2\,(1 - 2\Delta) \exp\left(-\frac{\tau}{T_1}\right)\right] \quad (4.78)$$

zum Zeitpunkt $\tau$ des $\frac{\pi}{2}$-Impulses bzw. als Anfangsamplitude nach dem $\frac{\pi}{2}$-Impuls entsprechend Gl. (4.75)

$$A(\tau) \propto (1 - \Delta)\, M_z(\tau)\,. \quad (4.78')$$

Für die Nullstelle ist an Stelle von Gl. (4.74) gemäß Gl. (4.78) zu setzen:

$$T_1 = \frac{\tau_0}{\ln\,[2(1 - 2\Delta)]}\,. \quad (4.79)$$

Der Faktor $2\Delta$ läßt sich durch Vergleich der Anfangsamplituden $A_{\frac{\pi}{2}}$ bzw. $A_{\frac{3\pi}{2}}$ nach einzelnen $\frac{\pi}{2}$- bzw. $\frac{3\pi}{2}$-Impulsen ermitteln:

$$\frac{A_{\frac{\pi}{2}} - A_{\frac{3\pi}{2}}}{A_{\frac{\pi}{2}}} = \frac{M_0(1 - \Delta) - M_0(1 - 9\Delta)}{M_0(1 - \Delta)} \approx 8\Delta\,. \quad (4.80)$$

Eine strenge Dichtematrixbehandlung zum Einfluß der $B_1$-Inhomogenitäten [34] wies nach, daß die Korrektur nach VAN PUTTE [33] nur dann zu richtigen Ergebnissen führt, falls die freie Induktion hinreichend schnell abklingt, d. h., wenn $T_2{}^* \ll T_1$ ist.

Bei kurzen longitudinalen Relaxationszeiten $T_1$ und allgemein zur Überprüfung der Korrekturfaktoren empfiehlt sich die Bestimmung von $T_1$ aus dem Zeitverlauf der Magnetisierung, z. B. unter Verwendung der halblogarithmischen Darstellung von Gl. (4.73) über dem Impulsabstand $\tau$: $\ln \frac{A(\infty) - A(\tau)}{2A(\infty)} = -\frac{\tau}{T_1}$.

Bei der $\frac{\pi}{2}$-$\frac{\pi}{2}$-*Impulsfolge* (Abb. 4.17) wird die Gleichgewichtsmagnetisierung durch den ersten $\frac{\pi}{2}$-Impuls in die $(x', y')$-Ebene gedreht, und die Anfangsbedingung für die Gl. (4.72) lautet $M_z(0) = 0$. Die gleiche Anfangsbedingung läßt sich auch realisieren, wenn das Spinsystem durch eine Folge von 5···10 $\frac{\pi}{2}$-Impulsen gesättigt wird. Diese Methode heißt daher auch „Sättigungsmethode" (im englischen „saturation recovery").

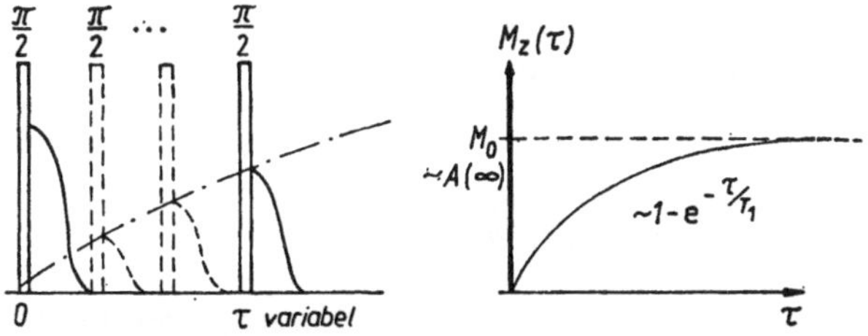


Abb. 4.17. Messung der longitudinalen Relaxationszeit mit der $\frac{\pi}{2}$-$\frac{\pi}{2}$-Impulsfolge

Der Anfangswert $A(\tau)$ der freien Induktion nach dem zweiten $\frac{\pi}{2}$-Impuls zum Zeitpunkt $\tau$ ist wieder ein Maß für die momentane longitudinale Magnetisierung:

$$A(\tau) = A(\infty)\left[1 - \exp\left(-\frac{\tau}{T_1}\right)\right]. \tag{4.81}$$

Variiert man $\tau$ so lange, bis das Amplitudenverhältnis $A(\tau_1)/A(\infty)$ den Wert $\frac{e-1}{e}$ annimmt, so gilt $\tau_1 = T_1$. Eine größere Genauigkeit erreicht man durch die Auswertung des Zeitverlaufes der Magnetisierung, z. B. unter Verwendung der halblogarithmischen Darstellung von Gl. (4.81) über dem Impulsabstand $\tau$.

Die Anwendbarkeit dieser Methoden zum Studium der longitudinalen Relaxation ist nicht daran gebunden, daß die longitudinale Relaxationsfunktion durch *eine* Relaxationszeit beschrieben werden kann. Im allgemeinen Fall hat also eine Auswertung des Kurvenverlaufes $A(\tau) \propto 1 - 2\Phi_1(\tau)$ (vgl. Gl. (4.73)) bzw. $A(\tau) \propto 1 - \Phi_1 \times (\tau)$ (vgl. Gl. (4.81)) zu erfolgen, um die longitudinale Relaxationsfunktion $\Phi_1(\tau)$ zu ermitteln. Dazu lassen sich die gleichen Methoden anwenden, die in Abschn. 4.2.3 für die transversale Relaxation beschrieben wurden.

### 4.2.5. *Kombination der FT-NMR-Spektroskopie mit Impulsgruppen zur Messung von Relaxationszeiten*

#### 4.2.5.1. *Selektive Messung der longitudinalen und transversalen Relaxationszeiten*

Die Impulsfolgen zur selektiven Messung der *longitudinalen Relaxationszeiten* unterscheiden sich nicht von denen im Abschn. 4.2.4. Da sich die Probe in einem homogenen äußeren Magnetfeld befindet, enthält nicht nur der Anfangswert der freien Induktion (als Maß für die $z$-Komponente der Gesamtmagnetisierung), sondern auch ihr Zeitverlauf Informationen über das Spinsystem (Abschn. 4.1): Nach der FOURIER-Transformation der freien Induktion erhält man ein hochaufgelöstes Spektrum, dessen Linienintensitäten vom Impulsabstand $\tau$ abhängen. Durch Variation von $\tau$ ist eine gleichzeitige Messung der longitudinalen Relaxationszeiten der einzelnen Linien möglich [35]. Die Auswertung der Linienintensitäten zur Ermittlung der einzelnen Relaxationszeiten erfolgt nach den gleichen Beziehungen, wie sie im Abschn. 4.2.4 für die Gesamtmagnetisierung angegeben sind. Bei der Durchführung der Experimente können aber einige Probleme auftreten, die mit der Verwendung homogener Magnetfelder zusammenhängen.

*$\pi$-$\frac{\pi}{2}$-Impulsfolge*

Durch den ersten Impuls wird die Gleichgewichtsmagnetisierung entgegengesetzt zur Magnetfeldrichtung orientiert. Da das hochfrequente Magnetfeld des Impulses nicht streng homogen ist, ist nach dem $\pi$-Impuls noch eine geringe freie Induktion zu beobachten, die bei kleinen Impulsabständen $\tau < T_{2i}$ ($T_{2i}$ transversale Relaxationszeit für die $i$-te Resonanzlinie) dem Abfall der zu messenden freien Induktion des $\frac{\pi}{2}$-Impulses als Störung überlagert sein kann. Dies läßt sich umgehen, wenn zwischen den beiden Hochfrequenzimpulsen ein Feldgradientenimpuls eingestrahlt wird, der die restliche freie Induktion beseitigt. Von entscheidendem Nachteil ist bei der Anwendung dieser Methode, daß ein genäherter Wert für die längste longitudinale Relaxationszeit im Spektrum vorher bekannt sein muß, damit insbesondere bei seltenen Kernen ($^{13}$C, $^{15}$N u. a.) eine Optimierung des Meßvorganges vorgenommen werden kann.

Zur Erhöhung der Genauigkeit bei längeren Akkumulationen wurde eine modifizierte Folge vorgeschlagen, bei der die freie Induktion nach der $\pi$-$\tau$-$\frac{\pi}{2}$-Folge von der freien Induktion nach einem darauffolgenden einzelnen $\frac{\pi}{2}$-Impuls subtrahiert wird [36]. Der Mindestabstand zwischen der Gruppe $\pi$-$\tau$-$\frac{\pi}{2}$ und dem weiteren $\frac{\pi}{2}$-Impuls bzw. zwischen ihm und der nächsten Impulsgruppe muß $4T_{1\max}$ betragen, wobei $T_{1\max}$ die längste Relaxationszeit im Spektrum bezeichnet. Der Vorteil der modifizierten Impulsfolge besteht darin, daß die Differenzbildung $M_{0i} - M_{zi}(\tau)$ der Momentanmagnetisierung $M_{zi}(\tau)$ zu den Gleichgewichtswerten $M_{0i}$ der

$i$-ten Linie schon im Meßprozeß erfolgt. Die Einflüsse langzeitiger Schwankungen bei der Akkumulation eines Interferogramms werden dadurch eliminiert. Nach der FOURIER-Transformation dieser Interferogramme erhält man unmittelbar Spektren, deren Linienintensitäten in Abhängigkeit von $\tau$ zwischen 0 und den doppelten Gleichgewichtswerten variieren.

### $\frac{\pi}{2}$–$\frac{\pi}{2}$-*Impulsfolge*

Um bei Zeiten $\tau < T_{2i}$ messen zu können, muß dem ersten Impuls ein Feldgradientenimpuls folgen, der die makroskopische Magnetisierung beseitigt. Zur Erhöhung der Genauigkeit empfiehlt sich auch hier die Differenzbildung $M_{0i} - M_{zi}(\tau)$ unmittelbar während des Meßprozesses nach ähnlicher Modifizierung der Impulsgruppe.

### *Methode der progressiven Sättigung*

Der entscheidende Nachteil der $\pi$–$\frac{\pi}{2}$-Impulsfolge zur selektiven Messung der longitudinalen Relaxationszeiten besteht darin, daß zwischen dem $\frac{\pi}{2}$-Impuls und dem nächsten $\pi$-Impuls eine Zeit von mindestens $4T_{1\max}$ vergehen muß, um das thermische Gleichgewicht für alle Resonanzlinien im Spektrum zu erreichen. Eine schnellere Messung der longitudinalen Relaxationszeiten ermöglicht die Methode der progressiven Sättigung.

Das Spinsystem wird durch eine Folge von äquidistanten $\frac{\pi}{2}$-Impulsen angeregt. Dabei bildet sich ein stationärer Zustand heraus, wobei die Verringerung der longitudinalen Magnetisierung $M_z$ (als Folge der Einwirkung eines Impulses) durch die longitudinale Relaxation im Zeitintervall $\tau$ bis zum nächsten Impuls vollständig ausgeglichen wird.

Wir setzen zunächst voraus, daß die transversale Magnetisierung zwischen den Impulsen *vollständig* abklingt. Weiterhin sollen nach dem Impuls *ausschließlich transversale* Komponenten vorhanden sein, was ideale $\frac{\pi}{2}$-Impulse voraussetzt. Beobachtet man unter diesen Bedingungen die freie Induktion nach den Impulsen, so erhält man eine exponentielle Abhängigkeit der Linienintensität $A_i \propto M_{zi}$ (der $i$-ten Resonanzlinie mit der Relaxationszeit $T_{1i}$) vom Impulsabstand $\tau$:

$$A_i(\tau) = A_i(\infty)\left[1 - \exp\left(-\frac{\tau}{T_{1i}}\right)\right]. \tag{4.82}$$

$A_i(\infty)$ bezeichnet die Gleichgewichtswerte, die für Impulsabstände $\tau \geqq 4T_{1\max}$ nach der gleichen Methode zu bestimmen sind. $T_{1\max}$ ist die längste Relaxationszeit im Spektrum.

Dieser Idealfall ist praktisch nicht zu verwirklichen. Im Experiment ist vor allem die Abweichung von der Bedingung $\alpha = \gamma\check{B}_1 t_w = \frac{\pi}{2}$ zu beachten. Eine Ursache dafür ist in der Inhomogenität der $B_1$-Feldes zu suchen, die die Genauigkeit der Impulseinstellung begrenzt. Auch durch die endliche Amplitude $\check{B}_1$ der Hochfrequenzimpulse im Vergleich zur Resonanzabweichung $\Delta B_i$ der $i$-ten Resonanzlinie vom Mittelwert $\frac{\omega}{\gamma}$ (in Einheiten T der magnetischen Induktion, $\omega$ = Kreisfrequenz des Hochfrequenzfeldes) entstehen Fehler. Falls nämlich die Ungleichung $\check{B}_1 \gg \Delta B_i$ nicht erfüllt ist, präzediert die $i$-te Teilmagnetisierung um die Richtung des effektiven Feldes $\boldsymbol{B}_{e,i} = \check{B}_1\boldsymbol{e}_{x'} + \Delta B_i\boldsymbol{e}_{z'}$ (Abschn. 1.4). Der Präzessionswinkel $\gamma\,|\boldsymbol{B}_{e,i}|\,t_w$ ändert sich von Linie zu Linie. Unter dem Einfluß dieser Abweichungen lautet die Gleichung für die stationären transversalen Magnetisierungen [36]

$$A_i(\tau) = \beta_i A_i(\infty) \frac{1 - \exp(-\tau/T_{1i})}{1 - K_i \exp(-\tau/T_{1i})}. \qquad (4.83)$$

Die Parameter $\beta_i$ und $K_i$ hängen vom Verhältnis $\frac{\Delta B_i}{\check{B}_1}$ und vom Drehwinkel $\gamma|\boldsymbol{B}_{e,i}|t_w$ ab. $\beta_i$ ist unabhängig vom Impulsabstand $\tau$, so daß der Meßprozeß lediglich durch den Parameter $K_i$ beeinflußt wird. $K_i$ ist ein Maß für die Größe der Magnetisierung $M_{zi}(+0)$ unmittelbar nach den Impulsen. Die Abweichungen des Parameters $K_i$ vom Wert $K_i = 0$ können durch geeignete Justierung der Impulsbreiten teilweise kompensiert werden [37].

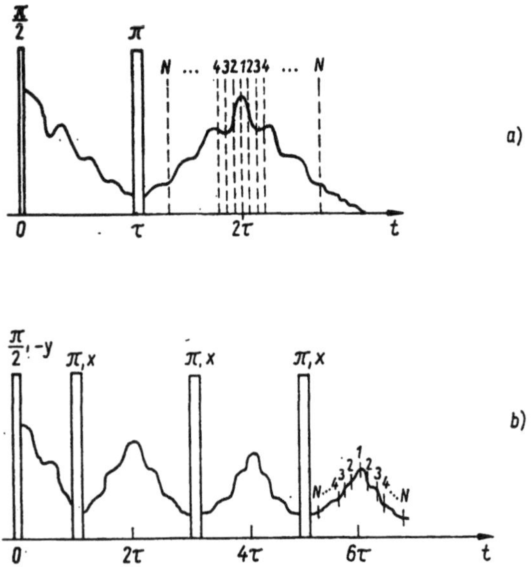


Abb. 4.18. Zur selektiven Messung transversaler Relaxationszeiten

a) HAHNsches Spin-Echo (1 2 3 4 ··· $N$: Reihenfolge bei der Digitalisierung)

b) CARR-PURCELL-MEIBOOM-GILL-Impulsfolge (1 2 3 4 ··· $N$: Reihenfolge bei der Digitalisierung des jeweils letzten Echos)

Zur selektiven Messung der *transversalen Relaxationszeiten* lassen sich die im Abschn. 4.2.3 dargestellten Methoden einsetzen. In Analogie zu den bisherigen Betrachtungen werden nicht die Spin-Echo-Amplituden allein, sondern die vollständigen Echos im Meßprozeß erfaßt. Werden die Flanken des HAHNschen Spin-Echos in der richtigen Reihenfolge digitalisiert (Abb. 4.18a) und transformiert, so lassen sich hochaufgelöste Spektren erzeugen. Ist der Diffusionseinfluß vernachlässigbar, so nehmen die Linienintensitäten proportional zu $\exp(-2\tau/T_{2i})$ mit dem Impulsabstand $\tau$ ab. $T_{2i}$ bezeichnet die transversale Relaxationszeit der $i$-ten Linie. Zur Eliminierung des Diffusionseinflusses kann die Impulsgruppe nach CARR und PURCELL in der Modifizierung nach MEIBOOM und GILL eingesetzt werden. Im Meßprozeß kann die Zeit $t = 2n\tau$ durch Veränderung der Zahl $n$ der $\pi$-Impulse variiert werden. Zur Auswertung kommt jeweils nur das $n$-te Echo zur Zeit $t = 2n\tau$ (Abb. 4.18b). Nach der FOURIER-Transformation erhält man Spektren, deren Linienintensitäten proportional zu $\exp(-2n\tau/T_{2i})$ abfallen.

### *4.2.5.2. DEFT- und SEFT-Methode*

Der Vollständigkeit halber soll noch auf zwei Verfahren eingegangen werden, bei denen die FOURIER-Methode mit Spin-Echo-Verfahren mit dem Ziel kombiniert wird, die Empfindlichkeit bei der FT-NMR-Spektroskopie zu erhöhen:

Die *DEFT*-(*D*riven *E*quilibrium *F*ourier *T*ransform) Methode geht vom HAHNschen Spin-Echo aus und ist anwendbar, falls $T_{2i} > T_2^*$ gilt ($T_2^*$ bezeichnet die Abfallzeitkonstante der freien Induktion auf Grund von Feldinhomogenitäten). Zum Zeitpunkt $(t = 2\tau)$ des Spin-Echos wirkt ein weiterer $\frac{\pi}{2}$-Impuls auf die Probe ein, der die transversale Magnetisierung in Magnetfeldrichtung dreht. Die Pause bis zur Wiederholung dieser $\left(\frac{\pi}{2}\text{-}\tau\text{-}\pi\text{-}\tau\text{-}\frac{\pi}{2}\right)$-Gruppe wird so gewählt, daß sich die longitudinale Magnetisierung wieder dem Gleichgewichtswert nähern kann. Damit steht zur nächsten Messung wieder die maximale Magnetisierung zur Verfügung. Die bisherigen Erfahrungen zeigten jedoch [8, 37], daß der praktische Gewinn gering ist.

Der *SEFT*- (*S*pin *E*cho *F*ourier *T*ransform) Methode liegt die CARR-PURCELL-Folge zugrunde. Sie ist anwendbar, falls $T_{2i} \gg T_2^*$ gilt. Einem $\frac{\pi}{2}$-Impuls folgt eine Serie von $\pi$-Impulsen. Werden die beiden Flanken aller Spin-Echos in der richtigen Reihenfolge digitalisiert und das Interferogramm transformiert, so lassen sich normale hochaufgelöste Spektren erzeugen. Das Signal-Rausch-Verhältnis sollte größer sein als bei der üblichen Technik, da eine wiederholte Akkumulation innerhalb einer Gruppe erfolgen kann. Der praktische Nutzen dieser Methode zur Verbesserung der Empfindlichkeit ist jedoch gering [8, 38].

## *4.3. Messung von Selbstdiffusionskoeffizienten*

### *4.3.1. Vorbemerkungen*

Die experimentelle Grundlage für die Diffusionsmessungen mit Hilfe der kernmagnetischen Resonanz bildet die Spin-Echo-Methode (vgl. Abschn. 4.2.2). Die Messungen beruhen darauf, daß dem Kernresonanzsignal durch die Verwendung äußerer Magnetfelder mit linearem Feldgradienten eine räumliche Information aufgeprägt wird. Diese drückt sich in einer definierten Phasenbeziehung zwischen der Präzessionsbewegung des Spinmoments und dem jeweiligen Probenort aus (LARMOR-Frequenz $\omega_0(\boldsymbol{r}) = \gamma B(\boldsymbol{r})$). Durch die Ortsveränderung der diffundierenden Teilchen im inhomogenen äußeren Magnetfeld werden diese Phasenbeziehungen gestört, und es kommt zu einer Dämpfung des Spin-Echos auf Grund der Diffusionsbewegung. Da die Wechselwirkungsenergie der Kernmomente mit dem äußeren Feld $B_0(\boldsymbol{r})$ vernachlässigbar gegenüber der thermischen Energie ist, ist es mit Hilfe der kernmagnetischen Resonanz möglich, ohne irgendwelche störenden Eingriffe in die mikrodynamischen Verhältnisse der Systeme deren Diffusionsverhalten zu analysieren.

### *4.3.2. Methode der konstanten Feldgradienten*

Das Impulsprogramm zur Erzeugung eines primären Spin-Echos ist bereits in Abb. 4.10 dargestellt worden. Für die Echodämpfung ergab sich die Beziehung (Abschn. 4.2.2.1, S. 152)

$$A(t = 2\tau) = A(0) \exp\left(-\frac{t}{T_2}\right) \cdot \psi(t) \qquad (4.66)$$

mit dem Dämpfungsglied

$$\psi(t) = \exp\left(-\frac{1}{12}\,\gamma^2 G^2 D t^3\right) \qquad (4.67)$$

und der zur Gleichgewichtsmagnetisierung $M_0$ proportionalen Anfangsamplitude $A(0)$. $\gamma$ ist das gyromagnetische Verhältnis der untersuchten Kerne. Die Meßzeit $t$ beginnt beim ersten Impuls.

Auf Grund der linearen Abhängigkeit zwischen $\ln \psi(t)$ und dem Quadrat des konstanten Feldgradienten $G$ folgt der gesuchte Diffusionskoeffizient $D$ sehr einfach aus der halblogarithmischen Darstellung der Echodämpfung über $G^2$. Wenn wir als Voraussetzung für die Meßbarkeit von Diffusionsprozessen fordern, daß zur Zeit $t = T_2$ der Diffusionseinfluß auf die Echodämpfung mindestens von der gleichen Größenordnung wie der Relaxationseinfluß ist, d. h. also, daß

$$\exp\left(-\frac{t}{T_2}\right) \gtrsim \exp\left(-\frac{1}{12}\,\gamma^2 G^2 t^3\right) \qquad (4.84)$$

gilt, so ergibt sich als untere Meßbarkeitsgrenze für den Diffusionskoeffizienten die Beziehung

$$D_{\min} \gtrapprox \frac{12}{T_2{}^3\gamma^2 G^2}. \tag{4.85}$$

Da die vom konstanten Gradienten bewirkte Felddifferenz über der Probe nicht größer sein darf als die magnetische Induktion $\check{B}_1$ der Hochfrequenzimpulse [29], kann $G$ nicht beliebig groß gewählt werden. Mit dem üblicherweise realisierbaren Höchstwert für $G$ von etwa 0,2 $\mathrm{Tm^{-1}}$ (entsprechend 20 $\mathrm{Gcm^{-1}}$) und dem gyromagnetischen Verhältnis für Protonen ($\gamma = 2{,}67 \times 10^8\ \mathrm{T^{-1}s^{-1}}$ entsprechend $2{,}67 \cdot 10^4\ \mathrm{G^{-1}s^{-1}}$) ergibt sich

$$D_{\min}(\text{in cm}^2\text{s}^{-1}) \approx \frac{4{,}2 \cdot 10^{-11}}{[T_2\,(\text{in s})]^3} \tag{4.86}$$

für protonenhaltige Teilchen. Die untere Meßbarkeitsgrenze wird damit ausschließlich von der transversalen Relaxationszeit $T_2$ bestimmt.

### 4.3.3. *Methode der gepulsten Feldgradienten*

#### 4.3.3.1. *Untersuchung des primären Spin-Echos*

Das Impulsprogramm für Diffusionsmessungen mit Hilfe gepulster Feldgradienten ist in Abb. 4.19 dargestellt. Zusätzlich zu den beiden Hochfrequenzimpulsen zur Erzeugung eines primären Spin-Echos werden hierbei gepulste Gradienten mit der Amplitude $g$ und der Breite $\delta$ eingestrahlt. Durch den Abstand $\Delta$ der Gradientenimpulse ist die Meßzeit festgelegt. Das Dämpfungsglied für die Spin-Echo-Amplitude (Gl. (4.66)) besitzt die Form [40]

$$\psi(\Delta) = \exp\left[-\gamma^2\delta^2 g^2 D \cdot \left(\Delta - \frac{1}{3}\,\delta\right)\right]. \tag{4.87}$$

Wie bei den Messungen mit konstantem Feldgradienten kann $D$ unmittelbar aus der Darstellung des $\ln \psi$ über $g^2$ gewonnen werden.

Die Methode der gepulsten Feldgradienten besitzt dabei folgende wesentliche Vorzüge [41, 42]:

1. Da die gepulsten Gradienten während der Hochfrequenzimpulse nicht anliegen, gibt es für die Amplituden $g$ der Gradientenimpulse keine prinzipiellen

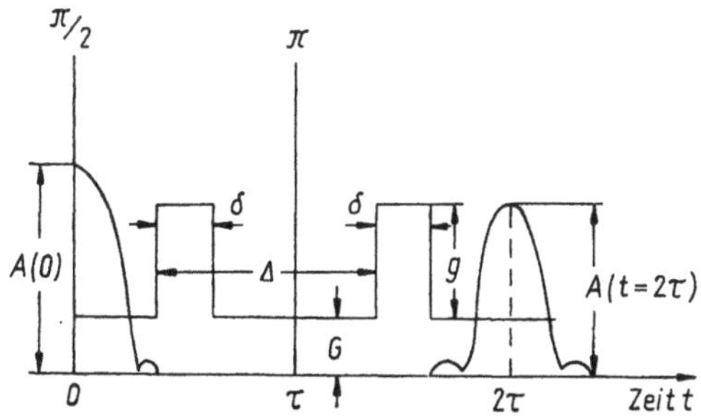


**Abb. 4.19. Impulsprogramm der Methode der gepulsten Feldgradienten. Der konstante Gradient $G$ ist für die Durchführung des Experiments nicht unbedingt erforderlich. Er dient lediglich zur Kompensation von Fehlern (Weitere Erläuterungen im Text)**

Schranken. Sie werden nur durch die Leistungsfähigkeit der Anlage begrenzt. Da Feldgradienten bis zu $10\ \mathrm{Tm}^{-1}$ durchaus realisierbar sind, kann der Meßbereich nach kleinen Diffusionskoeffizienten hin beträchtlich erweitert werden [43].

2. Durch die Verwendung hinreichend schmaler Gradientenimpulse ($\Delta \gg \delta$) wird die Diffusionszeit $\Delta$ als zeitlicher Abstand zwischen ihnen eindeutig festgelegt. Dies erlaubt auch bei komplizierteren Diffusionsbewegungen eine eindeutige Interpretation der Messungen.

Die ideale Rechteckform der Gradientenimpulse wird praktisch nie ganz erfüllt sein, was aber bei Variation von $g$ unkritisch ist. Eine wesentliche Voraussetzung für eine unverfälschte Messung des Diffusionskoeffizienten ist die Gleichheit der Flächen der beiden Gradientenimpulse, da sonst eine zusätzliche Echodämpfung entsteht. Dieser Störeinfluß kann durch Überlagerung eines konstanten Gradienten $G$ (vgl. Abb. 4.19) reduziert werden.

Im Gegensatz zur Methode des konstanten Feldgradienten kann die Abschätzung des Meßbereiches für gepulste Gradienten nicht mehr in einer den Gln. (4.85)

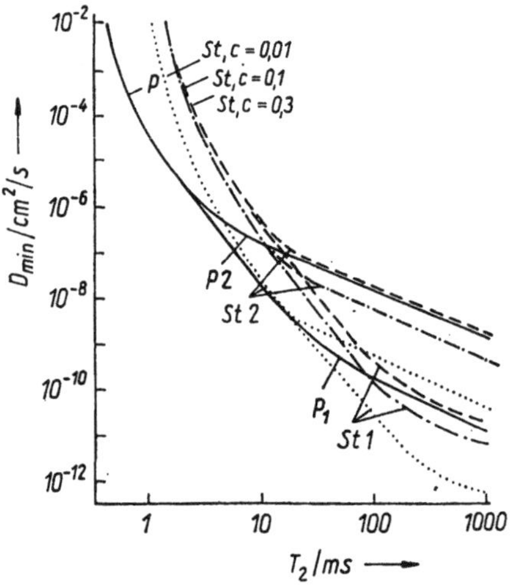


Abb. 4.20. Der minimal meßbare Diffusionskoeffizient bei Messungen mit gepulsten Feldgradienten unter Verwendung des primären Spin-Echos (P) sowie nach der Methode des stimulierten Echos (St) in Abhängigkeit von der transversalen Relaxationszeit $T_2$ für verschiedenes $c = T_2/T_1$ (Annahmen: maximaler gepulster Gradient $g_{max} = 10\ Tm^{-1}$;

$$\delta_{krit} = \frac{(\delta g)_{max}}{g_{max}} = 1\ ms\ \text{(dick gezeichnet)},$$

10 ms (dünn gezeichnet); $(\delta g)$ = Fläche unter dem realen Gradientenimpuls; $\tau_a = 0{,}2$ ms: Abfallzeitkonstante des realen Gradientenimpulses). 1: Normaldiffusion; 2: kompliziertere Diffusionsprozesse (z. B. behinderte $D$)

und (4.86) äquivalenten allgemeinen Form erfolgen. Für typische erreichbare Grenzen und Kenngrößen ergeben sich die aus der Abb. 4.20 ablesbaren minimal meßbaren Diffusionskoeffizienten [43] in Abhängigkeit von der transversalen Relaxationszeit.

#### *4.3.3.2. Untersuchung des stimulierten Spin-Echos*

Dieser Methode liegt die in Abb. 4.12 näher charakterisierte Impulsfolge zur Entstehung eines stimulierten Echos zugrunde (vgl. Abschn. 4.2.2, S. 153). Die beiden gleichen Feldgradientenimpulse wirken auf die Probe im Zeitintervall $0 < t < \tau_1$ zwischen den ersten beiden Hochfrequenzimpulsen und im Zeitintervall $\tau_2 < t < \tau_1 + \tau_2$ zwischen dem dritten Hochfrequenzimpuls und dem stimulierten Spin-Echo ein und haben den gegenseitigen Abstand $\Delta$. Für die Amplitude des stimulierten Spin-Echos (vgl. auch Tab. 4.4) erhält man [44, 45]

$$A(t = \tau_1 + \tau_2) = A(0) \exp\left[-\frac{2\tau_1}{T_2} - \frac{\tau_2 - \tau_1}{T_1}\right] \cdot \psi \quad (4.88)$$

mit der Diffusionsdämpfung $\psi$ gemäß Gl. (4.87) und der zum Wert $\frac{1}{2} M_0$ proportionalen Anfangsamplitude $A(0)$ (bei Verwendung von drei $\frac{\pi}{2}$-Hochfrequenzimpulsen). Die Symbole besitzen die übliche Bedeutung.

Auf Grund der Besonderheiten des stimulierten Echos können für große $T_1/T_2$-Verhältnisse längere Diffusionszeiten $\Delta$ als beim primären Spin-Echo realisiert werden. Dies ermöglicht die Messung kleinerer Diffusionskoeffizienten, wie man im einzelnen der Abb. 4.20 entnehmen kann.

#### *4.3.3.3. Alternierende Gradienten*

Bei diesem Verfahren sind die Gradientenimpulspaare nicht durch Hochfrequenzimpulse getrennt, wie in Abb. 4.21 für das primäre Spin-Echo dargestellt ist.

Bezeichnet $n$ die Anzahl der Gradientenimpulspaare, so ergibt sich für die Diffusionsdämpfung $\psi$ nach Gl. (4.66)

$$\psi = \exp\left[-n\gamma^2\delta^2 g^2 D \cdot \left(\Delta - \frac{1}{3}\,\delta\right)\right]. \qquad (4.89)$$

$\Delta$ ist der Abstand zwischen den alternierenden Gradienten eines Paares. Die anderen Symbole haben die übliche Bedeutung. Durch den zusätzlich erscheinenden Faktor $n$ kann der Exponent auch bei kleinen Abständen

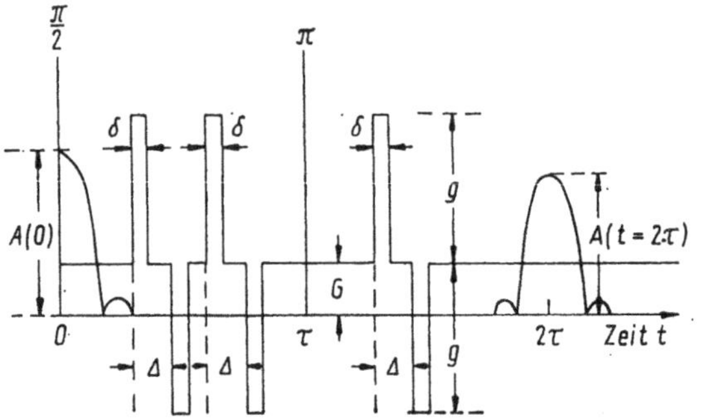


**Abb. 4.21.** Impulsprogramm der Methode der alternierenden Gradienten

zwischen den Impulsen noch in der Größenordnung von Eins gehalten werden. Aus diesem Grunde eignet sich diese Methode besonders für Messungen bei kleineren Diffusionszeiten.

## 4.4. *Zeugmatographie*

Mit dem Begriff *Zeugmatographie* (griechisch: *das Zeugma* = die Zusammenführung, die Verbindung) werden Methoden bezeichnet [46], die unter Verwendung von NMR-Signalen räumliche Abbildungen (Zeugmatogramme) zur Verteilung von Kernspinmomenten in einer makroskopischen Probe erzeugen. Bei Anwendungen

in der Medizin wurde auch die Bezeichnung „NMR-Tomographie“ eingeführt [47]. Allen diesen Methoden ist gemeinsam, daß den NMR-Signalen durch die Anwendung von definierten magnetischen Feldgradienten räumliche Informationen aufgeprägt werden. Die zeugmatographische Abbildung besitzt Ähnlichkeiten mit optischen Experimenten, wo Phasendifferenzen infolge unterschiedlicher Weglängen einer Abbildung der Objekte zugrunde liegen. Im Kernresonanzexperiment entstehen die Phasendifferenzen durch die unterschiedlichen Präzessionsfrequenzen, die die Kernmomente an verschiedenen Stellen des äußeren Magnetfeldes mit einem definierten Feldgradienten besitzen. Eine Hauptschwierigkeit besteht in der relativ geringen Nachweisempfindlichkeit der NMR-Methode, weshalb diese Verfahren von vornherein auf häufige Kerne, insbesondere Protonen, in Systemen mit hoher innerer Beweglichkeit beschränkt sind. Gute Voraussetzungen bieten in diesem Sinne die Untersuchungen zur Protonenverteilung in biologischen Objekten, von denen bisher auch überwiegend zeugmatographische Abbildungen erzeugt wurden [48]. Dazu wurden verschiedene Verfahren entwickelt, die im folgenden dargestellt werden sollen:
Der *zeugmatographischen Bildrekonstruktion durch Projektionen* auf verschiedene Ebenen [46, 49] liegt die Tatsache zugrunde, daß die beobachteten Kernspinresonanzlinien verbreitert sind, wenn das konstante äußere Magnetfeld nicht genügend homogen über das Probenvolumen ist. Wenn andere Beiträge zur Linienbreite vernachlässigbar sind, wird die Form der Resonanzlinie durch die Feldverteilungsfunktion des äußeren inhomogenen Magnetfeldes bestimmt (vgl. Abschn. 3.2.4.2), und die Einhüllende des Signals der freien Induktion stellt ihre FOURIER-Transformierte dar (vgl. Abschn. 4.2.1).

Die Verhältnisse sind besonders einfach, wenn einem äußeren homogenen Magnetfeld ein konstanter Feldgradient $\boldsymbol{G} = \{G_x, G_y, G_z\}$ überlagert wird, d. h., wenn sich das Feld *linear* über die Probe ändert. Die Spindichteverteilung $\varrho(\boldsymbol{r})$ in der Probe steht dann mit der Einhüllenden $f(t)$ der freien Induktion (in komplexer Schreibweise) in der Beziehung

$$f(t) = \int \varrho(\boldsymbol{r}) \exp(i\gamma t \boldsymbol{G}\boldsymbol{r}) \, \mathrm{d}\tau, \tag{4.91}$$

mit $\gamma$, dem gyromagnetischen Verhältnis der Spins, und $\mathrm{d}\tau$, dem Volumenelement; die Resonanzlinie ist durch die Projektion der Spindichteverteilung der Probe auf

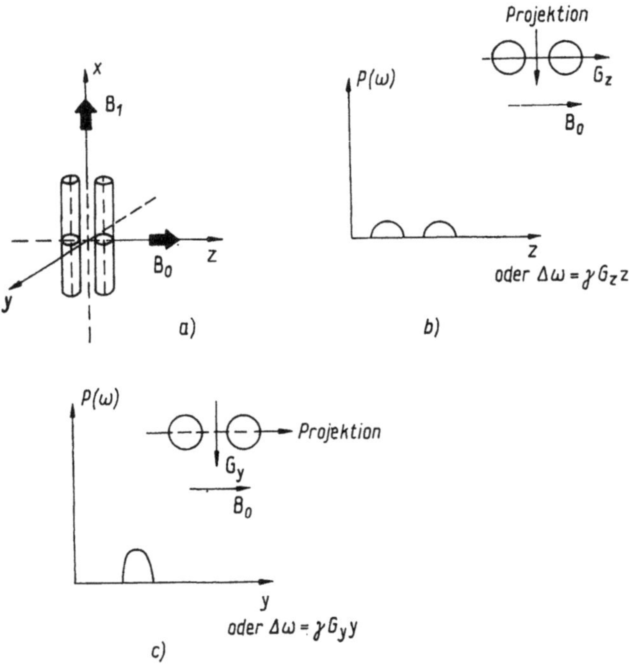


Abb. 4.22. **Erwartete Linienformen für eine Probe aus zwei parallelen zylindrischen Röhrchen mit homogener Spindichte**

**a) Lage der Probenröhrchen im Magnetfeld**

**b) Linienform bei einer Projektion in $y$-Richtung; Gradient $G_z$**

**c) Linienform bei einer Projektion in $z$-Richtung; Gradient $G_y$.**

eine Gerade in Richtung des Gradienten gegeben. Ein Punkt der Linie repräsentiert also alle resonierenden Kerne, die sich auf einer Ebene senkrecht zur Richtung des Feldgradienten befinden. Als Beispiel sind in Abb. 4.22 die Kernresonanzspektren schematisch dargestellt, die sich für eine Kernresonanzprobe aus zwei gleichen konzentrischen Probenröhrchen ergeben würden, an die Feldgradienten in unterschiedlichen Richtungen angelegt wurden.

Diese Möglichkeit zur Erzeugung von Abbildern wurde in der von Lauterbur vorgeschlagenen Methode verwirklicht, bei der die räumliche Spinverteilung aus den Projektion auf verschiedene Ebenen rekonstruiert wird. Die Projektion der räumlichen Spinverteilung auf eine Ebene ist mit einem „*zweidimensionalen Schatten*" des Objekts in einer bestimmten Blickrichtung bei der üblichen optischen Abbildung vergleichbar. Jeder Schatten kann von einem Satz eindimensionaler Projektionen rekonstruiert werden, die die NMR-Signalverteilungen bei einer Drehung des Feldgradientenvektors um die entsprechende Blickrichtung darstellen. Im allgemeinen wird bei der Methode der Bildrekonstruktion aus Projektionen ein zwei- oder dreidimensionales Abbild auf der Grundlage von $N$ freien Induktionen berechnet, die für $N$ verschiedene konstante Feldgradienten entlang der Richtungen $(\theta_k, \Phi_k)$ aufgenommen werden.

Die wesentlichen Voraussetzungen zur Anwendbarkeit dieser Methode, die sinngemäß auch für die noch zu besprechenden Verfahren zutreffen, sind

1. eine hinreichend große Zahl von resonierenden Kernen, um auch bei Verteilung der Signalintensität auf zwei oder drei räumliche Dimensionen noch eine ausreichende Nachweisempfindlichkeit zu erhalten, und

2. geringe natürliche Linienverbreiterungen (infolge von Relaxationseffekten, Linienverbreiterungen durch lokale und äußere Feldinhomogenitäten sowie durch

Diffusionseinflüsse) im Vergleich zum Einfluß des äußeren linearen Feldgradienten.

Diese Bedingungen sind, wie erwähnt, beim Studium der Protonenverteilung in Systemen mit hoher innerer Beweglichkeit zu erfüllen. Dagegen reichen die gegenwärtig (und wahrscheinlich im allgemeinen) durch Probenrotation unter dem magischen Winkel und durch spezielle Impulsfolgen (Kap. 6) zu erzielenden Linienverschmälerungen in Festkörpern nicht aus, um mit häufigen Kernen eine zeugmatographische Abbildung von Gitterstrukturen zu ermöglichen. Wie den Arbeiten von MANSFIELD und GRANNELL [51] zur „NMR-Beugung" entnommen werden kann, müßte für eine bei der Röntgenbeugung leicht erreichbare Auflösung von beispielsweise $3 \cdot 10^{-10}$ m bei Verwendung eines Gradienten von 10 $Tm^{-1}$ die natürliche Linienbreite der Resonanzlinien für den betreffenden Festkörper kleiner als 0,5 Hz sein. Diese Forderung ist selbst mit Hilfe von speziellen Impulsfolgen und der Probenrotation unter dem magischen Winkel (vgl. Kap. 6) nicht zu verwirklichen: Im günstigsten Fall sind bisher Linienverschmälerungen bei häufigen Kernen ($^{1}H$, $^{19}F$) bis auf ca. 20 Hz erreicht worden [52].

*Selektive Anregung* [53]

Durch eine selektive Bestrahlung kann einer normalerweise kontinuierlichen Spinverteilung eine Gitterstruktur überlagert werden. Damit läßt sich also erreichen, daß nur jene Spins beobachtet werden, die auf einer wohldefinierten Gitterstruktur liegen:
Die räumliche Zuordnung der Präzessionsfrequenzen der Spins erfolgt wieder mit Hilfe von linearen Feldgradienten. Welche Spins im Meßprozeß erfaßt werden, hängt also nicht nur von der Amplitude und der Richtung der Feldgradienten ab, sondern kann durch eine geeignete spektrale Verteilung der angelegten „maß-

geschneiderten“ (tailored) Hochfrequenzimpulse oder der zur Anregung benutzten Impulsfolgen gesteuert werden.

Zu dieser Gruppe von Methoden gehören die drei miteinander zusammenhängenden Techniken des „line scan“, des „planar imaging“ und des „multiplanar imaging“. Bei dem zuletzt genannten Verfahren kann ein dreidimensionales Abbild in einem einzigen Experiment aufgenommen werden. Die einzelnen Schritte dazu sind:

1. Es wird die Magnetisierung der ganzen Probe durch Sättigung zu Null gemacht mit Ausnahme der Teilmagnetisierung von solchen Spins, die sich auf einer gewissen Anzahl von äquidistanten schmalen Schichten senkrecht zur $x$-Achse befinden, in deren Richtung gleichzeitig ein konstanter Gradient $G_x$ anliegt.
2. Es wird ein Gradient $G_y$ angelegt. Durch selektive Anregung wird ein zweiter Satz von äquidistanten Schichten senkrecht zur $y$-Achse erzeugt. Insgesamt ist somit ein Raster aus schmalen Linien entstanden.
3. Man beobachtet das Signal der freien Induktion bei Anwesenheit eines konstanten Gradienten $\boldsymbol{G} = \{G_x, G_y, G_z\}$. Durch den Digitalisierungsvorgang wird dem zweidimensionalen Raster schließlich eine weitere diskontinuierliche Verteilung entlang der Richtung von $\boldsymbol{G}$ überlagert. Das Signal der freien Induktion erhält eine der Gl. (4.91) ähnliche Form, woraus sich durch eine Fourier-Analyse die Spinverteilungsfunktion ergibt.

*NMR-Fourier-Zeugmatographie* [54]

Das Experiment in drei Dimensionen besteht aus drei Teilschritten:

1. Durch einen $\pi/2$-Hochfrequenzimpuls wird eine transversale Magnetisierung erzeugt.
2. Es werden nacheinander Gradienten $G_x$ (Zeitdauer $t_x$), $G_y(t_y)$ und $G_z(t_z)$ angelegt.
3. Während der Zeit $t_z$ wird die freie Induktion beobachtet. Die Perioden $t_x$ und $t_y$ werden systematisch verändert und die $n_x \cdot n_y$ Signale werden gespeichert

und anschließend in drei Dimensionen einer Fourier-Analyse unterworfen. Damit entsteht ein dreidimensionales zeugmatographisches Abbild des Objekts.

*Methode des empfindlichen Punktes* [48, 55]

Diese Methode stellt ein Verfahren zur Bestimmung der Spinverteilungsfunktion dar, das die Messung der Spindichte oder der kernmagnetischen Relaxationszeiten und anderer Größen an einzelnen Punkten eines dreidimensionalen Objekts gestattet und sich besonders zum Studium biologischer Objekte eignet [48]. Bei dieser Methode läßt sich auf direktem Wege eine zeugmatographische Abbildung erzeugen, indem ein zeitabhängiger Feldgradient

$$\boldsymbol{G} = G_x \cos \omega_1 t \boldsymbol{e}_x + G_y \cos \omega_2 t \boldsymbol{e}_y + G_z \cos \omega_3 t \boldsymbol{e}_z \quad (4.92)$$

mit $G_k = \text{konst.}$ $(k = x, y, z)$
benutzt wird. Der „*empfindliche Punkt*" ist genau die Stelle $(x_0, y_0, z_0)$, wo das Feld zeitunabhängig ist.

Im Experiment wird durch eine kontinuierliche Folge von intensiven phasenalternierenden Hochfrequenzimpulsen eine stationäre transversale Magnetisierung

$$M_\perp \approx \frac{1}{2} M_0 \quad (4.93)$$

erzeugt, die relativ unempfindlich gegenüber dem äußeren Magnetfeld $B = B_0 + \boldsymbol{G}\boldsymbol{r}$ ist. Diese Unempfindlichkeit ist eine notwendige Voraussetzung für den Erfolg der Methode des empfindlichen Punktes. Das Signal dieses einen Punktes läßt sich einfach ermitteln, indem die zeitabhängigen Anteile des gesamten Signals durch phasenempfindlichen Nachweis eliminiert werden.

Das Abbild kann sofort erzeugt werden, wenn ein $x$-$y$-Schreiber gekoppelt wird mit der langsamen und systematischen Bewegung des empfindlichen Punktes durch die Probe. Die erreichbare Auflösung hängt vor allem von der vorhandenen Meßzeit ab. In der Arbeit [56] wird als untere Grenze für eine

Auflösung 0,1 mm angegeben, wobei die Meßzeit je Punkt ca. 1 min betrug.

Eine systematische Untersuchung zum Problem der Empfindlichkeit und der Meßzeit bei allen hier behandelten zeugmatographischen Techniken wird in der Arbeit [57] durchgeführt.

*Die dynamische Zeugmatographie* [58]

Beim Studium dynamischer Prozesse besteht die Aufgabe darin, eine Zeitauflösung bei veränderlichen Spinverteilungen zu erreichen. In der Arbeit [28] wurde erstmals gezeigt, daß man mit Hilfe der zeugmatographischen Abbildung durch eine Analyse des Zeitverlaufs der Projektion auf die Richtung eines konstanten Feldgradienten auf direktem Weg Transportprozesse analysieren kann. Dieses Verfahren wurde zur Unterscheidung von den bisher ausschließlich betrachteten Messungen statischer Verteilungen „*dynamische Zeugmatographie*" genannt.

Für diese zeugmatographische Bildrekonstruktion sind Impulsmethoden im Vergleich zu den stationären Verfahren der kernmagnetischen Resonanz besonders geeignet. Das Zeugmatogramm ist dann durch die FOURIER-Transformierte der freien Induktion nach einem Hochfrequenzimpuls gegeben. Die Zeitskala kann durch den Abstand zwischen den Impulsen bei der Wiederholung des Experiments auf eindeutige Weise festgelegt werden.

Bei der dynamischen Zeugmatographie ist ein Kompromiß zwischen räumlicher und zeitlicher Auflösung zu treffen. Diese Aussage folgt unmittelbar daraus, daß die räumliche Auflösung vom Signal-Rausch-Verhältnis des Spektrums abhängt, das durch eine Signalakkumulation, d. h. auf Kosten der Zeitauflösung, vergrößert werden kann. Beim Studium der Kinetik von Adsorptionsprozessen konnte eine räumliche Auflösung von 0,5 mm erzielt werden bei zeitlichen Abständen in der Größenordnung von Sekunden.

# 5. Doppelresonanzverfahren in Flüssigkeiten

## *5.1. Allgemeiner Überblick*

Für die hochauflösende magnetische Kernresonanz in Flüssigkeiten ist das Vorhandensein der indirekten Spin-Spin-Kopplung typisch. Diese Wechselwirkung führt zu einer oft recht komplizierten Aufspaltung der einzelnen Resonanzlinien, falls die koppelnden Kernspinmomente unterschiedliche Resonanzfrequenzen besitzen. Sind diese Unterschiede nur auf die chemische Verschiebung zurückzuführen (d. h. bei Kernen gleicher Sorte), so spricht man von *homonuklearer* Kopplung. Wenn die Kerne darüber hinaus noch unterschiedliche gyromagnetische Verhältnisse haben, spricht man von *heteronuklearer* Kopplung.

Für die praktische Anwendung der Kernresonanzverfahren zur Bestimmung molekularer Strukturen besteht die Aufgabe, die Einflüsse der chemischen Verschiebung und der indirekten Spin-Spin-Wechselwirkung zu trennen und im Ergebnis der Spektrenanalyse die Konstanten der chemischen Verschiebung und der indirekten Spin-Spin-Kopplung zu ermitteln. Auf die theoretischen Methoden zur Spektrenanalyse wollen wir hier nicht näher eingehen (vgl. [1—4]). Uns interessieren nur die experimentellen Hilfsmittel zur Interpretation der Spektren, die dem Experimentator in Form von Doppelresonanzeffekten in die Hand gegeben sind.

Die Einstrahlung eines hochfrequenten Magnetfeldes bewirkt folgende drei Effekte:

1. Das Vorhandensein eines starken hochfrequenten Feldes stellt eine zeitabhängige, harmonische Störung des Spinsystems dar, die in einem rotierenden Koordinatensystem zu einem modifizierten HAMILTON-Operator führt. Dadurch entstehen neue Resonanz-

frequenzen (Spintickling und Spinentkopplung, vgl. Abschn. 5.2).

2. Die durch das hochfrequente Feld induzierten Übergangswahrscheinlichkeiten konkurrieren mit den spontanen Übergangswahrscheinlichkeiten auf Grund der Relaxation (vgl. Abschn. 2.3), wodurch eine von der Gleichgewichtsverteilung abweichende Besetzung der Energieniveaus entsteht. Im stationären Spektrum macht sich dieser Effekt in der Änderung der Linienamplituden bemerkbar (OVERHAUSER-Effekt, vgl. Abschn. 5.3).
3. Durch die Wirkung des hochfrequenten Feldes kommt es zu Änderungen der Linienbreite bzw. der transversalen Relaxationszeiten (vgl. Abschn. 3.2.4.1 und 6.5).

Bei stationärer Abtastung des Doppelresonanzspektrums treten im allgemeinen alle drei Effekte gleichzeitig auf. Die FOURIER-Transform-NMR-Spektroskopie ermöglicht eine Trennung der Doppelresonanzeffekte, wodurch die einzelnen Einflüsse wesentlich genauer untersucht und zielgerichteter eingesetzt werden können. Nach einer kurzen Übersicht über diese Effekte wird aus diesem Grunde nur ein Überblick über einige wichtige Anwendungen von Doppelresonanzmethoden im Zusammenhang mit der FOURIER-Spektroskopie vermittelt.

## 5.2. *Spintickling und Spinentkopplung*

Bei diesen Doppelresonanzverfahren wird die Wechselwirkung zweier Sorten von Kernspins über die indirekte Spin-Spin-Kopplung ausgenutzt. Um diesen Effekt ohne die störende Überlagerung der oben genannten anderen Einflüsse darstellen zu können, nehmen wir an, daß der HAMILTON-Operator nur aus den ZEEMAN-Energieoperatoren $-\gamma_I \hbar B_0 \tilde{I}_z$ für die Spins der Sorte $I$ bzw. $-\gamma_S \hbar B_0 \tilde{S}_z$ der Sorte $S$, dem Operator $J\tilde{I}\tilde{S}$ der indirekten

Spin-Spin-Kopplung und dem Operator $-\gamma_S \hbar B_{2S}(t) \tilde{S}_x$ besteht. Der letzte Anteil beschreibt die Wechselwirkung zwischen dem Spinsystem $S$ und dem zur Erzeugung des Doppelresonanzeffektes eingestrahlten Hochfrequenzfeld mit der magnetischen Induktion $\boldsymbol{B}_{2S}(t) = 2\check{B}_{2S}\cos \omega_{2S} t \boldsymbol{e}_x$, dessen Kreisfrequenz $\omega_{2S}$ in der Nähe der LARMOR-Frequenz $\omega_{0S} = \gamma_S B_0$ der Spinsorte $S$ liegen soll. Die Resonanzlinien für die Kernspins $I$ lassen sich mit stationären oder instationären Verfahren in üblicher Weise nachweisen.

Wie in den Darstellungen zur Kern-Kern-Doppelresonanz (vgl. z. B. [5]) bezeigt wird, treten diese Resonanzlinien bei den Kreisfrequenzen

$$\begin{aligned} \omega = \omega(m_I, m_S, m_S') = \omega_{0I} + \gamma_S B_{eS}(m_I, \check{B}_{2S}) \cdot m_S \\ - \gamma_S B_{eS}(m_I - 1, \check{B}_{2S}) \cdot m_S' \end{aligned} \tag{5.1}$$

auf, wobei zur Abkürzung

$$B_{eS}(m_I, \check{B}_{2S}) = \left[\left(B_0 - \frac{\omega_{2S}}{\gamma_S} + \frac{J}{\gamma_S \hbar} m_I\right)^2 + \check{B}_{2S}^2\right]^{1/2} \tag{5.2}$$

geschrieben wurde. Die Gl. (5.1) ist gültig, wenn die Bedingung $\frac{J}{\hbar} \ll |\omega_{0S} - \omega_{0I}|$ erfüllt ist. $\frac{J}{\hbar}$ ist die Kopplungskonstante in Einheiten $s^{-1}$, $m_I$ die magnetische Quantenzahl für Spins der Sorte $I$ und $m_S$ die entsprechende Größe für die Spins der Sorte $S$, wobei die Unterscheidung $m_S$, $m_S'$ lediglich darauf hinweisen soll, daß $m_S$, $m_S'$ unabhängig voneinander die $(2S + 1)$-Werte $-S \leqq m_S, m_S' \leqq +S$ durchlaufen können.

Ist das $B_{2S}$-Feld schwach, daß $\gamma_S \check{B}_{2S} \ll \frac{J}{\hbar}$ gilt, und regelt man seine Frequenz $\omega_{2S}$ so ein, daß strenge Resonanz mit einer Linie des Multipletts der $S$-Spins besteht $\left(\omega_{2S} = \omega_{0S} + \frac{J}{\hbar} m_I\right)$, so folgt aus den Gln. (5.1) und (5.2)

$$\omega(m_S', m_S) = \omega_{0I} + \frac{J}{\hbar} m_S' + \gamma_S \check{B}_{2S} m_S . \tag{5.3}$$

Neben der ursprünglichen Multiplettaufspaltung (2. Glied) tritt jetzt eine zusätzliche Aufspaltung mit der gleichen Multiplizität ($m_S$ und $m_S'$ besitzen den gleichen Wertevorrat!), aber wesentlich kleinerem Linienabstand auf (3. Glied). Dieser Effekt wird *Spintickling* genannt.

Unter der Bedingung $\gamma_S \check{B}_{2S} \gg \frac{J}{\hbar}$, d. h. bei Anwesenheit starker Hochfrequenzfelder, ergibt sich aus den Gln. (5.1) und (5.2) in erster Näherung

$$\omega(m_I, m_S) = \omega_{0I} + \frac{J}{\hbar} m_S \left[ \frac{\omega_{0S} - \omega_{2S} + \frac{J}{\hbar}\left(m_I - \frac{1}{2}\right)}{\gamma_S \check{B}_{2S}} \right]. \tag{5.4}$$

Man erkennt, daß der Faktor in der eckigen Klammer mit zunehmender Amplitude des $B_{2S}$-Feldes verschwindet, d. h., daß die Linienaufspaltung beseitigt wird. Dieser Effekt heißt *Spinentkopplung*.

Mit Hilfe dieser beiden Verfahren kann in hochaufgelösten Spektren erkannt werden, welche Kerne durch eine indirekte Spin-Spin-Wechselwirkung miteinander gekoppelt sind. Bei weitgehender Spinentkopplung kann darüber hinaus die Linienzahl verringert und damit die Spektrenstruktur vereinfacht werden. Durch die zusammenfallenden Multipletts erhöht sich das Signal-Rausch-Verhältnis.

Für Linien mit geringen Intensitäten, die durch stärkere überdeckt sind, ist oft ein indirekter Nachweis möglich: Hält man die Nachweisfrequenz $\omega_{0I}$ für das Spinsystem $I$ konstant und variiert man die Kreisfrequenz $\omega_{2S}$, so wird immer dann eine Veränderung in der Resonanzlinie $\omega_{0I}$ zu beobachten sein, wenn $\omega_{2S}$ eine Frequenz im Resonanzbereich für das Spinsystem $S$ erreicht hat. Dieses Verfahren der Kern-Kern-Doppelresonanz wird als INDOR- (Inter Nuclear DOuble Resonance-) Technik bezeichnet.

## 5.3. Overhauser-Effekt

Es wurde bereits angedeutet, daß unter dem Begriff Overhauser-Effekt Doppelresonanzverfahren zusammengefaßt werden, bei denen die Kopplung zwischen den Spins der verschiedenen Sorten wesentlich durch die Relaxationsmechanismen mitbestimmt wird. Allen diesen Methoden ist gemeinsam, daß die Einwirkung eines Hochfrequenzfeldes auf die Spins der Sorte $S$ eine Veränderung des Erwartungswertes $\langle \hat{I}_z \rangle$ für die Sorte $I$ nach sich zieht. Bei vollständiger Sättigung ($\langle \hat{S}_z \rangle = 0$) ergibt sich [6]

$$\langle \hat{I}_z \rangle = I_0 \eta \tag{5.6}$$

mit

$$\eta = 1 + \xi \frac{\gamma_S}{\gamma_I} \frac{I(I+1)}{S(S+1)}. \tag{5.7}$$

Dabei stellt $\bar{I}_0$ den Erwartungswert des Operators $\hat{I}_z$ im Falle des thermischen Gleichgewichts dar. Der Faktor $\xi$ hängt von den wirkenden Relaxationsmechanismen ab.

Bei Systemen mit dominierender dipolarer Wechselwirkung und kurzen Korrelationszeiten $\tau_c \ll (\omega_{0S} + \omega_{0I})^{-1}$ der thermischen Bewegung gilt $\xi = \frac{1}{2}$. Wenn diese Situation beim Studium des Kern-Kern-Overhauser-Effekts vorliegt, verändert sich die Signalamplitude für die Kerne der Sorte $I$ sehr stark. Beispielsweise ergibt sich aus Gl. (5.7) und unter Verwendung von Zahlenwerten aus Tab. 1.3 (S. 40) für die Kohlenstoff-13-Kernspinresonanz bei einer Kopplung mit Protonen ($I = {}^{13}C$, $S = {}^{1}H$) ein Faktor von $\eta = 2{,}99$, für das System ($I = {}^{15}N$, $S = {}^{1}H$) beträgt der Wert $\eta = -3{,}93$ usw.

Bei mittelschneller thermischer Bewegung mit Korrelationszeiten $\tau_c \approx (\omega_{0S} + \omega_{0I})^{-1}$ nähert sich $\xi$ dem Wert Null. Das gleiche gilt, wenn zusätzliche Relaxationsmechanismen vorliegen, die nur auf die resonierenden Kernspins der Sorte $I$ wirken, aber nicht die Geschwindigkeit des Energieaustauschs *zwischen* den Spinsystemen $I$ und $S$ beeinflussen. Dieser Effekt bewirkt eine stärkere Kompensation der vom thermischen Gleichgewicht abweichenden Besetzungen im Spinsystem $I$, womit sich die Verringerung des Erwartungswertes $\langle \bar{I}_z \rangle$ auf einfache Weise erklären läßt. Das Studium des Kern-Kern-Overhauser-Effekts kann also umgekehrt ein wertvolles Hilfsmittel bei der Analyse der Relaxationsprozesse für die Spins der Sorte $I$ sein.

## 5.4. *Doppelresonanzverfahren in der Fourier-Spektroskopie*

Die Fourier-Transform-NMR-Spektroskopie bietet eine einfache Möglichkeit, um die verschiedenen Doppelresonanzeffekte zu trennen. Dabei ist zwischen folgenden zwei Methoden zu unterscheiden, die in den Arbeiten von Freeman [7] und Günther [8] untersucht wurden:

1. Das Hochfrequenzfeld $B_{2S}(t)$ mit der Resonanzfrequenz der Spinsorte $S$ wird ausschließlich vor dem auf das $I$-Spinsystem wirkenden Hochfrequenzimpuls eingestrahlt (Abb. 5.1a), so daß sich vor der Beobachtung der freien Induktion mit der Zeitkonstanten $T_{1I}$ ein neues dynamisches Gleichgewicht einstellen konnte. Bei dieser Technik kommt nur die dynamische Polarisation auf Grund des Overhauser-Effekts zur Wirkung. Der Erwartungswert beträgt im Idealfall hinreichend langer Einstellzeiten ($\geqq 4T_{1I}$) des dynamischen Gleichgewichts und vollständiger Sättigung des $S$-Spinsystems gemäß Gl. (5.6) $\langle \bar{I}_z \rangle = \eta I_0$.

Bei der praktischen Realisierung des Fourier-Transform-NMR-Experiments ist zu überprüfen, in welchem Maße die relativen Linienintensitäten im Spektrum durch die Optimierung des Impulsabstandes $T$ und des Dreh-

winkels $\alpha$ verfälscht werden (vgl. die Diskussion zur Gültigkeit der Äquivalenzrelation im Abschn. 4.1.2).
2. Das Hochfrequenzfeld $B_{2S}(t)$ wird ausschließlich während der Beobachtung der freien Induktion der $I$-Spins eingestrahlt (Abb. 5.1b). Bei dieser Methode treten die im Abschn. 5.2 behandelten Linienaufspaltungen bzw. neuen Resonanzlinien auf. Falls sich das Spinsystem vor dem Anlegen des Hochfrequenzimpulses im

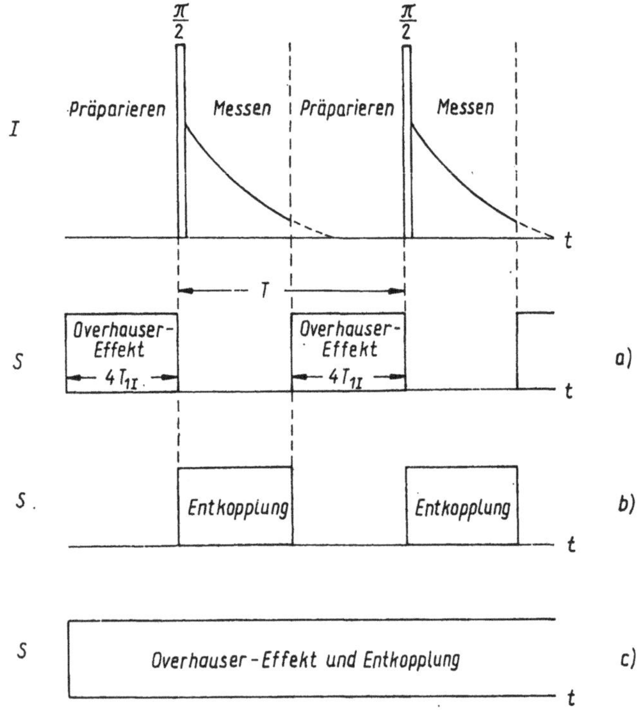


Abb. 5.1. Doppelresonanzverfahren in der Fourier-Spektroskopie

a) Dynamische Polarisation der $I$-Spins durch Overhauser-Effekt
b) Heteronukleare Spin-Spin-Entkopplung
c) Gleichzeitige Wirkung beider Effekte — Analogie zum stationären Verfahren

thermischen Gleichgewicht befindet, sind die Linienamplituden im Spektrum unabhängig vom OVERHAUSER-Effekt.

Zusätzlich zu den bekannten Doppelresonanzeffekten bei stationärem Nachweis sind die Signale im allgemeinen von der Phase zwischen dem $B_{2S}$-Feld und dem Hochfrequenzfeld der Impulse auf die Spins der Sorte $I$ abhängig. Wenn der Hochfrequenzimpuls nicht phasensynchronisiert zur Frequenz $\omega_{2S}$ des Entkopplungsfeldes ist, werden alle Frequenzkomponenten, die mit $\omega_{2S}$ zusammenhängen, bei der Signalakkumulation zu Null ausgemittelt. In diesem Fall ist die Äquivalenzrelation gültig (vgl. Abschn. 4.1.2).

Die gleichzeitige Wirkung des OVERHAUSER-Effekts und der Spin-Spin-Entkopplung entspricht den Verhältnissen, wie sie üblicherweise beim stationären Nachweis der Doppelresonanzeffekte vorliegen. Das nach dem Schema in Abb. 5.1c akkumulierte Interferogramm der freien Induktion des $I$-Spinsystems ist daher zu dem Spektrum äquivalent, das sich unter den üblichen stationären Bedingungen im Falle der Doppelresonanz bestimmen läßt.

Die in der Abb. 5.1 zusammengefaßten Doppelresonanzverfahren stellen die Grundschemen für die Messung hochaufgelöster Spektren seltener Kerne in Flüssigkeiten, Molekülen an Grenzflächen und anderen molekularen Systemen mit hinreichend hoher thermischer Bewegung unter Verwendung der FOURIER-Technik dar. Entsprechende Verfahren zum Studium von Festkörpern werden im Abschn. 6.5 behandelt.

## *5.5. Zweidimensionale (2D) Fourier-Spektroskopie*

### *5.5.1. Grundprinzip*

Entsprechend der in der grundlegenden Arbeit von AUE, BARTHOLDI und ERNST [9] gegebenen Definition soll von einem *n-dimensionalen* Spektrum nur dann gesprochen werden, wenn es sich um eine $n$-dimensionale

Darstellung einer Funktion handelt, deren sämtliche Variablen *Frequenzen* sind. Bei der zweidimensionalen FOURIER-Transform-NMR-Spektroskopie (2D-FTS) wird das zweidimensionale Spektrum durch die Transformation eines Signals $M(t_1, t_2)$ erhalten, das von zwei

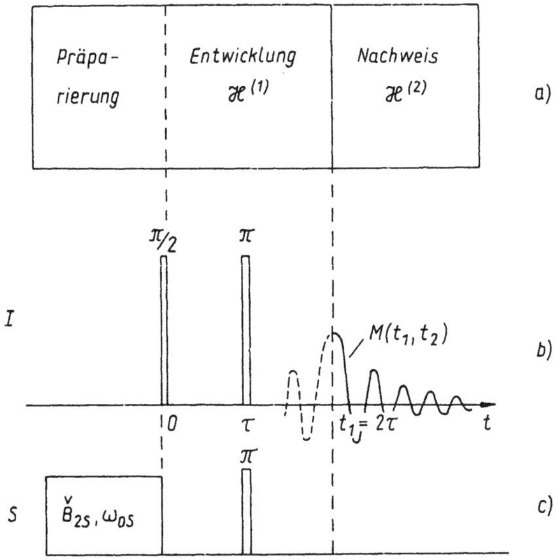


Abb. 5.2. Prinzip der 2D-$J$-Spektroskopie
a) Zur Bezeichnung der Perioden
b) Experiment bei homonuklearer Kopplung
b) + c) Experiment bei heteronuklearer Kopplung

Zeitvariablen $t_1$ und $t_2$ abhängt. Diese Variablen werden durch die folgenden drei Perioden festgelegt, die für jedes 2D-FTS-Experiment typisch sind (Abb. 5.2):

*1. Präparationsperiode:* $t < 0$

Das Spinsystem wird in einen geeigneten Anfangszustand gebracht (z. B. durch Einstrahlung eines $\frac{\pi}{2}$-

Impulses), der ein beliebiger Nichtgleichgewichtszustand sein kann.

*2. Entwicklungsperiode:* $0 < t < t_1$
Das System befindet sich unter dem Einfluß eines zeitunabhängigen HAMILTON-Operators $\mathcal{H}^{(1)}$.

*3. Nachweisperiode:* $t_1 < t$
Das System befindet sich unter dem Einfluß eines zeitunabhängigen HAMILTON-Operators $\mathcal{H}^{(2)}$, der mit $\mathcal{H}^{(1)}$ identisch sein kann. Während dieser Zeit wird die transversale Magnetisierung $M(t_1, t_2)$ in Abhängigkeit von der Zeit $t_2 = t - t_1$ nachgewiesen. Die Zeit $t_1$ (Dauer der Entwicklungsperiode) spielt dabei die Rolle eines Parameters. Wenn die Zahl der Experimente mit unterschiedlichen Werten von $t_1$ groß genug ist, so daß die Werte der Funktion $M(t_1, t_2)$ genügend dicht liegen, kann das 2D-Spektrum $S(\omega_1, \omega_2)$ durch eine 2D-FOURIER-Transformation erzeugt werden. Die 2D-FOURIER-Transformation ist definiert durch die Gleichung

$$S(\omega_1, \omega_2) = \int_0^\infty \mathrm{d}t_1\, \mathrm{e}^{-i\omega_1 t_1} \int_0^\infty \mathrm{d}t_2\, \mathrm{e}^{-i\omega_2 t_2} M(t_1, t_2). \quad (5.8)$$

Gemäß Gl. (5.8) kann $S(\omega_1, \omega_2)$ als eine Summe von vier Anteilen,

$$S(\omega_1, \omega_2) = S^{cc}(\omega_1, \omega_2) - S^{ss}(\omega_1, \omega_2) - iS^{cs}(\omega_1, \omega_2) - iS^{sc}(\omega_1, \omega_2), \quad (5.9)$$

geschrieben werden, wobei beispielsweise

$$S^{cc}(\omega_1, \omega_2,) = \int_0^\infty \mathrm{d}t_1 \cos(\omega_1 t_1) \int_0^\infty \mathrm{d}t_2 \cos(\omega_2 t_2)\, M(t_1, t_2) \quad (5.1)$$

die zweifach mit dem Kosinus transformierte transversale Magnetisierung $M(t_1, t_2)$ bezeichnet usw. Aus der Definitionsgleichung (5.8) ergibt sich unmittelbar

$$S^{cc}(\omega_1, \omega_2) = \frac{1}{4}\{S(\omega_1, \omega_2) + S(\omega_1, -\omega_2) + S(-\omega_1, \omega_2) + S(-\omega_1, -\omega_2)\} \quad (2.11)$$

usw. Es ist üblich, an Stelle von $S(\omega_1, \omega_2)$ eine von den vier reellen Funktionen, z. B. $S^{cc}(\omega_1, \omega_2)$, darzustellen. Häufig reicht es auch aus, das Absolutwertspektrum

$$|S|\,(\omega_1, \omega_2) = [S^{cc}(\omega_1, \omega_2)^2 + S^{cs}(\omega_1, \omega_2)^2 + S^{sc}(\omega_1, \omega_2)^2 + S^{ss}(\omega_1, \omega_2)]^{1/2} \tag{2.12}$$

anzugeben. Man verliert dabei zwar an Information, umgeht aber die Phasenkorrektur des Spektrums.

### *5.5.2. 2D-Spin-Echo-Spektroskopie*

Mit diesem Verfahren kann man eine zweidimensionale Darstellung von Spektren erreichen. Wenn in der zweiten Dimension die Frequenzen der Multiplettaufspaltung infolge der indirekten Spin-Spin-Wechselwirkung dargestellt sind, spricht man von der „2D-$J$"-Spektroskopie [10—16]. Bei einer Darstellung der chemischen Verschiebung in der zweiten Dimension ergeben sich „2D-$\delta$"-Spektren [17].

Wir erläutern im folgenden das Prinzip der 2D-Spin-Echo-Spektroskopie am Beispiel der 2D-$J$-Spektroskopie.

#### *Homonukleare Kopplung*

Das Grundexperiment ist eine Impulsfolge zur Erzeugung eines Hahnschen Spin-Echos, die bereits im Kap. 4 erläutert wurde. Es wurde dort insbesondere dargestellt, daß die Spin-Echo-Amplitude nicht durch die Verteilung der lokalen Magnetfelder über die Probe beeinflußt wird. Mit denselben Argumenten kann man auch beweisen, daß die chemischen Verschiebungen keinen Einfluß auf die Spin-Echo-Amplitude besitzen: Die in der ersten Hälfte der Entwicklungsperiode auf Grund dieses lokalen Zusatzfeldes akkumulierte Phasendifferenz $\Delta\varphi$ wird in der zweiten Hälfte wieder kompensiert, da durch den $\pi$-Impuls das Vorzeichen dieser Wechselwirkung umgekehrt wird, d. h. die Phase von $\Delta\varphi$ in $-\Delta\varphi$ umgeändert wird.

Ein anderes Verhalten besitzt die indirekte Spin-Spin-Wechselwirkung. Wenn der $\pi$-Impuls gleichzeitig auf die *beiden* miteinander gekoppelten Spins wirkt, bleibt diese Wechselwirkung ungeändert. Mit anderen Worten, im Falle einer homonuklearen Wechselwirkung, d. h., wenn zwei Spins $I_i$ und $I_j$ gleicher Sorte miteinander gekoppelt sind, folgt die Invarianz der indirekten Spin-Spin-Wechselwirkung $J\tilde{\boldsymbol{I}}_i\tilde{\boldsymbol{I}}_j$ gegenüber einem $\pi$-Impuls aus der Invarianz des Skalarproduktes bei Drehungen des Koordinatensystems. Die in der ersten Hälfte der Entwicklungsperiode akkumulierte Phasendifferenz wird in der zweiten Hälfte nicht kompensiert. Der *Zeitverlauf* der Spin-Echo-Amplitude wird also nicht nur durch die transversale Relaxation, sondern auch durch die indirekte Spin-Spin-Wechselwirkung beeinflußt, die eine Modulation der Amplitude bewirkt. Andererseits wird die *Form* des Spin-Echos durch die Wirkung der lokalen Magnetfelder bestimmt. Beobachtet man die Einhüllende des Spin-Echos zu den Zeiten $t_2 = t - t_1 > 0$ (vgl. Abb. 5.2), so enthält die auf diese Weise ermittelte Magnetisierung $M(t_1, t_2)$ auch den Einfluß der chemischen Verschiebung.

Die Funktion $M(t_1, t_2)$ setzt sich zusammen aus den verschiedenen Magnetisierungskomponenten $M_{ik}(t_1, t_2)$. $M_{ik}(t_1, t_2)$ gibt die beobachtbare transversale Magnetisierung der Resonanzlinie $k$ im Multiplett an, das zur $i$-ten Gruppe von Kernen mit der gleichen Kopplungskonstante $J_{ij}$ und der chemischen Verschiebung $\delta_i$ gehört.

Während der *Entwicklungsperiode* kommt nur die Multiplettaufspaltung zum Tragen, die unter der Voraussetzung einer schwachen Kopplung durch den Ausdruck $\omega_{ik} = \hbar^{-1} \sum_j J_{ij} m_{ik}$ gegeben ist. $m_{ik}$ ist die magnetische Quantenzahl des $k$-ten Zustands der Kernsorte $j$. Die Signaldämpfung wird bei Vernachlässigung des Diffusionseinflusses durch die transversale Relaxationszeit $T_{2ik}$ beschrieben.

Die Signalmodulation in der *Nachweisperiode* erfolgt unter dem Einfluß der indirekten Spin-Spin-Kopplung *und* der chemischen Verschiebung, d. h. mit der Frequenz $\Omega_{ik} = \delta_i + \omega_{ik}$. Für die Signaldämpfung (Zeitkonstante $T^*_{2ik}$) ist zusätzlich die Wirkung der Magnetfeldinhomogenitäten zu berücksichtigen. Damit erhält man für die Magnetisierungskomponente [9, 10]

$$M_{ik}(t_1, t_2) = M_{ik}(0, 0) \cos(\omega_{ik} t_1 + \Omega_{ik} t_2) \times \exp\left[-\frac{t_1}{T_{2ik}} - \frac{t_2}{T^*_{2ik}}\right]. \quad (5.13)$$

Ihr Beitrag zum Absolutwertspektrum $|S|(\omega_1, \omega_2)$ gemäß Gl. (5.12) ist gegeben durch

$$|S|(\omega_1, \omega_2) = \frac{1}{2} M_{ik}(0, 0) \left[\frac{1}{T^2_{2ik}} + (\omega_1 - \omega_{ik})^2\right]^{-1/2} \times \left[\frac{1}{T^{*2}_{2ik}} + (\omega_2 - \Omega_{ik})^2\right]^{-1/2}. \quad (5.14)$$

Im 2D-Spektrum ist also nur dann ein Maximum nachzuweisen, wenn $\omega_2 = \Omega_{ik}$ und gleichzeitig $\omega_1 = \omega_{ik}$ gilt. Abb. 5.3 zeigt ein derartiges Spektrum für den Fall, daß nur eine Kopplung mit der Kernsorte $j$ existiert und daß $I_j = 1/2$ gilt.

*Heteronukleare Kopplung*

Dem Experiment liegt das gleiche Grundschema wie in Abb. 5.2 zugrunde. Im Unterschied zur homonuklearen Wechselwirkung ändert sich aber das Vorzeichen der indirekten Spin-Spin-Kopplung, wenn auf das Spinsystem $I$ ein $\pi$-Impuls einwirkt, da das Spinsystem $S$ dadurch unbeeinflußt bleibt. Die in der ersten Hälfte der Entwicklungsperiode entstandene Phasendifferenz infolge der indirekten Spin-Spin-Wechselwirkung wird nach dem $\pi$-Impuls wieder beseitigt. Eine Modulation der Spin-Echo-Amplitude tritt also nur dann auf, wenn gleichzeitig auch die Spinmomente $S$ einer entsprechenden Transformation unterworfen werden, z. B. durch Einstrahlung eines $\pi$-Impulses mit der Resonanzfrequenz $\omega_{0S}$ [15, 16]. Die heteronukleare 2D-$J$-Spektroskopie ist demnach nur zu verwirklichen, wenn die Spin-Echo-Methode mit einem Doppelresonanzexperiment kombiniert wird.

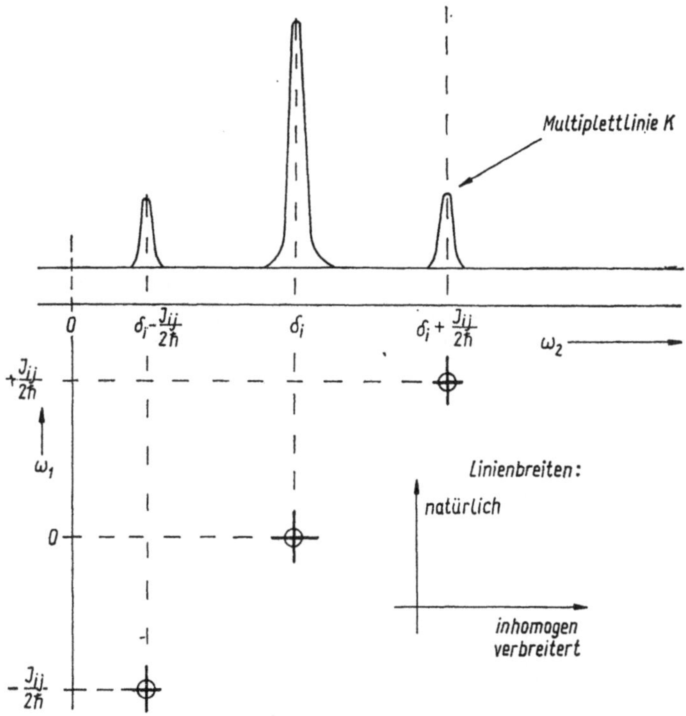


Abb. 5.3. Schematische Darstellung eines 2D-$J$-Spektrums: Linien treten nur an den Schnittpunkten ⊕ auf (Erläuterung im Text)

### 5.5.3. *Selektive Messung von Multi-Quanten-Übergängen mit Hilfe der 2D-Fourier-Transformspektroskopie*

Die in Abschn. 5.5.2 beschriebenen Experimente dienen vor allem der Vereinfachung komplizierter Spektren. Dabei handelt es sich wie bei allen anderen Anwendungen der Kernresonanzmethoden, die in diesem Band beschrieben werden, um das Studium der erlaubten Übergänge mit den Auswahlregeln $\Delta m = \pm 1$. Mit Hilfe der 2D-FTS-Methode ist es auch möglich, Matrixelemente zu beobachten, die für die Übergänge mit $\Delta m = 0$ (z. B. bei der Spindiffusion), $\Delta m = \pm 2$ (z. B. bei Relaxationsprozessen) und andere sog. Multi-Quantenübergänge verantwortlich sind. Dem Nachweis der verbotenen Übergänge liegt das Grundexperiment der 2D-FT-Spektroskopie zugrunde, dessen drei Perioden in Abb. 5.2 angegeben sind.

Zu Beginn der Entwicklungsperiode nach dem Impuls ist das System in einen Zustand überführt worden, in dem die nachzuweisenden nichtdiagonalen Matrixelemente des Dichteoperators von Null verschieden sind. Die Anregung dieser Matrixelemente während der Präparationsperiode ist auf unterschiedliche Weise möglich, z. B. durch Einwirkung eines intensiven selektiven Impulses auf einen besonderen Multi-Quantenübergang oder Einwirkung eines Impulspaares [9, 18]. Während der Entwicklungsperiode steht das Spinsystem unter dem Einfluß des ungestörten Hamilton-Operators.

Das Wesen dieser Methode besteht darin, daß zur Zeit $t = t_1$ ein „Mischimpuls“ mit einem Drehwinkel $\alpha$ auf das System wirkt, der die unbeobachtbaren Matrixelemente von Multi-Quantenübergängen in die beobachtbaren Matrixelemente von einfachen Quantenübergängen (d. h. solche mit der Auswahlregel $\Delta m = \pm 1$) transformiert.

Diese Methode kann z. B. für die Vereinfachung komplizierter Spektren und für das Studium von Relaxationsprozessen eingesetzt werden [19].

# 6. Impulsverfahren der kernmagnetischen Resonanz im Festkörper

## 6.1. *Einführung*

Während der letzten Jahre wurden Impulsmethoden der verschiedensten Arten in zunehmendem Maße bei der Untersuchung der kernmagnetischen Resonanz in Festkörpern eingesetzt. In diesem Kapitel sollen Methoden behandelt werden, denen die Wirkung von einem oder mehreren Hochfrequenzimpulsen auf Atomkerne mit dem Spin $I = 1/2$ in diamagnetischen Festkörpern zugrunde liegt. Wie bei den Flüssigkeiten gehen alle Anwendungen dieser Methoden davon aus, daß die freie Induktion nach einem einzelnen Hochfrequenzimpuls und das stationäre Kernresonanzspektrum, das man bei langsamem Resonanzdurchgang erhält, FOURIER-Transformierte sind. Im Gegensatz zur kernmagnetischen Resonanz in Flüssigkeiten und anderen Systemen mit hinreichend hoher innerer Beweglichkeit, wo sich die verschiedenen Meßverfahren mit Hilfe der phänomenologischen BLOCHschen Gleichungen hinreichend gut beschreiben lassen, gibt es aber noch kein mathematisches Modell für die Spindynamik in Festkörpern, das die Grundlage für eine ähnliche *einheitliche* Behandlung *aller* Effekte bilden könnte. Aus diesem Grunde scheint es notwendig zu sein, an verschiedenen Stellen auf die Grundgleichungen der Quantenmechanik zurückzugehen und geeignete einfache Näherungslösungen zu diskutieren. Erst nach der Darstellung dieser Grundlagen wird es möglich sein, die Meßverfahren zu erläutern.

## 6.2. *Freie Induktion*

### 6.2.1. *Zur Definition der Momente*

Wie wir in Kap. 4 feststellen konnten, enthält die freie Induktion alle Informationen über das Spektrum. Ihr

Zeitverlauf kann durch die normierte Funktion

$$G(t) = \frac{\mathrm{Sp}\left\{ e^{\frac{i}{\hbar}\mathcal{H}t} \tilde{M}_x \, e^{-\frac{i}{\hbar}\mathcal{H}t} \tilde{M}_x \right\}}{\mathrm{Sp}\,\{\tilde{M}_x^2\}} \tag{6.1}$$

beschrieben werden, wobei $\tilde{M}_x$ den Operator für die Projektion der Magnetisierung auf die $x$-Achse und $\mathcal{H}$ den HAMILTON-Operator des Systems bezeichnen. Wir betrachten einen Festkörper, der magnetische Momente $\gamma_i \hbar \tilde{\boldsymbol{I}}_i$ mit halbzahligem Kernspin $I_i = \frac{1}{2}$ enthält und sich in einem starken äußeren konstanten Magnetfeld mit der magnetischen Induktion $\boldsymbol{B}_0 = B_0 \boldsymbol{e}_z$ befindet. Der HAMILTON-Operator des Spinsystems setze sich aus den Operatoren der ZEEMAN-Energie, der magnetischen Dipol-Dipol-Wechselwirkung zwischen den Kernspinmomenten, der indirekten Spin-Spin-Wechselwirkung und der Resonanzverschiebung (chemische und KNIGHT-Verschiebung) zusammen. In der Hochfeldnäherung (vgl. Abschn. 4.1.2), deren Gültigkeit durch die Verwendung eines starken äußeren Magnetfeldes gesichert ist, wird in erster Ordnung der Störungstheorie die Lage der Energieniveaus durch die ZEEMAN-Energie $\mathcal{H}_z$ und den „säkularen" Anteil $\mathcal{H}_2^z$ der magnetischen Wechselwirkungsenergie $\mathcal{H}_2$ gegeben, die miteinander vertauschbar sind:

$$[\mathcal{H}_z, \mathcal{H}_2^z] = 0 . \tag{6.2}$$

Den dominierenden Beitrag zu $\mathcal{H}_2^z$ stellt in vielen Fällen die magnetische Dipolwechselwirkung dar. Die nichtsäkularen Anteile der dipolaren Wechselwirkung, die Zustände von unterschiedlicher ZEEMAN-Energie miteinander verbinden, sind bei der Berechnung des Spektrums im allgemeinen vernachlässigbar, da wegen der geringen Amplituden der inneren thermischen Bewegungen in Festkörpern die Übergangswahrscheinlichkeiten klein sind. Diese Übergänge sind aber für die longitudinale Kernspinrelaxation von Wichtigkeit, die im weiteren durch die Einführung der Relaxationszeiten $T_1$ bzw. $T_{1\varrho}$ im Labor- bzw. im rotierenden Koordinatensystem und der Dipolrelaxationszeit $T_{1D}$ charakterisiert wird.

Ersetzen wir in der Gl. (6.1) den vollständigen Operator $\mathcal{H}$ durch die Zeeman-Energie $\mathcal{H}_z$ und den säkulären Anteil $\mathcal{H}_d^z$ der magnetischen Kern-Kern-Dipolwechselwirkung, so läßt sich der Exponentialoperator $e^{\frac{i}{\hbar}(\mathcal{H}_z+\mathcal{H}_d^z)t}$ wegen der Vertauschbarkeit der Operatoren, $[\mathcal{H}_z, \mathcal{H}_d] = 0$, als Produkt $e^{\frac{i}{\hbar}\mathcal{H}_z t}\, e^{\frac{i}{\hbar}\mathcal{H}_d^z t}$ darstellen. Wegen der zyklischen Vertauschbarkeit der Operatoren in der Spur ergibt sich somit an Stelle von Gl. (6.1)

$$G(t) = \frac{\mathrm{Sp}\left\{e^{\frac{i}{\hbar}\mathcal{H}_d^z t}\tilde{M}_x e^{-\frac{i}{\hbar}\mathcal{H}_d^z t} e^{-\frac{i}{\hbar}\mathcal{H}_z t}\tilde{M}_x e^{\frac{i}{\hbar}\mathcal{H}_z t}\right\}}{\mathrm{Sp}\,\{\tilde{M}_x^2\}}. \qquad (6.3)$$

Im Falle gleicher Spins ($\gamma_i = \gamma$ für alle Spins $i$) lautet der Zeeman-Operator $\mathcal{H}_z = -B_0\gamma\hbar\tilde{I}_z$ mit dem Operator $\tilde{I}_z = \sum_i \tilde{I}_{zi}$ für die Projektion des Gesamtspins auf die $\boldsymbol{B}_0$-Feldrichtung. Mit Hilfe der Transformationsgleichungen nach Tab. 4.1, S. 124, ergibt sich für das zweite Operatorenprodukt in Gl. (6.3) sofort

$$e^{i\omega_0\tilde{I}_z t}\tilde{I}_x e^{-i\omega_0 I_z t} = \tilde{I}_x \cos\omega_0 t - \tilde{I}_y \sin\omega_0 t .$$

Nach der phasenempfindlichen Gleichrichtung (mit $\cos\omega_0 t$) wird die normierte Einhüllende der freien Induktion nach Gl. (6.3) durch

$$G_1(t) = \frac{\mathrm{Sp}\left\{e^{\frac{i}{\hbar}\mathcal{H}_d^z t}\tilde{I}_x\, e^{-\frac{i}{\hbar}\mathcal{H}_d^z t}\tilde{I}_x\right\}}{\mathrm{Sp}\,\{\tilde{I}_x^2\}} \qquad (6.4)$$

beschrieben. (Den Index 1 werden wir im folgenden weglassen, da Verwechslungen mit den Gln. (6.1) und (6.3) ausgeschlossen sind.)

Wir führen nun die Momente $M_n$ des stationären Signals (in Einheiten von $s^{-n}$) durch die Definition

$$M_n = \int_{-\infty}^{\infty} (\Delta\omega)^n \, g(\Delta\omega) \, \mathrm{d}(\Delta\omega) \tag{6.5}$$

ein. $\Delta\omega = \omega_0 - \omega$ bezeichnet wieder die Resonanzabweichung und $g(\Delta\omega)$ die normierte Linienformfunktion, die symmetrisch hinsichtlich $\Delta\omega = 0$ ist und über die Beziehung (Gl. (4.37'))

$$G(t) = \int_{-\infty}^{+\infty} g(\Delta\omega) \, \mathrm{e}^{i\Delta\omega t} \, \mathrm{d}(\Delta\omega) \tag{6.6}$$

mit der freien Induktion verknüpft ist. Stellt man die normierte Einhüllende der freien Induktion $G(t)$ (Gl. (6.6)) als TAYLOR-Reihe dar,

$$G(t) = \sum_{n=0}^{\infty} \left(\frac{\mathrm{d}^n G}{\mathrm{d}t^n}\right)_{t=0} \frac{t^n}{n!} = \sum_{n=0}^{\infty} \frac{t^n}{n!} (i)^n \int_{-\infty}^{+\infty} (\Delta\omega)^n \, g(\Delta\omega) \, \mathrm{d}(\Delta\omega), \tag{6.6'}$$

und ersetzt man die Integrale durch die Momente nach Gl. (6.5), so kann man beweisen, daß sich die Momente $M_n$ des stationären Kernresonanzsignals aus der normierten Einhüllenden der freien Induktion $G(t)$ gemäß

$$M_{2n} = (-1)^n \left(\frac{\mathrm{d}^{2n} G}{\mathrm{d}t^{2n}}\right)_{t=0} \tag{6.7}$$

berechnen lasse, wenn der Hochfrequenzimpuls zur Zeit $t = 0$ abgeschaltet wurde. Die ungeraden Momente $M_{2n+1}$ sind Null, da $g(\Delta\omega)$ als symmetrische Funktion vorausgesetzt wurde.

Führt man dieselben Berechnungen mit dem quantenmechanischen Erwartungswert der Funktion $G(t)$ nach Gl. (6.4) durch und beachtet man, daß die Operatoren $\mathscr{H}_d^z$ und $\tilde{I}_x$ nicht vertauschbar sind, so gewinnt man einen

Ausdruck

$$M_{2n} = \frac{(-1)^n}{\hbar^{2n}} \frac{\mathrm{Sp}\left\{\left[\mathcal{H}_d^z, \ldots, [\mathcal{H}_d^z, \tilde{I}_x] \ldots\right] \tilde{I}_x\right\}}{\mathrm{Sp}\,\{\tilde{I}_x^2\}}, \quad (6.8)$$

der die Momente der Resonanzlinie mit der Wechelwirkungsenergie zwischen den Spinmomenten in Verbindung bringt.

Wie in den Lehrbüchern der Kernresonanz [1] gezeigt wird, läßt sich die magnetische Dipolwechselwirkung zwischen zwei magnetischen Momenten $\tilde{\mu}_i = \gamma\hbar\tilde{\boldsymbol{I}}_i$ und $\tilde{\mu}_j = \gamma\hbar\tilde{\boldsymbol{I}}_j$ in der Form

$$\mathcal{H}_d = \sum_{i<j} r_{ij}^{-3} \{\tilde{\mu}_i\tilde{\mu}_j - 3(\tilde{\mu}_i\boldsymbol{e}_{ij})\,(\tilde{\mu}_j\boldsymbol{e}_{ij})\} \quad (6.9)$$

schreiben. Der säkulare Anteil lautet

$$\mathcal{H}_d^z = \sum_{i<j} d_{ij}(\tilde{\boldsymbol{I}}_i\tilde{\boldsymbol{I}}_j - 3\tilde{I}_{zi}\tilde{I}_{zj}), \quad (6.10)$$

wobei zur Abkürzung

$$d_{ij} = -\frac{\gamma^2\hbar^2}{2r_{ij}^3}(1 - 3\cos^2\vartheta_{ij}) \quad (6.11)$$

geschrieben wurde. $\boldsymbol{r}_{ij} = \boldsymbol{e}_{ij}\,|r_{ij}|$ ist ein Vektor, der die beiden Kerne $i$ und $j$ verbindet, und $\vartheta_{ij}$ bezeichnet den Winkel zwischen diesem Vektor und dem äußeren Magnetfeld $\boldsymbol{B}_0$.

Setzt man die Gl. (6.10) in Gl. (6.8) ein, so erhält man nach längeren Rechnungen, die z. B. in [2] ausführlich dargestellt sind, als zweites Moment $M_2$ (in Einheiten von $s^{-2}$) den erstmals von VAN VLECK angegebenen Ausdruck

$$M_2 = M_{2(II)} = \frac{3}{4}\gamma^4\hbar^2 I(I+1)\,(N)^{-1}\sum_{j\neq i}[(1 - 3\cos^2\vartheta_{ij})\,r_{ij}^{-3}]^2 \quad (6.12)$$

für einen Einkristall. Wenn die Spins mit dem gyromagnetischen Verhältnis $\gamma$ und der Spinquantenzahl $I$

gleichzeitig noch mit Spins der Sorte $S$ ($\gamma_S \neq \gamma$, Spinquantenzahl $S$) wechselwirken, die sich nicht in Resonanz befinden, so setzt sich das gesamte zweite Moment $M_2 = M_{2(II)} + M_{2(IS)}$ aus dem Beitrag nach Gl. (6.12) und dem Beitrag

$$M_{2(IS)} = \frac{1}{3} \gamma_S^2 \gamma^2 \hbar^2 S(S+1) (N)^{-1} \sum_{j' \neq i} [(1 - 3\cos^2 \vartheta_{ij'}) r_{ij'}^{-3}]^2 \tag{6.13}$$

zusammen. $\vartheta_{ij}$ bzw. $\vartheta_{ij'}$ sind die Winkel zwischen den Verbindungsvektoren der Spins $I_i$ und $I_j$ bzw. $I_i$ und $S_{j'}$ und dem äußeren Feld $\boldsymbol{B}_0$, und $N$ bezeichnet die Gesamtzahl der Spins $I$ im Kristall. Für eine polykristalline Probe ist über den Winkelanteil zu mitteln. Im Falle einer isotropen Verteilung gilt $\overline{(1 - 3\cos^2 \vartheta)^2}$ $= \frac{1}{2} \int\limits_0^\pi (1 - 3\cos^2 \vartheta)^2 \sin \vartheta \, d\vartheta = \frac{4}{5}$. Da das vierte Moment im allgemeinen Fall schon einen recht komplizierten Ausdruck darstellt und außerdem seine experimentelle Bestimmung im stationären Experiment wegen der starken Betonung der weiter vom Zentrum der Linie entfernten Teile nur bei sehr gutem Signal-Rausch-Verhältnis vertrauenswürdige Resultate liefert, wird es selten benutzt und daher hier nicht angegeben. Das gleiche trifft in noch viel stärkerem Maße auf die höheren Momente zu.

Bei den Impulsmethoden ist diese wichtige Information über das Spektrum im Anfangsverlauf der freien Induktion enthalten. Da zur Bestimmung der Momente die höheren Ableitungen der transversalen Relaxationsfunktion benötigt werden, ist ihre Bestimmung auch hier oft mit beträchtlichen Schwierigkeiten verbunden.

### *6.2.2. Messung des Anfangsverlaufs der freien Induktion*

Die Schwierigkeiten bei der Beobachtung des Anfangsverlaufs der freien Induktion haben folgende Ursachen:

1. Während des Hochfrequenzimpulses verändert sich die transversale Magnetisierung nur etwa halb so schnell wie nach dem Abschalten des Hochfrequenzimpulses [3]. Folglich hat die Einhüllende $G(t)$ der freien Induktion (Gl. (6.4)) ihren Zeitnullpunkt etwa in der Mitte des Hochfrequenzimpulses. Da das Kernresonanzsignal erst nach Abschalten des Hochfrequenzimpulses zu beobachten ist, geht eine anfängliche Meßzeit von einer halben Impulsbreite verloren, d. h. je nach Konstruktion des Impulsspektrometers eine Zeit von etwa 0,5 bis 5 µs.
2. Da die Abfallzeiten der freien Induktion sehr klein sein können (Zeitkonstante $T_2 \gtrsim 10$ µs) und die Erholungszeit des Empfängers nach Einwirkung des Hochfrequenzimpulses dann in der gleichen Größenordnung liegt ($\gtrsim 3 \cdots 5$ µs), wird diese Information oft nicht verfügbar sein.
3. Wenn der Anfangsverlauf der Darstellung von $G(t)$ über $t^2$ zur Messung des zweiten Moments benutzt wird, kann die Veränderung des Signals im beobachteten Zeitintervall in der gleichen Größenordnung wie das Rauschen liegen. So kann sich sogar bei gutem Signal-Rausch-Verhältnis (50:1) eine Unsicherheit von 20% bei der Bestimmung des Anfangsverlaufs ergeben [3]. Zur Überwindung dieser Schwierigkeiten wurden verschiedene Methoden vorgeschlagen:

#### *Festkörper-Spin-Echo*

Die Entstehung eines Festkörper-Spin-Echos wurde erstmals von Powles und Strange [4] und von Mansfield [5] beschrieben. Läßt man dem ersten

$\frac{\pi}{2}$-Impuls ($t = 0$) auf einen Festkörper zu einer Zeit $t = \tau \lesseqgtr T_2$ einen zweiten $\frac{\pi}{2}$-Impuls folgen, so entsteht ein Signal, das ein Maximum zur Zeit $t = 2\tau$ zeigt („Spin-Echo"). Die Amplitude dieses Spin-Echos hängt von der relativen Phase $\varphi$ der beiden Hochfrequenzimpulse ab. Enthält das System nur *identische* Spins mit der *Spinquantenzahl* $I = \frac{1}{2}$, so wird die Amplitude des Festkörper-Spin-Echos maximal, wenn $\varphi = \frac{\pi}{2}$ gilt, und Null für $\varphi = 0$. Im erstgenannten Fall wird der Zeitverlauf des für $t \geqq \tau$ induzierten Signals gemäß POWLES und STRANGE [4] und MANSFIELD [5] durch die Entwicklung

$$G(t) = 1 - \frac{M_2}{2!}(t - 2\tau)^2 + \frac{M_4}{4!}(t - 2\tau)^4 + \frac{M_{4\varepsilon}}{4}\tau^2(t - \tau^2) + \cdots \tag{6.14}$$

beschrieben. $M_2$ und $M_4$ sind die zweiten und vierten Momente des stationären Signals. Die Konstante $M_{4\varepsilon}$, die in ähnlicher Weise wie das vierte Moment aus den Gitterparametern berechnet werden kann, ist im allgemeinen negativ und betragsmäßig kleiner als $M_4$. Wählt man $\tau$ so, daß das Spin-Echo außerhalb der Erholungszeit des Empfängers gebildet wird, und stellt man die zweite Ableitung von Gl. (6.14) an der Stelle $t = 2\tau$ des Echos,

$$\left(\frac{d^2G}{dt^2}\right)_{t=2\tau} = -M_2 + \frac{1}{2} M_{4\varepsilon}\tau^2, \tag{6.15}$$

als Funktion von $\tau^2$ dar, so ergibt sich sofort $M_2$.

In einem Festkörper, der zwei Spinsorten $I$ und $S$ enthält, wobei $S$ wieder die nichtresonierenden Kerne bezeichnen soll, hängt das Echo der Kerne $I$ stark von der Kopplung zwischen $I$ und $S$ ab. Das gleiche Resultat wie oben ergibt sich, wenn der homonukleare Beitrag $M_{2(II)}$ (Gl. (6.12)) zum zweiten Moment groß ist gegenüber dem heteronuklearen Beitrag (Gl. (6.13)). Im umgekehrten Fall $M_{2(IS)} \gg M_{2(II)}$ ergibt die Theorie [5] ein ganz verschiedenes Verhalten: Die Echoamplitude wird maximal, wenn $\varphi = 0$ gilt, und Null für $\varphi = \frac{\pi}{2}$.

Es sollte demzufolge möglich sein, das gesamte zweite Moment und den Anteil, der von den nichtresonierenden Kernen herrührt, getrennt zu messen.

Wenn die untersuchten Festkörper Paare von äquivalenten Spins $I = \frac{1}{2}$ enthalten, z. B. $H_2O$-Moleküle in Salzhydraten, oder wenn Paare der Spinsorte $I$ mit Paaren der Spinsorte $S$ wechselwirken, zeigen die *Amplituden* der Festkörper-Spin-Echos eine kompliziertere Abhängigkeit von der relativen Phase $\varphi$ der beiden Impulse und vom Drehwinkel des zweiten Impulses, für den in unserer bisherigen Diskussion immer nur der Wert $\frac{\pi}{2}$ angenommen wurde. In den meisten Fällen von praktischem Interesse (isolierte und durch die dipolare Wechselwirkung gekoppelte Paare $I = \frac{1}{2}$; Spins $I = 1$ mit Quadrupolwechselwirkung, die durch Dipolwechselwirkung gekoppelt sind; Wechselwirkung zwischen Paaren von $I$-Spins $\left(I = \frac{1}{2}\right)$ und Paaren von nichtresonierenden Spins $\left(S = \frac{1}{2}\right)$) ist aber die *Form des Spin-Echos* nach einer Folge zweier $\frac{\pi}{2}$-Impulse mit der relativen Phase $\varphi = 90°$ identisch mit der Form des Signals der freien Induktion [6].

### *„Magisches" Echo*

Auf diese Methode wird in Zusammenhang mit Experimenten unter Verwendung von Vielimpulsgruppen eingegangen (Abschn. 6.4.4).

### *Methode von Jeener und Broekaert* [7]

Im Vergleich zur Methode des Festkörper-Spin-Echos, wo die Erholungszeit des Empfängers kürzer als die Dauer des Signals der freien Induktion sein mußte, eliminiert die Methode von JEENER und BROEKAERT im wesentlichen diese Schwierigkeiten. Sie ist aber nur anwendbar, wenn die longitudinale Relaxationszeit viel länger ist als die transversale Relaxationszeit. Durch einen $\frac{\pi}{2}$-Impuls (Phase $\varphi_1$) zur Zeit $t = 0$, dem sog. Präparierimpuls, wird eine transversale Magnetisierung für die Spinsorte $I$ erzeugt. Zum Zeitpunkt $\tau$, an dem der Augenblickswert der freien Induktion zu messen ist, wirkt ein zweiter Impuls mit dem Drehwinkel $\alpha_2$ auf die Spins $I$ ein, dessen Phase $\varphi_2$ wie beim Festkörper-Spin-Echo geeignet zu wählen ist.

Im weiteren interessiert aber nicht der Signalverlauf nach dem zweiten Impuls. Nachdem dieses Signal völlig abgeklungen ist, läßt man auf die Probe einen dritten Impuls (Drehwinkel $\alpha_3$, Phase $\varphi_3$) einwirken, dessen freie Induktion zu einem beliebigen Zeitpunkt (z. B. an einer Meßstelle nach dem Abklingen der Ausschwingvorgänge des dritten Impulses) ein Maß für die transversale Magnetisierung zum Zeitpunkt $\tau$ ist. Durch Variation des Abstandes $\tau$ zwischen den ersten beiden Impulsen läßt sich somit der Verlauf der freien Induktion messen. Um Mißverständnissen vorzubeugen, muß bemerkt werden, daß dabei stets das bisher ausschließlich behandelte Signal gemeint war, das gegenüber dem erzeugenden Hochfrequenzimpuls eine *Phasenverschie-*

*bung* von $\frac{\pi}{2}$ besitzt (z. B. die transversale Magnetisierung in $x'$-Richtung nach einem $\left(\frac{\pi}{2}, -y\right)$-Impuls). Das wird am leichtesten verständlich, wenn wir die Abhängigkeit des nach dem dritten Impuls beobachteten Signalverlaufs von den Drehwinkeln $\alpha_2$ und $\alpha_3$ und den Phasen $\varphi_1$, $\varphi_2$ und $\varphi_3$ untersuchen:

In einem Festkörper mit *einer* Spinsorte ist die induzierte Spannung maximal, wenn drei $\frac{\pi}{2}$-Impulse mit gleichen Phasen zur Anwendung kommen. Dieses Signal besitzt gegenüber dem erzeugenden Hochfrequenzimpuls eine *Phasenverschiebung* von $\frac{\pi}{2}$. Der Zeitverlauf der normierten Einhüllenden dieses Signals wird durch die transversale Relaxationsfunktion $G(t)$ gemäß Gl. (6.4) beschrieben. Zur näheren Erläuterung gehen wir vom Festkörper-Spin-Echo aus: Wie bereits festgestellt wurde, läßt sich bei einem Festkörper mit einer Spinsorte durch Anwendung einer Impulsfolge aus zwei gleichphasigen $\frac{\pi}{2}$-Impulsen kein Festkörper-Spin-Echo nachweisen. Das kann man jetzt anschaulich so verstehen, daß die transversale Magnetisierung zur Zeit $\tau$ durch den zweiten $\frac{\pi}{2}$-Impuls in die $z'$-Richtung des rotierenden Koordinatensystems überführt wurde und wegen der vorausgesetzten sehr langen longitudinalen Relaxationszeit $T_1$ (der Zeeman-Energie) bis zum dritten Impuls „konserviert" wurde. Rein formal sind also Analogien mit dem in Abschn. 4.2.2.2 behandelten stimulierten Spin-Echo vorhanden.

Wenn man auf den gleichen Festkörper nach dem ersten $\frac{\pi}{2}$-Impuls, dem Präparierimpuls, zwei Impulse mit den Drehwinkeln $\alpha_2 = \alpha_3 = \frac{\pi}{4}$ und den Phasenwinkeln $\varphi_2 = \varphi_3$, $\varphi_2 - \varphi_1 = \frac{\pi}{2}$ einwirken läßt, so entsteht in *gleicher Phase* mit dem Hochfrequenzfeld der $\frac{\pi}{4}$-Impulse ein Signal, dessen Zeitverlauf $A(t)$ proportional zur Ableitung $\mathrm{d}G(t)/\mathrm{d}t$ der transversalen Relaxationsfunktion ist. Dieses Signal wird noch für die Messung der dipolaren Relaxationszeit $T_{1D}$ von Wichtigkeit sein (vgl. Abb. 6.4). Das um $\frac{\pi}{2}$ phasenverschobene Signal besitzt wieder eine zur transversalen Relaxationsfunktion $G(t)$ proportionale Zeitabhängigkeit.

In einem Festkörper, der zwei Spinsorten $I$ und $S$ enthält, wobei $S$ die nichtresonierenden Spins bezeichnen soll, die also nicht von den Hochfrequenzimpulsen beeinflußt werden, hängt der Signalverlauf im allgemeinen stark von der Kopplung zwischen $I$ und $S$ ab. Relativ übersichtliche Verhältnisse ergeben sich nur, wenn die Drehwinkel des zweiten und dritten Impulses $\alpha_2 = \alpha_3 = \frac{\pi}{2}$ und die Phasenwinkel $\varphi_2 = \varphi_3$, $\varphi_2 - \varphi_1 = \frac{\pi}{2}$ betragen. In diesem Fall ist nach dem dritten Impuls in Phase mit dem Hochfrequenzfeld ein Signal zu beobachten, dessen Einhüllende proportional der ersten Ableitung desjenigen Beitrages zur transversalen Relaxationsfunktion ist, die nur die Kopplung zwischen $I$ und $S$ umfaßt.

Die Grenzen der Jeener-Broekaertschen Methode zur Messung des Anfangsverlaufs der freien Induktion sind durch die Möglichkeiten zur Erzeugung kurzer und dicht aufeinanderfolgender Hochfrequenzimpulse festgelegt.

*Methode von Vollmers, Lowe und Punkkinen* [3]

Auf eine Probe, die sich im thermischen Gleichgewicht befindet, wirkt zur Zeit $t = 0$ ein $\left(\frac{\pi}{2}, -y\right)$-Impuls

(Tab. 4.2) ein, der die makroskopische Magnetisierung in die $x'$-Richtung des rotierenden Koordinatensystems dreht. Zur Zeit $t = \delta + \frac{1}{2} t_w$ (Abb. 6.1) wird ein hochfrequentes Magnetfeld $\boldsymbol{B}_2(t) = 2\check{B}_2 \cos \omega_0 t \boldsymbol{e}_x$ mit der Resonanzfre-

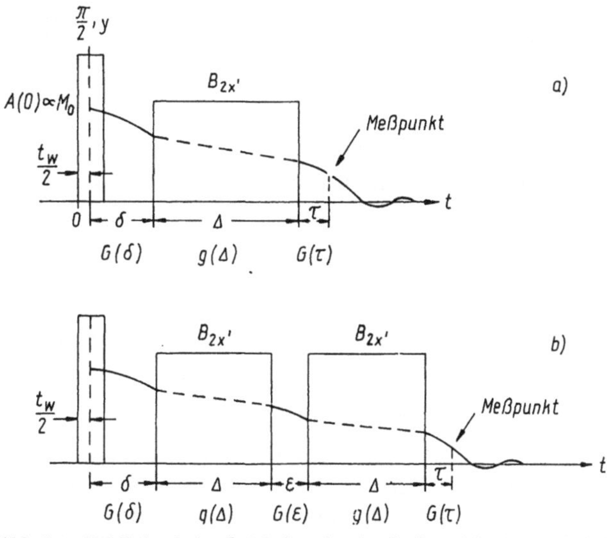


Abb. 6.1. Abfall der freien Induktion, der durch einen (*a*) oder zwei (*b*) Spin-Locking-Impuls unterbrochen wird. $t_w$: Breite des $\frac{\pi}{2}$-Impulses

quenz $\omega_0$ eingeschaltet, das gegenüber dem hochfrequenten Feld des $\left(\frac{\pi}{2}, -y\right)$-Impulses einen Phasenunterschied von $\frac{\pi}{2}$ besitzt und damit ständig in Richtung der präzedierenden transversalen Magnetisierung zeigt. Durch die Anwesenheit dieses Hochfrequenzfeldes wird die Wirkung lokaler Magnetfelder, die vor seinem Anschalten Ursache für den Abfall der Magnetisierung waren, unterdrückt. Man spricht davon, daß die Magnetisierung entlang der Richtung des Hochfrequenzfeldes *fixiert* wird, weshalb dieser Vorgang auch „*Spin-locking*" (to lock = umschließen, fest umfassen) heißt. Es ist durch das Experiment erwiesen, daß der Zeitverlauf der freien Induktion $G(\delta)$ nach dem $\left(\frac{\pi}{2}, -y\right)$-Impuls und der freien Induktion $G(\tau)$ nach dem Abschalten des Spin-Locking-Impulses völlig gleichwertig sind. Beide Zeitverläufe unterscheiden sich nur darin, daß sie zu unterschiedlichen Zeiten beginnen. Es ist ein weiterer experimenteller Fakt, daß der partielle Verlust der Magnetisierung $M_{x'}(t)$ während des Spin-Locking-Impulses, d. h. der Verlauf der Funktion $g(\Delta)$, unabhängig von dem Zeitpunkt $\delta$ ist, wo das Feld $B_2$ eingeschaltet wird. Die zum Zeitpunkt $t = \frac{1}{2} t_w + \delta + \Delta + \tau$ (Abb. 6.1a) gemessene Amplitude $A(t)$ der freien Induktion setzt sich also aus den drei unabhängigen Faktoren $G(\delta)$, $g(\Delta)$ und $G(\tau)$ gemäß der Beziehung

$$A(t) = A(0)\, G(\delta)\, g(\Delta)\, G(\tau) \tag{6.16}$$

zusammen. Variiert man $\delta$ bei festen Werten von $\Delta$ und $\tau$, so besitzt die Funktion $A(t)$ die gleiche Form wie die freie Induktion $G(\delta)$. Der kleinste Wert von $\delta$, bei dem sich die freie Induktion $G(\delta)$ gerade noch messen läßt, beträgt $\frac{1}{2} t_w$, wenn nämlich der Spin-Locking-Impuls unmittelbar auf den $\left(\frac{\pi}{2}, -y\right)$-Imuls folgt. Eine Bestimmung des vollständigen Anfangsverlaufs der freien Induktion wird möglich, wenn man zwei Spin-Locking-Impulse im Abstand $\varepsilon$ verwendet. Mit den gleichen heuristischen Argumenten kann man zeigen, daß am Meßpunkt zur Zeit $t = \frac{1}{2} t_w + \delta + 2\Delta + \varepsilon + \tau$ die Amplitude $A(t)$ der freien Induktion

$$A(t) = A(0)\, G(\delta)\, [g(\Delta)]^2\, G(\varepsilon)\, G(\tau) \tag{6.17}$$

beträgt. Durch wiederholte Messungen bei variablem Abstand $\varepsilon$ und festgehaltenen Werten $\delta$, $\Delta$ und $\tau$ läßt sich aus der Darstellung von $A(t)$ über $\varepsilon$ die Funktion $G(\varepsilon)$ ermitteln. Damit gewinnt man den vollständigen Zeitverlauf der freien Induktion, da das Zeitintervall $\varepsilon$ leicht bis auf Null reduziert werden kann. Wie eine genauere theoretische Analyse (einschließlich der Erweiterung der Methode auf $N + 1$ Spin-Locking-Impulse zur Verbesserung des Signal-Rausch-Verhältnisses) zeigt [3], ist dieses Verfahren auf Einkristalle beschränkt, die nur eine Spinsorte enthalten.

## *6.3. Messung der Relaxationszeiten $T_1$, $T_{1\varrho}$ und $T_{1D}$*

Eine wichtige Aufgabe bei der Anwendung von Kernresonanzverfahren auf Festkörper ist das Studium innerer Bewegungen. Zur Lösung dieses Problems kommen die longitudinalen Relaxationszeiten $T_1$, $T_{1\varrho}$ und $T_{1D}$ zur Anwendung. Sie gestatten eine unmittelbare Bestimmung der Korrelationszeiten $\tau_c$ in typischen Meßbereichen, die durch die Bedingung $\omega\tau_c \approx 1$ für das Minimum der jeweiligen Relaxationszeit in Abhängigkeit von der Temperatur (Veränderung von $\tau_c$) oder für das Dispersionsgebiet in Abhängigkeit von der magnetischen Induktion der benutzten äußeren Magnetfelder und des lokalen Magnetfeldes (Veränderung von $\omega$) festgelegt sind (Tab. 6.1). Besonderes Interesse verdienen dabei die Relaxationszeiten $T_{1\varrho}$ und $T_{1D}$, da mit ihrer Hilfe die für ein Studium langsamer Bewegungen typischen Meßbereiche erschlossen werden können.

Wir stellen uns in diesem Kapitel die Aufgabe, das Wesen dieser Relaxationsprozesse und die Meßverfahren zu erläutern. Dabei muß auf eine fundierte Einführung zum Spintemperaturkonzept und auf eine quantitative Behandlung zur Zeeman-Ordnung im konstanten äußeren Feld und im rotierenden Koordinatensystem sowie zur Dipolordnung verzichtet werden, wenngleich

Tabelle 6.1.

Anwendungsmöglichkeiten der Protonenspinrelaxation zum Studium von inneren Bewegungen in Festkörpern ($\tau_c$: Korrelationszeit; $\gamma = 2{,}675 \cdot 10^8\,T^{-1}\,s^{-1}$: gyromagnetisches Verhältnis für Protonen)

| Meßgröße | Bedingung zur Ermittlung der Korrelationszeit $\tau_c$ | Meßbereich für $\tau_c$ (in s) | Anwendung |
|---|---|---|---|
| Relaxationszeit $T_1$ im starken äußeren Feld $B_0$ $0{,}1\,T \lesseqgtr B \lesseqgtr 4\,T$ | $\gamma B_0 \tau_c \approx 1$ | $10^{-9} \cdots 5 \cdot 10^{-8}$ | Studium schneller anisotroper Bewegungen (z. B. $CH_3$-Rotation) |
| Relaxationszeit $T_{1\varrho}$ im starken Hochfrequenzfeld $B_2 = 2\check{B}_2 \cos \omega t$ $10^{-3}\,T \lesseqgtr \check{B}_2 \lesseqgtr 5 \cdot 10^{-3}\,T$ | $\gamma \check{B}_2 \tau_c \approx 1$ | $7 \cdot 10^{-7} \cdots 3 \cdot 10^{-6}$ | Studium langsamer Bewegungen |
| Relaxationszeit $T_{1D}$ im lokalen Dipolfeld $B_L$ $10^{-4}\,T \lesseqgtr B_L \lesseqgtr 10^{-3}\,T$ | $\gamma B_L \tau_c \approx 1$ | $4 \cdot 10^{-6} \cdots 4 \cdot 10^{-5}$ | Studium langsamer Bewegungen in Festkörpern mit dominierender Kern-Kern-Dipol-Dipol-Wechselwirkung |

dies für das theoretische Verständnis der Relaxationserscheinungen in Festkörpern von großer Wichtigkeit ist (vgl. dazu [7—9]). Im folgenden muß an diese Stelle eine anschauliche Erläuterung treten:

Als Zeeman-*Ordnung* bezeichnet man die Boltzmann-Verteilung der Kernspins auf die stationären Spinzustände $E_m$ im äußeren Magnetfeld mit der magnetischen Induktion $B_0$. Wie bereits an anderer Stelle dargestellt wurde, ist die longitudinale Relaxationszeit $T_1$ ein Maß für die Geschwindigkeit, mit der sich die durch die Temperatur $T$ des Gitters bestimmte Gleichgewichtsverteilung einstellt. Die Zeitkonstante $T_1$ für die Einstellung der Gleichgewichtsverteilung auf den Zeeman-

Energieniveaus wird daher auch ZEEMAN-Relaxationszeit genannt. Die Messung von $T_1$ kann mit Hilfe der im Kap. 4 dargestellten Verfahren erfolgen.

In der Hochtemperaturnäherung hängt die relative Besetzungszahl des Zustandes der Energie $E_m = -\gamma\hbar B_0 m$, $p_m \propto \exp(-E_m/kT) \approx 1 - E_m/kT$, linear vom Feld $B_0$ ab: Verringert man $B_0$ adiabatisch auf einen niedrigeren Wert $B$, so bleibt wegen der Adiabasie die Besetzung der Niveaus unverändert. Das Spinsystem befindet sich nach wie vor im inneren Gleichgewicht, das durch eine BOLTZMANN-Verteilung gekennzeichnet ist. Allerdings ist jetzt ein neuer Temperaturparameter $T_S$ einzusetzen, der Spintemperatur heißt und entsprechend den bisherigen Feststellungen durch $T_S = (B/B_0)\,T < T$ bestimmt ist. Die Definition der Spintemperatur ist an die Voraussetzung gebunden, daß die makroskopische longitudinale Magnetisierung stets proportional zur Besetzungszahldifferenz der stationären Spinzustände ist. Die reziproke Spintemperatur stellt damit ein direktes Maß für diese Komponente der Magnetisierung dar. Durch diese adiabatische Entmagnetisierung wurde eine hohe ZEEMAN-Ordnung in einem niederen Feld erzielt.

Eine elegante Möglichkeit, um eine hohe ZEEMAN-Ordnung nach adiabatischer Entmagnetisierung *ohne Änderung des starken äußeren Feldes* $B_0$ zu erzielen, bietet der adiabatische Übergang in ein kleines Effektivfeld im rotierenden Koordinatensystem. Ein einfaches Impulsverfahren hierzu ist das Spin-Locking-Experiment, das bereits im Abschn. 6.2.2 (Abb. 6.1a) erläutert wurde: Eine hohe ZEEMAN-Ordnung im rotierenden Koordinatensystem läßt sich erreichen, wenn die makroskopische Magnetisierung im Feld $B_0$ durch einen $\left(\frac{\pi}{2}, -y\right)$-Impuls in die $x'$-Richtung des rotierenden Koordinatensystems gedreht wird. Eine anschließende Einstrahlung eines um $\frac{\pi}{2}$ phasenverschobenen Hochfrequenzfeldes bewirkt, daß Magnetisierung und Feld gleichphasig die $z'$-Richtung umlaufen. Da die Magnetisierung etwa die gleiche Größe wie im Falle des Gleichgewichts im $B_0$-Feld behalten hat, andererseits aber der quasi-

Gleichgewichtswert im rotierenden Koordinatensystem $M_\varrho = \chi_0 \check{H}_2$ im Vergleich dazu viel niedriger ist, wurde auf diese Weise eine ZEEMAN-Ordnung niederer Spintemperatur erzeugt. ($2\check{H}_2$ ist die Amplitude der magnetischen Feldstärke des eingestrahlten Hochfrequenzfeldes.) Der Nachweis der ZEEMAN-Ordnung nach dem Spin-Locking erfolgt durch das Signal der freien Induktion nach plötzlichem Ausschalten des Hochfrequenzfeldes. Die Abnahme der Amplitude dieses Signals mit wachsender Dauer $\Delta$ des Hochfrequenzfeldes (Abb. 6.1a) geschieht proportional zu $\exp\left(-\frac{\Delta}{T_{1\varrho}}\right)$ und erlaubt eine Messung der Relaxationszeit $T_{1\varrho}$.

Der offensichtliche Nachteil dieses Verfahrens besteht darin, daß zur Messung eines einzigen Wertes von $T_{1\varrho}$ eine wiederholte Durchführung des Spin-Locking-Experiments bei Variation von $\Delta$ nötig ist. Da jedem dieser Experimente eine längere Wartezeit zur Einstellung des thermischen Gleichgewichts vorausgehen muß, deren Zeitkonstante $T_1$ im Festkörper Werte von Minuten betragen kann, erfordert die Messung von $T_{1\varrho}$ eine große Meßzeit.

Diese Schwierigkeit kann umgangen werden, wenn eine Folge von Spin-Locking-Impulsen [10] (mit den Bezeichnungen wie in Abb. 6.1b) zur Anwendung kommt, deren gegenseitiger Abstand $\varepsilon$ so lang sein muß, daß während dieser Zeit eine Messung des Kernresonanzsignals erfolgen kann. Andererseits ist $\varepsilon$ kurz gegen $T_2$ zu wählen, um die Abnahme der Magnetisierung auf Grund der transversalen Relaxation gering zu halten. Außerdem ist der zusätzliche Verlust der Magnetisierung durch den wiederholten Meßprozeß (z. B. infolge der Anschaltvorgänge bei den Spin-Locking-Impulsen) zu eliminieren, was durch die Verwendung von verschiedenen Impulsfolgen geschieht, die sich nicht in der Anzahl und dem Abstand der Impulse, sondern nur in ihrer Dauer unterscheiden. In der Arbeit [9] wurden zwei Folgen mit Impulsdauern $\Delta$ und $2\Delta$ angewandt. Erzeugt man die Relaxationskurve $\propto \exp\left(-\frac{\Delta}{T_{1\varrho}}\right)$ jeweils durch $n$ Messungen und bestimmt man das Verhältnis der Magnetisierungswerte $M^{(k)}(\Delta)$ und $M^{(k)}(2\Delta)$ für den $k$-ten Meßpunkt, so folgt

$$\frac{M^{(k)}(\Delta)}{M^{(k)}(2\Delta)} = e^{-k(2\Delta-\Delta)/T_{1\varrho}}. \tag{6.18}$$

Aus der Abhängigkeit dieses Verhältnisses von der Zahl $k$ kann die Relaxationszeit $T_{1\varrho}$ sofort ermittelt werden.

Auf eine bedeutend einfachere und schnellere Messung der longitudinalen Relaxationszeit im starken Hochfrequenzfeld wird im Zusammenhang mit Experimenten unter Verwendung von Vielimpulsgruppen eingegangen (vgl. Abschn. 6.4.6).

Als *Dipol-Ordnung* bezeichnet man die BOLTZMANN-Verteilung der Kernspins auf die stationären Zustände bei Anwesenheit der lokalen Magnetfelder infolge der Kern-Kern-Dipol-Dipol-Wechselwirkung. Wegen der Kleinheit dieser lokalen Magnetfelder ($B_L \approx 10^{-4}$ bis $10^{-3}$ T) im Vergleich zum äußeren Feld $B_0$ ($B_0 \geqq 0{,}1$ T) liegen die Energiewerte dieser Zustände dicht beieinander. Daher kann im allgemeinen eine unterschiedliche Besetzung innerhalb der verbreiterten ZEEMAN-Energieniveaus vernachlässigt werden, was in Abb. 6.2a veranschaulicht ist. Man spricht von einem Übergang von der ZEEMAN- zur Dipol-Ordnung, wenn es gelingt, die Besetzungsverteilung auf den Energiezuständen $E_m$ im Feld $B_0$ auf die Energiezustände im Feld $B_L$ zu übertragen, wie es in Abb. 6.2b veranschaulicht ist. In diesem Beispiel wäre zwar die ZEEMAN-Ordnung zerstört, aber das Spinsystem befände sich in einem inneren Gleichgewicht. Durch die BOLTZMANN-Verteilung auf den Energiezuständen der Spins im lokalen Magnetfeld ließe sich eine dipolare Spintemperatur definieren, der eine dipolare Energie von der Größenordnung der ZEEMAN-Energie entspräche.

Eine anschauliche Vorstellung vom Nachweis der Dipol-Ordnung vermittelt ein von JEENER und BROEKAERT [7] und ANDERSON und HARTMANN [11] benutztes klassisches Vektormodell, das von der Vernachlässigung der Kopplung zwischen den Spins ausgeht und berücksichtigt, daß die Form des Absorptionssignals als eine Verteilung der Resonanzfrequenzen der einzelnen Spins um die Resonanzfrequenz $\omega_0$ dargestellt werden kann. In diesem Bild hat man es also mit einem Gemisch von nicht miteinander wechselwirkenden „schnellen" (Resonanzfrequenzen $\omega_i > \omega_0$) und „langsamen" (Resonanzfrequenzen $\omega_i < \omega_0$) Spins zu tun. Durch einen $\left(\frac{\pi}{2}, -y\right)$-Impuls zum Zeitpunkt $t = 0$ werden alle Spins in die $x'$-Richtung des rotierenden

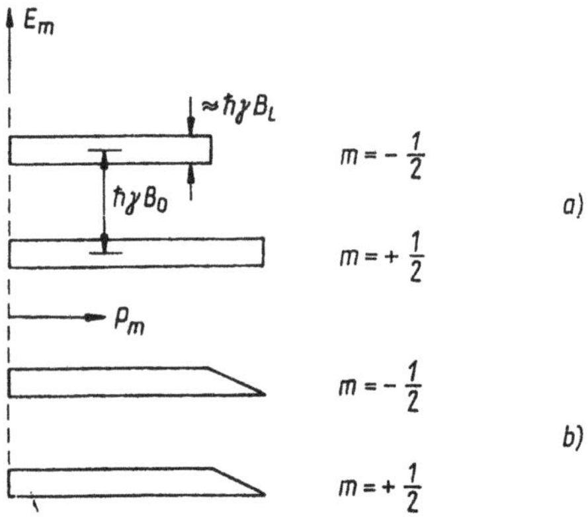


Abb. 6.2. Übergang von der ZEEMAN- (*a*) zur Dipol-Ordnung (*b*) ($E_m$: Energieeigenwert, $p_m$: relative Besetzungszahl, $m$: magnetische Quantenzahl; nicht maßstabsgerecht gezeichnet)

Koordinatensystems gedreht (Abb. 6.3a). Danach beginnen schnelle ($s$) und langsame ($l$) Spins im rotierenden Koordinatensystem mit entgegengesetztem Drehsinn um die $z'$-Richtung zu präzedieren. Nach einer Zeit $t = \tau \approx T_2$ zeigen sie im Mittel in die $y'$- bzw. $-y'$-Richtung (Abb. 6.3b), wobei die Zuordnung dieser Richtungen zu den $s$- bzw. $l$-Spins vom Vorzeichen des gyromagnetischen Verhältnisses $\gamma$ abhängt. (Bei $\gamma > 0$ zeigen die Teilmagnetisierungen $s$ bzw. $l$ in die $-y'$ bzw. $+y'$-Richtung.) Zu diesem Zeitpunkt wirkt ein zweiter $\frac{\pi}{2}$-Impuls auf das Spinsystem ein, der gegenüber dem ersten um

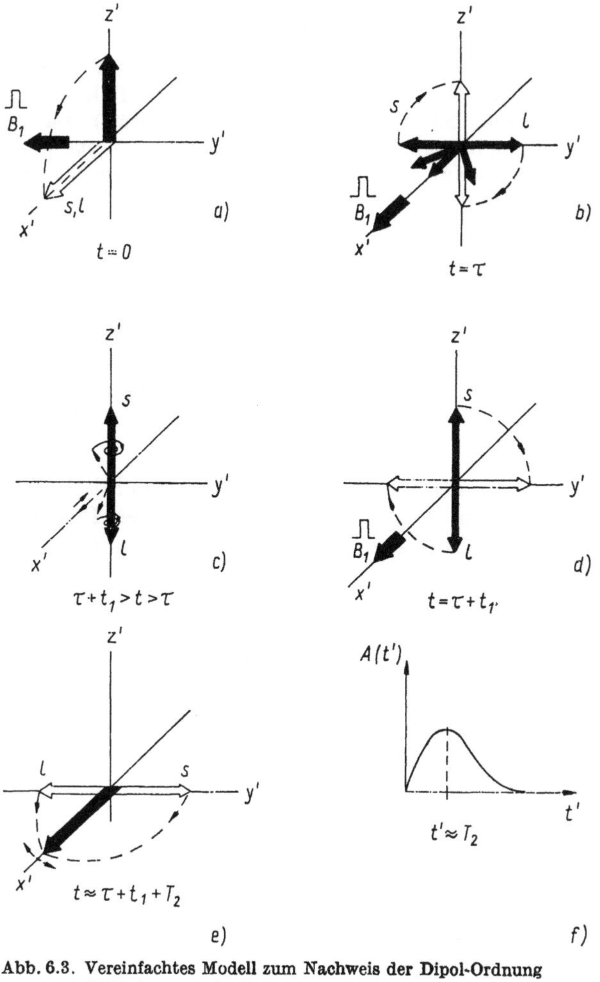


**Abb. 6.3.** Vereinfachtes Modell zum Nachweis der Dipol-Ordnung (Erläuterungen im Text)

$\frac{\pi}{2}$ phasenverschoben ist ($\left(\frac{\pi}{2}, x\right)$-Impuls) und die Spins von den $+y'$- bzw. $-y'$-Richtungen in $z'$- bzw. $-z'$Richtungen dreht (Abb. 6.3c, die zur $z'$-Richtung senkrechten Teilmagnetisierungen werden mit der Zeitkonstante $T_2$ zerstört). Da die Unterscheidung in schnelle ($+z'$-Richtung bei $\gamma > 0$) und langsame Spins allein auf die dipolare Wechselwirkung zurückgeht, ist auf diese Weise die Erzeugung einer Dipol-Ordnung gelungen, deren Nachweis nun einfach mit einem weiteren $\left(\frac{\pi}{2}, x\right)$-Impuls im Abstand $t = \tau + t_1$ (Abb. 6.3d) gelingt. Dadurch werden die Teilmagnetisierungen $s$ bzw. $l$ in die $+y'$ bzw. $-y'$-Richtungen überführt, und nach einer Zeit von der Größenordnung $T_2$ addieren sich die Teilmagnetisierungen zu einem Signal in $x'$-Richtung (Abb. 6.3e), das anschließend wieder abnimmt. Dementsprechend erwartet man einen Signalverlauf $A(t' = t - \tau - t_1)$ wie in Abb. 6.3f.

Dieses vereinfachte Modell führt hinsichtlich der Drehwinkel $\alpha_2$ und $\alpha_3$ des zweiten und dritten Impulses zu falschen Voraussagen: Ein maximales Dipol-Signal ist für $\alpha_2 = \alpha_3 = \frac{\pi}{4}$ zu beobachten, dessen Amplitude mit wachsendem Abstand $t_1$ zwischen den beiden $\frac{\pi}{4}$-Impulsen proportional zu $\exp[-t_1/T_{1D}]$ abnimmt.

Damit liegt ein einfaches Meßverfahren für die dipolare Relaxationszeit $T_{1D}$ vor (Abb. 6.4).

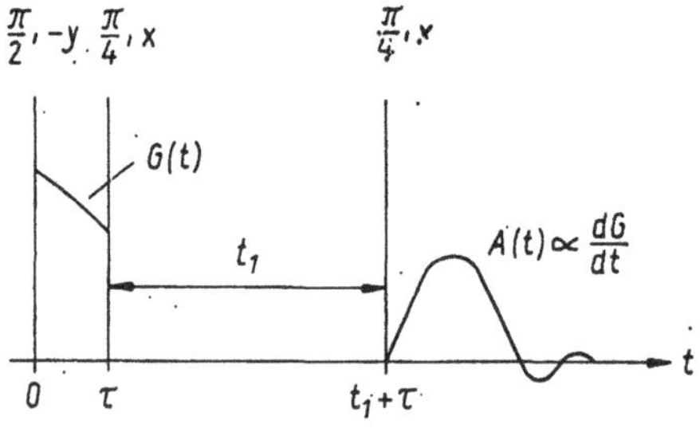


Abb. 6.4. Impulsfolge zur Messung der Relaxationszeit $T_{1D}$: $A(t_1) = A(0) \exp[-t_1/T_{1D}]$.

Die Form des Dipol-Signals ist proportional zur Ableitung $dG(t)/dt$ der transversalen Relaxationsfunktion. Bei optimaler Einstellung des Abstandes $\tau \approx T_2$ zwischen den ersten beiden Impulsen kann seine Amplitude 50% der Anfangsamplitude der normalen freien Induktion betragen.

## *6.4. Hochauflösende Kernresonanz häufiger Kerne im Festkörper*

### *6.4.1. Problemstellung*

Der HAMILTON-Operator eines Spinsystems setzt sich aus den Operatoren der ZEEMAN-Energie $\mathcal{H}_z$ und der magnetischen Wechselwirkungsenergie $\mathcal{H}_2$ zusammen, die für Atomkerne mit halbzahligen Spins meist die magnetische Dipol-Dipol-Wechselwirkung $\mathcal{H}_d$ zwischen den Kernspinmomenten, die indirekte Spin-Spin-Wechselwirkung $\mathcal{H}_{JJ}$ und den Operator $\mathcal{H}_S$ für die Resonanzverschiebung (chemische Verschiebung und KNIGHT-Verschiebung) enthält:

$$\mathcal{H} = \mathcal{H}_z + \mathcal{H}_2 = \mathcal{H}_z + \mathcal{H}_d + \mathcal{H}_{JJ} + \mathcal{H}_S. \quad (6.19)$$

In *Flüssigkeiten* unterliegen die spintragenden Moleküle einer schnellen Umorientierung und Translation, und die anisotropen Anteile der magnetischen Wechselwirkungsenergie $\mathcal{H}_2$ mitteln sich aus. Da der Mittelwert von $\mathcal{H}_d$ völlig verschwindet, werden die Resonanzfrequenzen in erster Ordnung nur durch die chemische Verschiebung und die indirekte Spin-Spin-Kopplung bestimmt. Wegen der hohen Präzision (bis zu $2 \cdot 10^{-9}\ s^{-1}$), mit der man magnetische Kernresonanzen in Flüssigkeiten messen kann, führen schon geringe Veränderungen in der elektronischen Umgebung der Atomkerne zu einer beobachtbaren Resonanzverschiebung. Dies erklärt die große Bedeutung der hochauflösenden Kernresonanz bei der Untersuchung molekularer Strukturen.

Im Falle der *Festkörper* ist für diese Diskussion nur der säkulare Anteil $\mathscr{H}_d^z$ der magnetischen Dipolwechselwirkung von Interesse. Der Operator hängt, wie bereits dargestellt wurde, nicht von der Zeit ab. Die dadurch auftretenden starken lokalen Magnetfelder ($B_L \approx 10^{-3}$ T) verursachen eine solche Verbreiterung der Resonanzlinien, daß der Einfluß der Operatoren $\mathscr{H}_S + \mathscr{H}_{JJ}$ auf die Resonanzfrequenzen nicht mehr nachweisbar ist und die Strukturinformation aus den Resonanzverschiebungen verloren geht. Eine hochauflösende Kernresonanz im Festkörper ist daher nur möglich, wenn der Einfluß der dipolaren Wechselwirkung beseitigt wird.

Das *Prinzip* der Verringerung von $\mathscr{H}_d^z$ besteht darin, eine künstliche Zeitabhängigkeit des Hamilton-Operators durch die Anwendung

1. einer Probenrotation (Andrew [12], Lowe [13]),
2. starker hochfrequenter Felder (Redfield [14], Lee und Goldburg [15]) oder
3. von speziellen Impulsprogrammen (Waugh u. a. [16], Mansfield u. a. [17])

zu erzeugen.

Das *Ziel* ist also, das Spektrum durch einen mittleren Hamilton-Operator

$$\overline{\mathscr{H}} = \overline{\mathscr{H}_Z} + \overline{\mathscr{H}_d} + \overline{\mathscr{H}_S} + \overline{\mathscr{H}_{JJ}} \tag{6.20}$$

zu beschreiben, für den die Linienaufspaltungen infolge des Dipolanteils $\overline{\mathscr{H}_d}$ vernachlässigbar gegenüber dem Einfluß von $\overline{\mathscr{H}_S} + \overline{\mathscr{H}_{JJ}}$ sind.

Wie noch im einzelnen darzulegen ist, haben sich erst durch die Anwendung von speziellen Impulsprogrammen reale Möglichkeiten für eine hochauflösende magnetische Kernresonanz im Festkörper ergeben (vgl. die zusammenfassenden Darstellungen [18—21]). Nach einer kurzen Behandlung der Grenzen für die anderen Methoden konzentriert sich daher die Behandlung auf die Impulsverfahren.

### 6.4.2. *Schnelle Probenrotation um den magischen Winkel*

Wir gehen wieder davon aus, daß für die Linienform der Kernresonanzlinie im Festkörper nur der säkulare Anteil $\mathcal{H}_d^z$ des Operators $\mathcal{H}_d$ der magnetischen Dipolwirkung zwischen den Kernspinmomenten $\tilde{\mu}_i = \gamma\hbar\tilde{\boldsymbol{I}}_i$ und $\tilde{\mu}_j = \gamma\hbar\tilde{\boldsymbol{I}}_j$ von Wichtigkeit ist (vgl. Gln. (6.10) und (6.11)). Beiträge in 2. Ordnung der Störungstheorie sollen also wie üblich vernachlässigbar sein. Durch die Rotation der Probe mit der Kreisfrequenz $\omega_r$ um eine Achse, die gegen die $\boldsymbol{B}_0$-Feldrichtung um den Winkel $\theta$

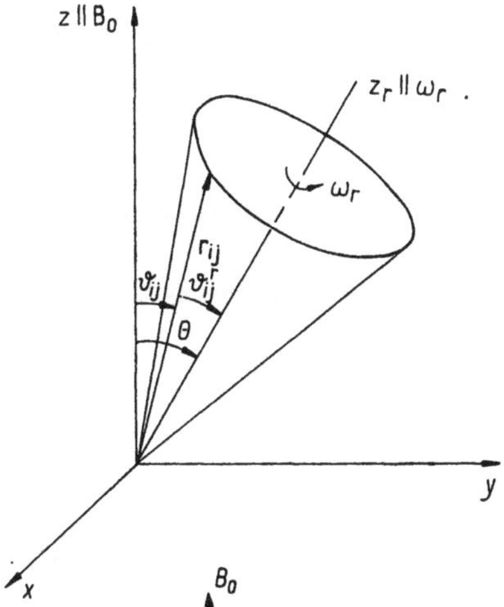


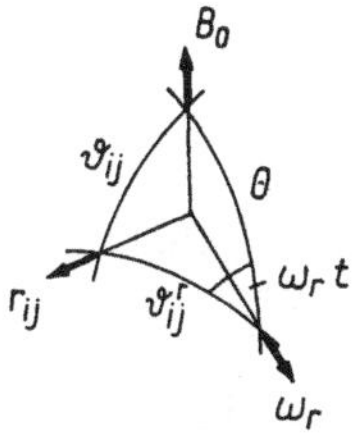


Abb. 6.5. Zur Definition des Winkels $\theta$ der Rotationsachse $\omega_r$

a) Bewegung des Kernverbindungsvektors $\boldsymbol{r}_{ij}$ auf einem Kegelmantel

b) Sphärisches Dreieck

geneigt ist (Abb. 6.5), wird der Winkelanteil

$$d_{ij} = -\frac{\gamma^2\hbar^2}{2r_{ij}^3}(1 - 3\cos^2\vartheta_{ij}) \tag{6.11}$$

des Operators $\mathscr{H}_d^z$ zeitabhängig. Um den für das Experiment wichtigen mittleren Operator zu berechnen, wird eine Beziehung zwischen den Winkeln $\vartheta_{ij}$ bzw. $\vartheta_{ij}^r$ des Kernverbindungsvektors $\boldsymbol{r}_{ij}$ mit der $\boldsymbol{B}_0$-Feldrichtung bzw. der Richtung $\omega_r$ der Rotationsachse benötigt. Mit Hilfe des Kosinussatzes der sphärischen Trigonometrie (vgl. die Kennzeichnung der Winkel in Abb. 6.5b) erhält man sofort

$$\cos\vartheta_{ij} = \cos\vartheta_{ij}^r\cos\theta + \sin\vartheta_{ij}^r\sin\theta\cos(\omega_r t)\,. \tag{6.21}$$

Setzt man Gl. (6.21) in Gl. (6.11) ein und berechnet man den zeitlichen Mittelwert, so ergibt sich

$$\overline{d_{ij}}^t = +\frac{\gamma^2\hbar^2}{4r_{ij}^3}(1 - 3\cos^2\theta)(1 - 3\cos^2\vartheta_{ij}^r)\,. \tag{6.22}$$

Der gemittelte säkulare Anteil der magnetischen Dipolwechselwirkung

$$\overline{\mathscr{H}_d^z} = \sum_{i<j}\overline{d_{ij}}^t(\tilde{\boldsymbol{I}}_i\tilde{\boldsymbol{I}}_j - 3\tilde{I}_{zi}\tilde{I}_{zj}) \tag{6.23}$$

wird demnach zu Null, wenn der „*magische*“ *Winkel*,

$$\cos^2\theta_m = \frac{1}{3}\,, \quad \theta_m = 54{,}7°\,, \tag{6.24}$$

zwischen dem $B_0$-Feld und der Rotationsachse eingestellt wird.

Der Hamilton-Operator $\mathscr{H}_d^z$ kann aber nur dann durch seinen zeitlichen Mittelwert $\overline{\mathscr{H}_d^z}$ ersetzt werden, wenn die Umlaufzeit $T_r = \frac{2\pi}{\omega_r}$ der Probe klein im Vergleich zur Relaxationszeit $T_2(\approx M_2^{-1/2})$ ist ($M_2$ = zweites Moment des starren Gitters, Gl. (6.12)). Ist die

Resonanzlinie bereits durch thermische Bewegungen verschmälert, so wird die Probenrotation darüber hinaus nur dann von Einfluß sein, wenn $T_r$ kleiner als die entsprechende thermische Korrelationszeit $\tau_c$ ist. Beide Bedingungen erfordern Rotationsfrequenzen von $\frac{\omega_r}{2\pi} \approx 10^6$ Hz, die technisch nicht zu realisieren sind. Es wurden bisher Turbinen mit Rotationsfrequenzen bis zu einigen Kilohertz (8 kHz [22], 10 kHz [23], 8 kHz [24], 7 kHz [25]) konstruiert, die nur in Spezialfällen zum Ziele führen. In Kombination mit Impulsmethoden zur Linienverschmälerung findet die Probenrotation um den magischen Winkel aber eine immer breitere Anwendung [26, 27].

Durch die Probenrotation um den magischen Winkel werden im allgemeinen Fall alle Wechselwirkungen zu Null ausgemittelt, die wie die magnetische Dipolwechselwirkung und die Quadrupolwechselwirkung durch einen Tensor 2. Ordnung mit der Spur Null dargestellt werden können. Bei den übrigen Wechselwirkungen tritt an Stelle des symmetrischen Tensors 2. Ordnung seine Spur. Die meßbaren Größen sind also der isotrope Anteil der chemischen und der KNIGHT-Verschiebung

$$\bar{\mathscr{H}}_S = \sum_i \delta_i \tilde{I}_{zi} \tag{6.25}$$

und der indirekten Spin-Spin-Wechselwirkung

$$\bar{\mathscr{H}}_{JJ} = \sum_{i<j} J_{ij} \tilde{\boldsymbol{I}}_i \tilde{\boldsymbol{I}}_j \tag{6.26}$$

mit der Kopplungskonstanten $J_{ij}$ und mit $\delta_i = \gamma_i \hbar B_0 \times (\sigma_i - K_i)$. $\sigma_i$ ist die Konstante der chemischen und $K_i$ die Konstante der KNIGHT-Verschiebung. Mögliche antisymmetrische Anteile der Tensoren spielen keine Rolle, da sie zur Resonanzverschiebung nur Beiträge 2. Ordnung der Störungstheorie liefern, die im allgemeinen vernachlässigbar sind.

### 6.4.3. *Relaxation im starken Hochfrequenzfeld*

Es liege senkrecht zum $\boldsymbol{B}_0$-Feld ein starkes und homogenes Feld mit der Amplitude $2\check{B}_1$ der magnetischen Induktion und der Kreisfrequenz $\omega$ an. Im rotierenden Koordinatensystem $x'$, $y'$, $z'$ (vgl. Abschn. 1.4.1) präzediert die Magnetisierung $\boldsymbol{M}_z(t)$ um das effektive Feld $\boldsymbol{B}_e$, und seine Komponente senkrecht zu $\boldsymbol{B}_e$ geht gegen Null. Wenn das effektive Feld genügend stark ist, ist die Einhüllende der gedämpften Oszillation von $\boldsymbol{M}_z(t)$

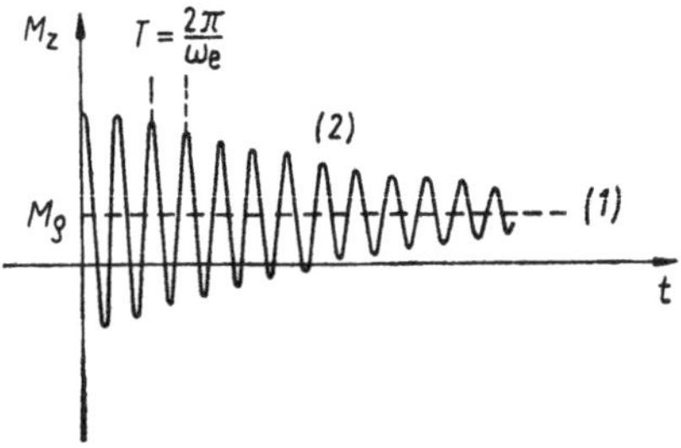


Abb. 6.6. Oszillationen infolge der Präzession der Magnetisierung um die Richtung des effektiven Feldes bei Einstellung des magischen Winkels
(1) Magnetisierung in Richtung des effektiven Feldes
(2) Abfall der senkrechten Komponente

mit der gewöhnlichen freien Induktion im Laborkoordinatensystem identisch, wobei aber die Zeitskala um einen Faktor $|\lambda_0(\theta)|^{-1}$,

$$\lambda_0(\theta) = \frac{1}{2}\,(1 - 3\cos^2\theta)\,, \tag{6.27}$$

gedehnt ist. Die zu $\boldsymbol{B}_e$ parallele Komponente nähert sich dem Gleichgewichtswert $M_\varrho$ im rotierenden Koordinatensystem mit der Zeitkonstante $T_{1\varrho}$ an (vgl. Abschn. 6.3).

Uns interessieren hier nur die Oszillationen (2) (vgl. Abb. 6.6): Der dargestellte Sachverhalt folgt aus der Tatsache, daß der säkulare Anteil $\overline{\mathscr{H}_d^z}$ der magnetischen Dipolwechselwirkung im rotierenden Koordinatensystem die gleiche Form wie in Gl. (6.23) (mit Gl. (6.22)) besitzt. Der effektive HAMILTON-Operator im rotierenden Koordinatensystem (für ein System äquivalenter Spins $I = \frac{1}{2}$) unterscheidet sich also hinsichtlich der für die Linienformberechnungen wesentlichen Beiträge der ZEEMAN-Energie und der magnetischen Dipolwechselwirkung nur darin vom HAMILTON-Operator im Laborkoordinatensystem (vgl. Abschn. 6.2.1), daß $B_0$ durch $B_e$ und $\mathcal{H}_d^z$ durch $-\lambda(\theta)\,\mathcal{H}_d^z$ zu ersetzen ist. Der Einfluß des Operators $\mathcal{H}_d^z$, der für die Geschwindigkeit der Abnahme der zu $\boldsymbol{B}_e$ senkrechten Komponente der Magnetisierung $M_z(t)$ maßgeblich ist, kann somit durch Einstellung des magischen Winkels $\theta_m$ eliminiert werden, der wieder durch die Gleichung

$$\lambda_0(\theta_m) = 0 \quad \text{bzw.} \quad \cos^2\theta_m \equiv \frac{B_0 - \dfrac{\omega}{|\gamma|}}{\left(B_0 - \dfrac{\omega}{|\gamma|}\right)^2 + \check{B}_1{}^2} = \frac{1}{3} \tag{6.28}$$

definiert ist. Daraus resultiert die Dehnung der Zeitskala.

Im Idealfall $\lambda_0(\theta_m) = 0$ wird die Einhüllende der gedämpften Oszillationen nur durch die nichtsäkularen Anteile bestimmt (vgl. [28] für genauere theoretische Untersuchungen). Voraussetzung dafür ist allerdings, daß das $\boldsymbol{B}_1$-Feld streng homogen (Abweichungen $< 1\%$ über die Probe) und seine Amplitude $2\check{B}_1$ zeitlich konstant ist (Schwankungen $< 10^{-4}$). Damit die Mittelung zur Wirkung kommen kann, muß das $\boldsymbol{B}_1$-Feld der Forderung

$$|\gamma|\,\check{B}_1 \gg M_2{}^{1/2} \tag{6.29}$$

genügen, wobei $M_2$ das zweite Moment des starren Gitters bezeichnet. Die Resonanzverschiebung wird um den Faktor $\sqrt{3}$ verringert. Der Operator $\overline{\mathcal{H}_S}$ besitzt die gleiche Form wie in Gl. (6.57) (S. 236).

In der Methode nach LEE und GOLDBURG [15] werden die gedämpften Oszillationen der Magnetisierung $M_z(t)$ punktweise vermessen. Zur Ermittlung eines einzelnen Wertes $M_z(t)$ wird zum Zeitpunkt $t = 0$, nachdem sich das thermische Gleichgewicht im Spinsystem eingestellt hat, ein Hochfrequenzfeld $\boldsymbol{B}_2(t) = 2\check{B}_2 \cos \omega t \boldsymbol{e}_x$ eingeschaltet. In Gegenwart des Hochfrequenzfeldes $\boldsymbol{B}_2(t)$ präzediert die Magnetisierung $M_z(t)$ um die Richtung des effektiven Feldes. Die Dauer $t$ des Feldes sollte viel kleiner als die longitudinale Relaxationszeit $T_{1\varrho}$ sein, um den Relaxationseinfluß gering zu halten. Kreisfrequenz $\omega$ und Amplitude $2\check{B}_2$ dieses Hochfrequenzfeldes sind in Übereinstimmung mit den Bedingungen gemäß den Gln. (6.28) und (6.29) zu wählen. Zum Zeitpunkt $t + \tau_d$ ($T_2 \ll \tau_d \ll T_1$), wenn die transversale Magnetisierung nach dem Abschalten des $\boldsymbol{B}_2$-Feldes zu Null geworden ist, folgt ein $\frac{\pi}{2}$-Impuls. Die Anfangsamplitude der darauf folgenden freien Induktion ist proportional zum Momentanwert $M_z(t)$.

Der offensichtliche Nachteil dieses Verfahrens besteht neben den kritischen Voraussetzungen zum $\boldsymbol{B}_2$-Feld (s. o.) darin, daß die Messung des gesamten Zeitverlaufes $M_z(t)$ sehr langwierig ist. Strahlt man das $\boldsymbol{B}_2$-Feld instationär ein [29], wobei die Amplitude $2\check{B}_2$ entsprechend dem Tastverhältnis größer sein muß, so kann die Magnetisierung zwischen den Impulsen gemessen und der Zeitaufwand herabgesetzt werden.

### 6.4.4. *Spezielle Impulsprogramme*

#### 6.4.4.1. *Prinzip. WHH4-Gruppe*

Durch sehr schmale und intensive Hochfrequenzimpulse mit bestimmten Abständen und Phasen kann man erreichen, daß sich das Spinsystem so verhält, als ob ein effektiver HAMILTON-Operator wirksam wäre, der durch bestimmte Transformationen aus dem ursprünglichen Hamilton-Operator hervorgeht. Die Art der Transformation hängt unmittelbar von dem gewählten Impulsprogramm ab und erlaubt eine Manipulation der verschiedenen Teile des Hamilton-Operators. Auf diese Weise gelingt es, im transformierten Hamilton-Operator (Gl. (6.20)) die magnetische Dipolwechselwirkung stark zu verringern, ohne daß die Operatoren für die Resonanzverschiebung und die indirekte Spin-Spin-Kopplung wesentlich reduziert werden. Im folgenden wird diese Methode in einer vereinfachenden Betrachtung erläutert, die sich an die Arbeit [30] anschließt.

Es liege ein System von $N$ gleichen Spins $\left(I_i = \frac{1}{2},\ \gamma_i = \gamma\right)$ vor, dessen Hamilton-Operator die in Gl. (6.19) erfaßten Beiträge enthält. An das Spinsystem werden die gleichen Voraussetzungen gestellt wie im Abschn. 4.1 (Gültigkeit der Hochtemperatur- und der Hochfeldnäherung). Zum Zeitpunkt $t = 0$ werde durch einen $\frac{\pi}{2}$-Impuls eine freie Induktion erzeugt. Nach Abschalten dieses Präparierimpulses (Zeitpunkt $t = +0$) kann das System durch einen Dichteoperator $\varrho_P$ beschrieben werden, der für verschiedene Phasen des gepulsten Hochfrequenzfeldes aus Tab. 4.2 (S. 125) zu entnehmen ist. Dem Präparierimpuls schließt sich eine Folge idealer, nichtselektiver Hochfrequenzimpulse $P_i\left(\check{B}_1 \to \infty, t_w \to 0,\ \gamma \check{B}_1 t_w = \frac{\pi}{2}\right)$ im gegenseitigen Abstand $\tau_i$ an, d. h. zu den Zeiten

$$t_i = \sum_{k=1}^{i} \tau_k.$$

Wenn wir die folgenden Berechnungen wie im Abschn. 4.1 (Gln. (4.25) bis (4.32)) im rotierenden Koordinatensystem ausführen, läßt sich die Wirkung des $l$-ten $\frac{\pi}{2}$-Impulses $P_l$ auf das Spinsystem in Analogie zur Gl. (4.32″) durch

$$\tilde{\varrho}_r(\text{nach}) = \tilde{P}_l \tilde{\varrho}_r(\text{vor})\, \tilde{P}_l^{-1} \tag{6.30}$$

beschreiben. $\tilde{\varrho}_r(\text{vor})$ bzw. $\tilde{\varrho}_r(\text{nach})$ bezeichnen die Dichteoperatoren unmittelbar vor dem $l$-ten Impuls bzw. unmittelbar nach dessen Abschalten. Im Intervall $t_l \leqq t < t_{l+1}$ zwischen dem $l$-ten und dem $l+1$-ten Impuls ergibt die Rechnung

$$\tilde{\varrho}_r(t) = \tilde{U}_l(t)\, \varrho_r(\text{nach})\, \tilde{U}_l^{-1}(t), \tag{6.31}$$

wobei der Entwicklungsoperator $\tilde{U}_l(t)$ von der Vorgeschichte der Probe abhängt. Zur Konstruktion des Operators $\tilde{U}_l(t)$ analysieren wir schrittweise die zeitliche Entwicklung des Systems seit dem Abschalten des Präparierimpulses zur Zeit $t = +0$:

$+0 \leqq t \leqq \tau_1$:

In Analogie zu den Gln. (4.25) bis (4.32) ergibt die Rechnung, wenn man dort den Operator $\mathscr{H}_{1r}$ durch den Wechselwirkungsoperator $\mathscr{H}_{2r}$ für die Festkörperprobe im rotierenden Koordinatensystem ersetzt,

$$\tilde{\varrho}_r(t) = \mathrm{e}^{-\frac{i}{\hbar}\mathscr{H}_{2r}t}\, \tilde{\varrho}_P\, \mathrm{e}^{+\frac{i}{\hbar}\mathscr{H}_{2r}t}. \tag{6.32}$$

Unmittelbar nach der Einwirkung des Impulses $P_1$ zur Zeit $t = \tau_1$ wird der Zustand des Systems gemäß Gl. (6.30) durch

$$\tilde{\varrho}_r(+\tau_1) = \tilde{U}_1(\tau_1)\, \tilde{\varrho}_p \tilde{U}_1^{-1}(\tau_1) \tag{6.33}$$

beschrieben, wobei zur Abkürzung

$$\tilde{U}_1(\tau_1) = \tilde{P}_1\, \mathrm{e}^{-\frac{i}{\hbar}\mathscr{H}_{2r}\tau_1} \tag{6.34}$$

gesetzt wurde.

$\tau_1 \leqq t \leqq \tau_1 + \tau_2$:

Zwischen den Impulsen $P_1$ und $P_2$ besitzt der Dichteoperator die Form

$$\tilde{\varrho}_r(t) = \mathrm{e}^{-\frac{i}{\hbar}\mathscr{H}_{2r}\cdot(t-\tau_1)}\tilde{U}_1(\tau_1)\,\tilde{\varrho}_P\tilde{U}_1^{-1}(\tau_1)\,\mathrm{e}^{\frac{i}{\hbar}\mathscr{H}_{2r}\cdot(t-\tau_1)}. \qquad (6.35)$$

Multipliziert man den Operator $\tilde{\varrho}_r(t)$ von links und rechts mit dem Einheitsoperator $1 = \tilde{P}_1\tilde{P}_1^{-1}$ und beachtet man die Identität

$$\tilde{P}_1^{-1}\,\mathrm{e}^{-\frac{i}{\hbar}\mathscr{H}_{2r}\cdot(t-\tau_1)}\tilde{P}_1 \equiv \mathrm{e}^{-\frac{i}{\hbar}\tilde{P}_1^{-1}\mathscr{H}_{2r}\tilde{P}_1\cdot(t-\tau_1)},$$

so ergibt sich für den Entwicklungsoperator in Gl. (6.35)

$$\mathrm{e}^{-\frac{i}{\hbar}\mathscr{H}_{2r}\cdot(t-\tau_1)}\tilde{U}_1(\tau_1) = \tilde{P}_1\,\mathrm{e}^{-\frac{i}{\hbar}\tilde{P}_1^{-1}\mathscr{H}_{2r}\tilde{P}_1\cdot(t-\tau_1)}\,\mathrm{e}^{-\frac{i}{\hbar}\mathscr{H}_{2r}\tau_1}. \qquad (6.36)$$

Unmittelbar nach dem Einwirken des Impulses $P_2$ zur Zeit $t = \tau_2 + \tau_1$ lautet also der Dichteoperator

$$\tilde{\varrho}_r(+\tau_1 + \tau_2) = \tilde{U}_2(+\tau_1 + \tau_2)\cdot\tilde{\varrho}_P\tilde{U}_2^{-1}(+\tau_1 + \tau_2) \qquad (6.37)$$

mit

$$\tilde{U}_2(+\tau_1 + \tau_2) = \tilde{P}_2\tilde{P}_1\,\mathrm{e}^{-\frac{i}{\hbar}\tilde{P}_1^{-1}\mathscr{H}_{2r}\tilde{P}_1\tau_2}\,\mathrm{e}^{-\frac{i}{\hbar}\mathscr{H}_{2r}\tau_1} \qquad (6.38)$$

usw.

Diese Ergebnisse lassen sich verallgemeinern: Führt man einen transformierten HAMILTON-Operator $\tilde{\mathscr{H}}(t)$ ein, der in den einzelnen Zeitintervallen die Form

$$\begin{aligned}
\tilde{\mathscr{H}}_1 &= \mathscr{H}_{2r} && \text{für } +0 \leqq t < \tau_1,\\
\tilde{\mathscr{H}}_2 &= \tilde{P}_1^{-1}\mathscr{H}_{2r}\tilde{P}_1 && \text{für } +\tau_1 \leqq t < \tau_1 + \tau_2, \qquad (6.39)\\
\tilde{\mathscr{H}}_3 &= \tilde{P}_2^{-1}\tilde{P}_1^{-1}\mathscr{H}_{2r}\tilde{P}_1\tilde{P}_2 && \text{für } +\tau_1 + \tau_2 \leqq t < \tau_1 + \tau_2 + \tau_3
\end{aligned}$$

usw. besitzt, so erhält man für den Dichteoperator zur Zeit $t = \sum_{k=1}^{n} \tau_k$ unmittelbar nach dem $n$-ten Impuls

$$\tilde{\varrho}_r(t) = \tilde{U}_n(t)\cdot\tilde{\varrho}_P\tilde{U}_n^{-1}(t). \qquad (6.40)$$

Der Entwicklungsoperator $\tilde{U}_n(t)$ läßt sich als zeitgeordnetes Produkt

$$\tilde{U}_n(t) = \left(\tilde{T} \prod_{l=1}^{n} \tilde{P}_l\right) \left(\tilde{T} \prod_{k=1}^{n} e^{-\frac{i}{\hbar} \tilde{\mathscr{H}}_k \tau_k}\right) \qquad (6.41)$$

von Exponentialoperatoren schreiben. Die in Klammern stehenden Produkte sind definiert durch

$$\tilde{T} \prod_{l=1}^{n} \tilde{P}_l = \tilde{P}_n \tilde{P}_{n-1} \cdots \tilde{P}_1 \qquad (6.41')$$

und

$$\tilde{T} \prod_{k=1}^{n} e^{-\frac{i}{\hbar} \tilde{\mathscr{H}}_k \tau_k} = e^{-\frac{i}{\hbar} \tilde{\mathscr{H}}_n \tau_n} e^{-\frac{i}{\hbar} \tilde{\mathscr{H}}_{n-1} \tau_{n-1}} \cdots e^{-\frac{i}{\hbar} \tilde{\mathscr{H}}_1 \tau_1}. \qquad (6.41'')$$

$\tilde{T}$ bezeichnet den Zeitordnungsoperator. Wenn die Impulse die Eigenschaft

$$\prod_{l=1}^{n} \tilde{P}_l = 1 \qquad (6.42)$$

besitzen, spricht man von einem Zyklus. Die Zeit

$$t_Z = \sum_{k=1}^{n} \tau_k \qquad (6.43)$$

heißt Zykluszeit. Falls $t_Z$ so klein gewählt werden kann, daß die Ungleichung $t_Z \ll T_2$ besteht, können im Produkt

$$\tilde{U}_n(t_Z) = \tilde{T} \prod_{k=1}^{n} e^{-\frac{i}{\hbar} \tilde{\mathscr{H}}_k \tau_k}$$

die Exponentialoperatoren entwickelt werden. Berücksichtigt man nur die in $\tau_k$ linearen Glieder und definiert man durch

$$\overline{\mathscr{H}^{(0)}} = \frac{1}{t_Z} \sum_{k=1}^{n} \tilde{\mathscr{H}}_k \tau_k \qquad (6.44)$$

einen mittleren Operator nullter Ordnung, so folgt

$$\tilde{U}_n(t_Z) \approx 1 - \frac{i}{\hbar}\, t_Z \overline{\mathscr{H}^{(0)}}. \tag{6.45}$$

Unter Beachtung der durch die Gl. (6.39) definierten Zeitabhängigkeit des transformierten HAMILTON-Operators $\tilde{\mathscr{H}}(t)$ kann man die Gl. (6.44) auch in die Form

$$\overline{\mathscr{H}^{(0)}} = \frac{1}{t_Z} \int\limits_0^{t_Z} \tilde{\mathscr{H}}(t)\, \mathrm{d}t \tag{6.44'}$$

bringen.

Wiederholt man den gleichen Zyklus, so ergibt sich an Stelle von Gl. (6.40)

$$\begin{aligned} \tilde{\varrho}_r(2t_Z) &= \tilde{U}_n(t_Z)\, \tilde{\varrho}_r(t_Z)\, \tilde{U}_n^{-1}(t_Z) \\ &= [\tilde{U}_n(t_Z)]^2\, \tilde{\varrho}_P [\tilde{U}_n^{-1}(t_Z)]^2. \end{aligned} \tag{6.46}$$

Nach $z$-Zyklen folgt also

$$\varrho_r(zt_Z) = \tilde{U}_n(zt_Z)\, \tilde{\varrho}_P \tilde{U}_n^{-1}(zt_Z). \tag{6.47}$$

Setzt man die Gleichung

$$U_n(zt_Z) = [U_n(zt_Z)]^z \tag{6.48}$$

den Entwicklungsoperator $\tilde{U}_n(t_Z)$ nach einem Zyklus (Gl. (6.45)) ein und führt man den Grenzübergang $z \to \infty$ bei festem $t = zt_Z$ aus, d. h., bildet man

$$\tilde{U}_n(t) = \lim_{\substack{z \to \infty \\ zt_Z = t \\ t_Z/T_2 \to 0}} \tilde{U}_n(zt_Z) = \lim_{z \to \infty} \left(1 - \frac{i}{\hbar} \overline{\mathscr{H}^{(0)}}\, \frac{t}{z}\right)^z = \mathrm{e}^{-\frac{i}{\hbar} \overline{\mathscr{H}^{(0)}} t}, \tag{6.49}$$

so gelangt man an Stelle von Gl. (6.47) zu dem Ergebnis

$$\tilde{\varrho}_r(t = zt_Z) = \mathrm{e}^{-\frac{i}{\hbar} \overline{\mathscr{H}^{(0)}} t}\, \tilde{\varrho}_P\, \mathrm{e}^{+\frac{i}{\hbar} \overline{\mathscr{H}^{(0)}} t}. \tag{6.50}$$

Diese Gleichung ist so zu interpretieren, daß sich das Spinsystem verhält, als ob es unter dem Einfluß eines effektiven HAMILTON-Operators $\overline{\mathscr{H}^{(0)}}$ stehen würde, den der Experimentator durch die Wahl der Abstände $\tau_k$ und der Impulse $P_l$ geeignet konstruieren kann.

Das für die Herausbildung dieser Vielimpulsmethoden entscheidende Experiment wurde von WAUGH, HUBER und HAEBERLEN [31] (WHH4-Gruppe) vorgeschlagen. Die in Abb. 6.7 gegebene Definition der WHH4-Gruppe befindet sich in Übereinstimmung mit der Arbeit von

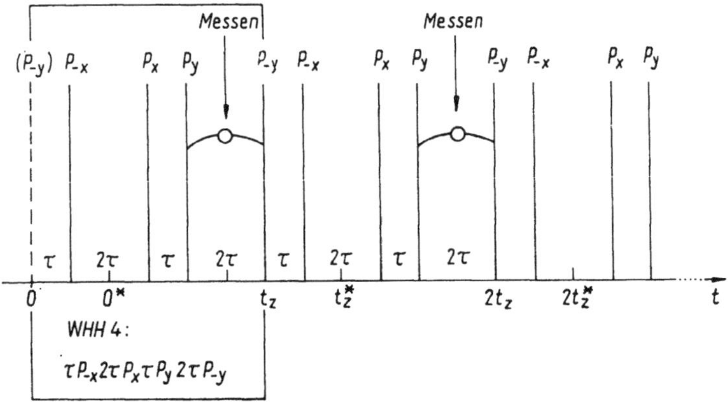


Abb. 6.7. WHH4-Gruppe [31] im Intervall $0 \cdots t_Z$. Der Zyklus im Intervall $0^* \cdots t_Z{}^*$ [32] ist hinsichtlich der wirkenden effektiven HAMILTON-Operatoren symmetrisch: $\tilde{\mathscr{H}}(t^*) = \tilde{\mathscr{H}}(t_Z - t^*)$

PFEIFER [30]. Die vertikalen Striche stellen $\frac{\pi}{2}$-Impulse $\tilde{P}_l = \exp\left(i\,\frac{\pi}{2}\,\tilde{I}_l\right)$ mit Impulsbreiten $t_w \to 0$ dar. $l = \pm x, \pm y$ kennzeichnet die Phase der Impulse (vgl. Tab. 4.2). Der gestrichelte Präparierimpuls $P_{-y}$ gehört nicht zur Gruppe. Oft wird auch die von MANSFIELD [32] eingeführte Zerlegung der WHH4-Gruppe in symmetrische Zyklen $\tau P_x \tau P_y 2\tau P_{-y} \tau P_{-x}$ im Zeitintervall $0^* \cdots t_Z{}^*$ betrachtet (vgl. die Monographie von MEHRING [21], Abschn. 3.4, man beachte dort die andere Definition der Phasen der Impulse). SCHMIEDEL [33] konnte zeigen, daß die andere Festsetzung des Zyklusbeginns im vorliegenden Fall keinen Einfluß auf das Experiment hat.

Die wichtigen Eigenschaften der Gruppe $\tau P_{-x} 2\tau P_x \times \tau P_y 2\tau P_{-y}$ sind in Tab. 6.2 zusammengefaßt. Dabei lagen der Berechnung der transformierten Operatoren $\tilde{\mathscr{H}}_k$ gemäß Gl. (6.39) die Transformationsregeln nach Tab. 4.1 und die Definitionen der Impulsoperatoren

**Tabelle 6.2.**
**Eigenschaften der WHH4-Gruppe**

| $k$ | 1 | 2 | 3 | 4 |
|---|---|---|---|---|
| $P_k$ | $P_{-x}$ | $P_x$ | $P_y$ | $P_{-y}$ |
| $\tau_k$ | $\tau$ | $2\tau$ | $\tau$ | $2\tau$ |
| $\tilde{\mathscr{H}}$ | $\mathscr{H}_{2\tau} = Z$ | $\tilde{P}_{-x}^{-1} \mathscr{H}_{2\tau} \tilde{P}_{-x} = Y$ | $Z$ | $\tilde{P}_y^{-1} \mathscr{H}_{2\tau} \tilde{P}_y = X$ |
| $t$ | $0 \cdots \tau$ | $\tau \cdots 3\tau$ | $3\tau \cdots 4\tau$ | $4\tau \cdots 6\tau$ |

$\tilde{P}_k$: Operator des $k$-ten Impulses $P_k$; $\tau_k$: Abstand zwischen $(k-1)$-ten und $k$-ten Impuls; $t$: Zeit seit Beginn des Experimentes.
$\mathscr{H}_d^a = \sum_{i<j} d_{ij} (\tilde{\boldsymbol{I}}_i \tilde{\boldsymbol{I}}_j - 3 \tilde{I}_{ai} \tilde{I}_{aj})$, $\mathscr{H}_S^a = \sum_i \delta_i \tilde{I}_{ai}$, $\mathscr{H}_S \equiv \mathscr{H}_S^z$. Bezeichnung der Operatoren mit $X$ für $a = x$ usw.
$\mathscr{H}_{JJ} = \sum_{i<j} \mathbf{J}_{ij} \tilde{\boldsymbol{I}}_i \tilde{\boldsymbol{I}}_j$ wird auf isotropen Anteil $\sum_{i<j} J_{ij} \tilde{\boldsymbol{I}}_i \tilde{\boldsymbol{I}}_j$ reduziert ($J_{ij}$ Kopplungskonstante, $\mathbf{J}_{ij}$ Tensor).

nach Tab. 4.2 (S. 125) zugrunde. Beispielsweise ergibt sich für den Operator $\mathscr{H}_d^z$ der magnetischen Dipolwechselwirkung nach dem $P_{-x}$-Impuls

$$\tilde{P}_{-x}^{-1} \mathscr{H}_d^z \tilde{P}_{-x} = \sum_{k<j} d_{kj} \, e^{i \frac{\pi}{2} \tilde{I}_x} (\tilde{\boldsymbol{I}}_k \tilde{\boldsymbol{I}}_j - 3 \tilde{I}_{zk} \tilde{I}_{zj}) \, e^{-i \frac{\pi}{2} \tilde{I}_x} . \tag{6.51}$$

Da es sich um nichtselektive Impulse handeln soll, erfährt jeder einzelne Spin $k$ bzw. $j$ die gleiche Wirkung. Berücksichtigt man noch, daß die Komponenten unterschiedlicher Spins $k \neq j$ miteinander kommutieren, d. h., daß $[\tilde{\boldsymbol{I}}_k, \tilde{\boldsymbol{I}}_j] = 0$ gilt, so erhält der Operator $\tilde{P}_{-x}$

die Form

$$\tilde{P}_{-x} = e^{-i\frac{\pi}{2}\tilde{I}_x} = e^{-i\frac{\pi}{2}\sum_j \tilde{I}_{xj}} = \prod_j e^{-i\frac{\pi}{2}\tilde{I}_{xj}}. \quad (6.52)$$

Die Berechnung kann daher für jeden Operator in den Operatorenprodukten getrennt erfolgen. Auf diese Weise führt die Transformation des Produktes $\tilde{I}_{zk}\tilde{I}_{zj}$ zum Resultat

$$e^{i\frac{\pi}{2}\tilde{I}_{xk}}\tilde{I}_{zk}\, e^{-i\frac{\pi}{2}\tilde{I}_{xk}} \cdot e^{i\frac{\pi}{2}\tilde{I}_{xj}}\tilde{I}_{zj}\, e^{-i\frac{\pi}{2}\tilde{I}_{xj}} = \tilde{I}_{yk}\tilde{I}_{yj}, \quad (6.53)$$

wobei die Transformationsregel

$$e^{i\frac{\pi}{2}\tilde{I}_x}\tilde{I}_z\, e^{-i\frac{\pi}{2}\tilde{I}_x} = \tilde{I}_y \quad (6.54)$$

zu Anwendung kam. Auf gleiche Weise kann man beweisen, daß das Skalarprodukt $\tilde{\boldsymbol{I}}_k\tilde{\boldsymbol{I}}_j$ unbeeinflußt bleibt. So erhält man aus Gl. (6.51) unter Beachtung der Definition des Operators $\mathscr{H}_d{}^a$ $(a = x, y, z)$ in der Tab. 6.2 sofort

$$\tilde{P}_{-x}^{-1}\mathscr{H}_d{}^z\tilde{P}_{-x} = \mathscr{H}_d{}^y \quad \text{usw.} \quad (6.55)$$

Ermittelt man nun den mittleren Hamilton-Operator $\overline{\mathscr{H}^{(0)}}$ gemäß der Vorschrift in Gl. (6.44), so gelangt man für den dipolaren Anteil zum Ergebnis

$$\overline{\mathscr{H}_d^{(0)}} = \frac{1}{6\tau}\{\mathscr{H}_d{}^z\tau + \mathscr{H}_d{}^y\cdot 2\tau + \mathscr{H}_d{}^z\tau + \mathscr{H}_d{}^x\cdot 2\tau\} = 0. \quad (6.56)$$

Nach völlig analogen Berechnungen erhält man

$$\overline{\mathscr{H}_S^{(0)}} = \frac{1}{3}\sum_i \delta_i(\tilde{I}_{xi} + \tilde{I}_{yi} + \tilde{I}_{zi}). \quad (6.57)$$

Man kann sich leicht überlegen, daß der isotrope Anteil der indirekten Spin-Spin-Wechselwirkung erhalten bleibt. Dies folgt unmittelbar aus der Invarianz des Skalarproduktes $\tilde{\boldsymbol{I}}_k\tilde{\boldsymbol{I}}_j$ gegenüber Drehungen des Koordinatensystems.

Das Ergebnis nach Gl. (6.56) besagt, daß sich in nullter Ordnung der Theorie der HAMILTON-Operator der magnetischen Dipolwechselwirkung zu Null ausmittelt. Wenn demnach die transversale Magnetisierung zum Beginn des Zyklus die Größe $M_x$ besaß, dann liegt der gleiche Wert $M_x$ auch am Ende der Wirkung der Impulsgruppe vor. Mit anderen Worten, man beobachtet im vorliegenden Fall ($t_Z \ll T_2$, ideale Impulse) keine Dämpfung des Abfalls der freien Induktion infolge der magnetischen Dipolwechselwirkung.

Im Experiment wird die Magnetisierung nur einmal innerhalb eines Zyklus registriert (vgl. Abb. 6.7). Die Meßpunkte für das Kernresonanzsignal liegen jeweils in der Mitte des langen Abstands $2\tau$ in der Impulsgruppe, wo das Echo eine maximale Amplitude besitzt. Aus den $z$ Meßpunkten der transversalen Magnetisierung, d. h. aus der Einhüllenden der Echofolge, kann eine Kurve konstruiert werden, die dem Abfall der freien Induktion entspricht, der unter dem Einfluß des gemittelten HAMILTON-Operators zu beobachten ist. Mit Hilfe der FOURIER-Transformation läßt sich aus dieser Kurve das stationäre Spektrum berechnen. Im betrachteten Idealfall würde das Spektrum in nullter Ordnung der Theorie die Form einer $\delta$-Funktion besitzen.

Bevor wir zur Diskussion der realen Situation übergehen, wollen wir noch den mittleren Operator der Resonanzverschiebung gemäß Gl. (6.57) betrachten. Diesen Operator kann man als Skalarpodukt

$$\overline{\mathscr{H}_S^{(0)}} = \frac{1}{\sqrt{3}} \sum_i \delta_i \boldsymbol{e}_{111} \tilde{\boldsymbol{I}}_i \tag{6.58}$$

darstellen, wobei der Einheitsvektor $\boldsymbol{e}_{111} = \left\{\frac{1}{\sqrt{3}}, \frac{1}{\sqrt{3}}, \frac{1}{\sqrt{3}}\right\}$ in die [111]-Richtung zeigt. Legt man die $z$-Achse entlang dieser Richtung, so gilt

$$\overline{\mathscr{H}_S^{(0)}} = \frac{1}{\sqrt{3}} \sum_i \delta_i \tilde{I}_{zi}. \tag{6.59}$$

Die Bedeutung dieses Resultats liegt in der Tatsache, daß die Resonanzverschiebung im Gegensatz zur magnetischen Dipolwechselwirkung erhalten bleibt, aber um den Faktor $\sqrt{3}$ reduziert ist.

Das erste erfolgreiche Experiment wurde von WAUGH, HUBER und HAEBERLEN [31] an einem $CaF_2$-Kristall mit Fluor-19-Resonanzfrequenzen von 60 MHz durchgeführt (Abb. 6.8). Dabei konnte die Abfallzeitkonstante der freien Induktion $T_2 = 35\,\mu s$ auf eine Abfallzeit-

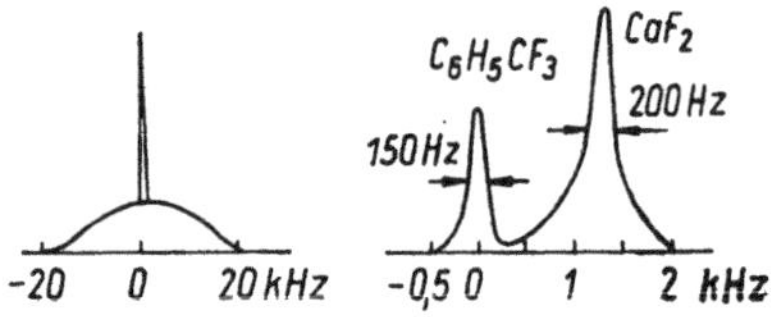


**Abb. 6.8.** Verringerung der Linienbreite und Auflösung der chemischen Verschiebung der $^{19}F$-Resonanz in $CaF_2$ mit der WHH4-Gruppe [31]

konstante $T_{2\text{eff}}$ der Echofolge von $T_{2\text{eff}} \approx 1{,}6$ ms vergrößert werden, was einer Linienbreite in Halbwertshöhe von etwa 200 Hz entspricht. Für den Reduktionsfaktor $F_r$ gilt somit

$$F_r = \frac{T_{2\text{eff}}}{T_2} \approx 50. \tag{6.60}$$

Die ersten Messungen eines hochaufgelösten Protonenresonanzspektrums wurden von ERNST, FENZKE und HEINK [34] an einem Einkristall von Oxalsäuredihydrat $(COOH)_2 \cdot 2H_2O$ bei 60 MHz Resonanzfrequenz durchgeführt (Abb. 6.9), wobei eine Verschmälerung bis auf eine Restlinienbreite von etwa 120 Hz erzielt werden konnte.

Abgesehen von besonders günstigen Substanzen (z. B. $CaF_2$-Einkristall mit speziellen Orientierungen) liegen die mit der gegenwärtigen Technik real erreichbaren Linienverschmälerungen in der Größenordnung von 100 Hz [20, 21]. Andererseits liegen aber die chemischen Verschiebungen für die Protonenresonanz, an der man in erster Linie interessiert ist, in der Größenordnung von 1···10 ppm, so daß sich die Forderung nach einem Auflösungsvermögen von mindestens 1 ppm ergibt. Dies erklärt die Notwendigkeit, möglichst starke Magnetfelder zu benutzen, denn selbst bei einer Resonanzfrequenz von 100 MHz liegt die Restlinienbreite noch im Bereich der zu fordernden minimalen Auflösung. Zum besseren Verständnis dieser Problematik scheint

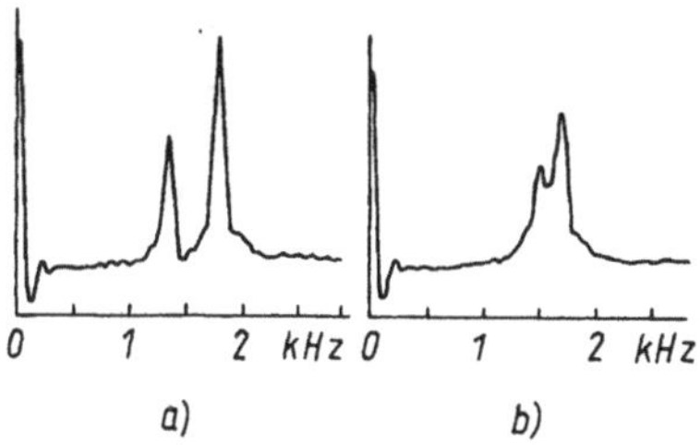


Abb. 6.9. Hochaufgelöstes Protonenresonanzspektrum eines Oxalsäuredihydrat-Einkristalls für zwei verschiedene Orientierungen [34]

es notwendig zu sein, auf die möglichen Beiträge zur Abfallzeitkonstanten einzugehen, durch die die Restlinienbreite bestimmt wird.

### 6.4.4.2. *Reale Bedingungen. Weitere Impulsfolgen*

Es handelt sich dabei um folgende Abweichungen von den bisher betrachteten idealen Verhältnissen:

1. Aus technischen Gründen ist die Bedingung $t_Z/T_2 \ll 1$ nicht zu realisieren. Die Zykluszeit $t_Z$ wird nur wenig kleiner sein können als die Abfallzeitkonstante $T_2$ der ungestörten freien Induktion.
2. Die Impulsbreiten $t_w$ sind nicht vernachlässigbar gegen die Impulsabstände.
3. Die Justierung der Impulse erfüllt nicht vollständig die gestellten Anforderungen. Es sind konstante und statistisch schwankende Fehljustierungen zu be-

rücksichtigen. Die Abweichungen umfassen fehlerhafte Impulsbreiten, fehlerhafte Phasen und den Einfluß der Inhomogenitäten des hochfrequenten Feldes.
4. Es ist der Einfluß der thermischen Bewegung in Rechnung zu setzen.

Diese Einflüsse können mit der bisher dargestellten elementaren Theorie nicht behandelt werden. Wenn die Bedingung $t_Z/T_2 \ll 1$ nicht mehr erfüllt ist, sind bei der Berechnung des Entwicklungsoperators $\tilde{U}_n(t)$ neben dem bereits in Gl. (6.44) definierten zeitunabhängigen mittleren Hamilton-Operator $\overline{\mathscr{H}^{(0)}}$ nullter Ordnung Glieder in höherer Ordnung zu berücksichtigen. An Stelle von Gl. (6.49) tritt dann der Operator

$$\tilde{U}_n(t = zt_Z) = \exp\left[\frac{-it}{\hbar}\,\overline{\mathscr{H}}\right]. \tag{6.61}$$

Die Zerlegung

$$\overline{\mathscr{H}} = \overline{\mathscr{H}^{(0)}} + \overline{\mathscr{H}^{(1)}} + \overline{\mathscr{H}^{(2)}} + \cdots \tag{6.62}$$

des zeitunabhängigen mittleren Hamilton-Operators $\overline{\mathscr{H}}$ in die Anteile

$$\begin{aligned}
\overline{\mathscr{H}^{(0)}} &= \frac{1}{t_Z}\int_0^{t_Z} \tilde{\mathscr{H}}(t_1)\,\mathrm{d}t_1,\\
\overline{\mathscr{H}^{(1)}} &= -\frac{i}{2t_Z}\int_0^{t_Z}\mathrm{d}t_2\int_0^{t_2}\mathrm{d}t_1[\tilde{\mathscr{H}}(t_2), \tilde{\mathscr{H}}(t_1)],\\
\overline{\mathscr{H}^{(2)}} &= \frac{1}{6t_Z}\int_0^{t_Z}\mathrm{d}t_3\int_0^{t_3}\mathrm{d}t_2\int_0^{t_2}\mathrm{d}t_1\,\{[\tilde{\mathscr{H}}(t_3), [\tilde{\mathscr{H}}(t_2), \tilde{\mathscr{H}}(t_1)]]\\
&\quad + [\tilde{\mathscr{H}}(t_1), [\tilde{\mathscr{H}}(t_2), \tilde{\mathscr{H}}(t_3)]]\} \quad \text{usw.}
\end{aligned} \tag{6.63}$$

heißt Magnus-Entwicklung [33, 35].

Es ist im Rahmen dieser Einführung nicht möglich, auf die Grundlagen der Theorie und ihrer Anwendung zur Berechnung der einzelnen Einflüsse auf die Restlinienbreite bzw. auf die Zeitkonstante $T_{2\text{eff}}$ einzugehen ([19], vgl. auch [21, 22]). Es können nur Ergebnisse diskutiert werden.

Ein möglicher Weg, um die Einflüsse der endlichen Impulsbreiten und von Inhomogenitäten des $\boldsymbol{B}_1$-Feldes zu umgehen, ist die Verwendung komplizierterer Zyklen. Tab. 6.3 gibt einen Überblick über die bisher bekannten Impulsgruppen, der sich eng an die Arbeiten von PFEIFER und Mitarbeitern [19, 30] anlehnt.

Die Gruppen WHH8, REV8 und F6 kann man sich jeweils aus zwei Teilzyklen vom Typ WHH4 zusammengesetzt denken.

Die Gruppe WHH8 besteht aus einem WHH4-Zyklus und einem (—WHH4-)Zyklus, bei dem die Phasen aller Impulse umgekehrt sind, z. B. ist $P_x$ durch $P_{-x}$ zu ersetzen usw. Da durch die Wahl des Anfangspunkts für diesen Zyklus seine Eigenschaften nicht beeinflußt werden (s. o), sind verschiedene Schreibweisen möglich: So geht die in Tab. 6.3 angegebene WHH8-Folge aus der Kombination WHH4 + (—WHH4) der in Abb. 6.7 angegebenen WHH4-Gruppe hervor. In der Arbeit von MEHRING [21] gibt man z. B. an dieser Stelle die Kombination WHH4 + (—WHH4) einer symmetrischen WHH4-Gruppe der Form $\tau P_{-x}\tau P_y 2\tau P_{-y}\tau P_x\tau$ an.

Die Gruppe REV8 stellt die Kombination WHH4 + ($-x$, WHH4) dar, wobei im zweiten Teilzyklus nur die Phase der $P_x$- und $P_{-x}$-Impulse umgekehrt sind. Bei der Gruppe F6 sind alle Phasen der zweiten Gruppe umgekehrt und gleichzeitig ist die Reihenfolge der Impulse vertauscht. Innerhalb des großen Abstandes $4\tau$ wurde das Impulspaar $P_yP_{-y}$ weggelassen. Die Bildungsvorschrift der Gruppe E16 = E8 + (-E8) entspricht derjenigen für den Zyklus WHH8.

Der schädliche Einfluß der endlichen Impulsbreiten wird bei allen diesen Impulsverfahren verringert. Der Effekt der Inhomogenität des $\boldsymbol{B}_1$-Feldes läßt sich dagegen

Tabelle 6.3.
Übersicht über Vielimpulsgruppen [19, 30]

| Gruppe | | | Wirkung | | | | | Kompensation | |
|---|---|---|---|---|---|---|---|---|---|
| Bezeichnung | Zitat | Zyklus§) | $t_z$ | $\overline{\mathcal{H}}_d^{(0)}$ | $\overline{\mathcal{H}}_d^{(1)}$ | $\overline{\mathcal{H}}_d^{(2)}$ | $\delta_{eff}/\delta$ | $t_w$-endl. | $B_1$-Inhom. |
| MW2 | [35] | $\tau P_x 2\tau P_{-x}\tau$ | $4\tau$ | $\neq 0$ | 0 | $\neq 0$ | $1/\sqrt{2}$ | ja | nein |
| MW4 | [17] | $\tau P_x 2\tau P_x 2\tau P_x 2\tau P_x \tau$ | $8\tau$ | $\neq 0$ | 0 | $\neq 0$ | 0 | ja | nein |
| M6 | [36] | $\tau P_x P_{-y}\tau P_y 2\tau P_{-y}\tau P_y P_x \tau$ | $6\tau$ | 0 | 0 | $\neq 0$ | $1/\sqrt{3}$ | ja | nein |
| WHH4 | [35] | $\tau P_{-x} 2\tau P_x \tau P_y 2\tau P_{-y}$ | $6\tau$ | 0 | 0 | $\neq 0$ | $1/\sqrt{3}$ | ja | nein |
| WHH8 / HW8+) | [35] | WHH4 + (– WHH4) | $12\tau$ | 0 | 0 | $\neq 0$ | 1/3 | ja | ja |
| REV8 / MREV8+) | [32, 38] | WHH4 + ($-x$, WHH4) | $12\tau$ | 0 | 0 | $\neq 0$ | 2/3 | ja | ja |
| F6 | [37] | $\tau P_{-x} 2\tau P_x \tau P_y 4\tau P_{-y}$ $\tau P_{-x} 2\tau P_x$ | $12\tau$ | 0 | 0 | $\neq 0$ | $1/\sqrt{3}$ | ja | nein |
| E8 | [18, 39] | $3\tau P_{-y}\tau P_x 3\tau P_{-x} 2\tau P_x 3\tau P_{-x}$ $\tau P_y 3\tau P_{-y} 2\tau P_y$ | $18\tau$ | 0 | 0 | 0 | $1/\sqrt{3}$ | ja | nein |
| E16 | [35] | E8 + (– E8) | $36\tau$ | 0 | 0 | 0 | 1/3 | ja | ja |

+) Bezeichnung bei Mehring [21] §) Präparierimpulse $P_{-y}$ außer E8 und E16 ($P_x$)
++) $\delta_{eff}$: effektive Konstante der chemischen Verschiebung

Anm. b. d. Korr.: Von BURUM und RHIM (J. Magn. Res. **34** (1979) 241; J. Chem. Phys. **71** (1979) 944) wurden 24- und 52-Impuls-Zyklen angewandt, die gegenüber der REV8-Gruppe ein verbessertes Auflösungsvermögen besitzen.

nur bei Verwendung der REV8-, WHH8- und E16-Zyklen umgehen. Die Nachteile bei Verwendung dieser komplizierten Impulsprogramme bestehen gegenüber der WHH4-Gruppe in der stärkeren Reduktion der Resonanzverschiebungen und in zusätzlichen Fehlerquellen durch Fehljustierungen. Aus diesem Grunde bleibt die Forderung nach einer größeren Homogenität des hochfrequenten Feldes bestehen, die in der Arbeit [40] systematisch untersucht wurde (vgl. auch [21]). Damit bei der WHH4-Gruppe im Resonanzfall keine stärkere Dämpfung als für die Achtergruppen REV8 und WHH8 entsteht, muß die Inhomogenität des Hochfrequenzfeldes über die Probe kleiner als 1% sein, was durch geeignet dimensionierte Spulen erreicht werden konnte.

Ein anderer Weg, um die Einflüsse von endlichen Impulsbreiten zu umgehen, ist die Erfüllung von Abstimmbedingungen für die Abstände zwischen den Impulsen und für ihre Drehwinkel [37] (vgl. auch [21]). Die Effektivität dieser Fehlerkompensation kann aber auch in diesem Fall durch die Inhomogenität des $\boldsymbol{B}_1$-Feldes stark begrenzt werden, da sich dann die optimale Justierung nicht für jeden Teil der Probe einstellen läßt. Eine umfassende Behandlung des Einflusses von Fehljustierungen wurde von Fenzke und Schmiedel [41] durchgeführt.

Eine neuere Übersicht über die Anwendung dieser Methoden zur Messung der Tensoren der chemischen Verschiebungen in protonenhaltigen Festkörpern vermittelt die Arbeit von Rosenberger und Schnabel [42].

### 6.4.5. *Zeitumkehr in Spinsystemen. Magisches Echo*

Bisher standen Verfahren im Mittelpunkt, bei denen eine Beeinflussung des Hamilton-Operators stets mit der Zielstellung durchgeführt wurde, den Operator der magnetischen Dipolwechselwirkung zu Null auszumitteln.

Wie erstmalig von SCHNEIDER und SCHMIEDEL [43, 44] gezeigt wurde, lassen sich auch Impulsgruppen konstruieren, die zu einer Vorzeichenumkehr des HAMILTON-Operators führen.

Ein einfaches Beispiel stellt die Gruppe $\tau P_{-x}(K\tau) P_x \tau P_y(K\tau) P_{-y}$ dar, die durch Veränderung der Abstände $(\tau_1 = \tau_3 = \tau, \tau_2 = \tau_4 = K\tau)$ aus der WHH4-Gruppe (Abb. 6.7) hervorgegangen ist. Für den mittleren HAMILTON-Operator $\overline{\mathcal{H}_d^{(0)}}$ dieser modifizierten Gruppe ergibt sich unter Verwendung von Tab. 6.2

$$\overline{\mathcal{H}_d^{(0)}} = \frac{2 - K}{2(K + 1)} \mathcal{H}_d^z . \qquad (6.64)$$

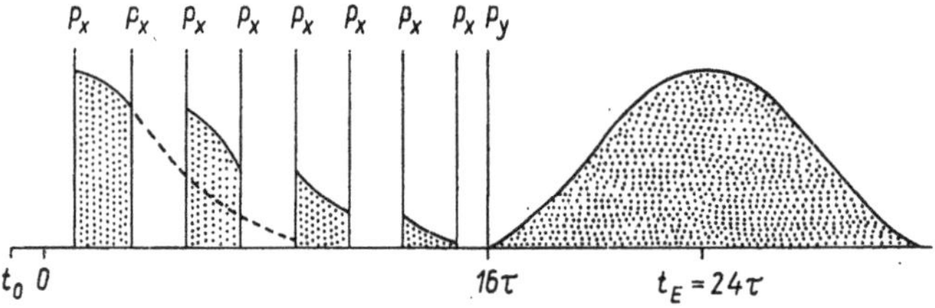


Abb. 6.10. Impulsfolge zur Erzeugung eines Magischen Echos [45]

Für $K = 2$ liegt das ursprüngliche WHH4-Experiment vor, während für $K > 2$ der Operator $\overline{\mathcal{H}_d^{(0)}}$ negativ wird. Dies ist im Entwicklungsoperator $\tilde{U}_n(t)$ nach Gl. (6.49) mit einer *Zeitumkehr* gleichzusetzen. Zur Zeit des Einschaltens der Impulsfolge beginnt eine negative Zeitentwicklung, die das Spinsystem solche Zustände einnehmen läßt, die es vorher in positiver Zeitrichtung bereits durchlaufen hatte. Man kann erreichen, daß sogar Zustände „*negativer Zeiten*“ (siehe Gl. (6.4) mit $t < 0$) durchlaufen werden. In diesem Fall kommt es nach Abschalten der Impulsfolge zu einer Zeitentwicklung, die bei negativen Zeiten beginnt und zu einer Refokussierung der Magnetisierung führt. Dabei bildet sich das sog. „*Magische Echo*“ aus, dessen zeitlicher

Verlauf unter idealisierten Bedingungen mit dem der freien Induktion übereinstimmt. Auf diese Weise gelingt es, die Einhüllende der freien Induktion unabhängig von der Totzeit und der endlichen Impulsbreite des Spektrometers zu bestimmen. Eine einfache Impulsfolge (Abb. 6.10) zur Erzeugung des Magischen Echos wurde von FENZKE [45] realisiert. Auf die interessanten physikalischen Aspekte dieses Verfahrens kann nicht eingegangen werden (vgl. z. B. [20]).

### 6.4.6. *Messung langsamer thermischer Bewegung mit Hilfe von Vielimpulsgruppen*

Die effektive Abfallzeitkonstante $T_{2\mathrm{eff}}$ der Spinechofolge besitzt in Abhängigkeit von der Temperatur und/oder vom Impulsabstandsparameter $\tau$ ein Minimum, wenn der Quotient $\alpha$ aus $\tau$ und der Korrelationszeit $\tau_c$ der thermischen Bewegung einen bestimmten Wert besitzt [46, 47]. Bei vorherrschender Dipolwechselwirkung zwischen gleichen Kernen beträgt der Wert $\alpha_{\min} = \left(\frac{\tau}{\tau_c}\right)_{\min} = \frac{\pi}{2}$ (Gruppen MW2, MW4, WHH4 und WHH8 gemäß Tab. 6.3). Falls die magnetische Dipolwechselwirkung zwischen ungleichen Kernen dominiert, liegt das Minimum bei $\alpha = \frac{\pi}{4}$ (Gruppen MW2 und MW4$\pi$ $[\tau(\pi, x)\, 2\tau(\pi, x)\, \tau]$ mit $(\pi, x)$-Impulsen). Durch systematische Untersuchungen von GRÜNDER [47] wurde (nach ersten Rechnungen von HAEBERLEN und WAUGH [35]) theoretisch begründet und experimentell überprüft, daß die Messung der Temperaturabhängigkeit der Abfallzeitkonstanten $T_{2\mathrm{eff}}$ der Echoeinhüllenden in den angegebenen Vielimpulsfolgen die Bestimmung von Korrelationszeiten in derselben Größenordnung wie im Falle der Relaxationszeiten $T_{1\varrho}$ ermöglicht (vgl. auch [48]). Gegenüber der $T_{1\varrho}$-Methode bringt die Anwendung des $T_{2\text{eff}}$-Meßverfahrens den Vorteil, daß eine Einzelmessung sofort die gesamte Abfallkurve der Echoeinhüllenden liefert.

### 6.5. *Doppelresonanzverfahren zur Hochauflösung seltener Kerne im Festkörper*

Im folgenden befassen wir uns mit der hochauflösenden Kernresonanz in Festkörpern, die zwei Sorten $S$ und $I$ von Kernspins enthalten. Wir beschränken uns dabei auf den praktisch besonders wichtigen Fall, daß die untersuchten Kerne (Sorte $S$, Anzahl $N_S$, gyromagnetisches Verhältnis $\gamma_S$, Resonanzfrequenz $\omega_{0S}$) in einer so geringen Konzentration vorliegen (sog. seltene Kerne) und sich dadurch in einem so großen Abstand voneinander befinden, daß die magnetische Dipolwechselwirkung zwischen ihnen vernachlässigbar ist. Ausschlaggebend für die Linienform ist dann die magnetische Dipolwechselwirkung der Spins $S$ mit den häufigen Kernen (Sorte $I$, Anzahl $N_I$, gyromagnetisches Verhältnis $\gamma_I$, Resonanzfrequenz $\omega_{0I}$). Diese Situation ist typisch für die Mehrzahl von organischen oder siliziumorganischen Verbindungen, wo die seltenen Kerne ($^{13}C$, $^{15}N$, $^{29}Si$) meist mit Protonen wechselwirken.

Auf derartige Systeme sind die im Abschn. 6.4.4. dargestellten Vielimpulsmethoden nicht anwendbar, da durch die Impulsgruppen nur dipolare Wechselwirkungen zwischen gleichen Kernen ausgemittelt werden können. An Stelle der mit einem Hochfrequenzfeld verknüpften Impulsmethoden treten jetzt Doppelresonanzverfahren, und die magnetische Dipolwechselwirkung zwischen den Kernspinmomenten verschiedener Sorten wird durch die Methoden der Spinentkopplung beseitigt, z. B. durch die Einwirkung eines starken Hochfrequenzfeldes auf die Spins der Sorte $I$. Da die genannten seltenen Kerne außerdem noch sehr große Resonanzverschiebungen mit einem Resonanzbereich von einigen Hundert ppm zeigen, die groß gegen die Restlinienbreiten sind, bestehen günstige Voraussetzungen für eine hochauflösende magnetische Kernresonanz in solchen Festkörpern.

Damit könnte man die Aufgabe bereits als gelöst ansehen, wenn nicht der direkte Nachweis auf Grund der geringen Nachweisempfindlichkeit beim Studium der seltenen Kerne $S$ zu Schwierigkeiten führen würde. Die zum direkten Nachweis der Magnetisierung $M_S$ der

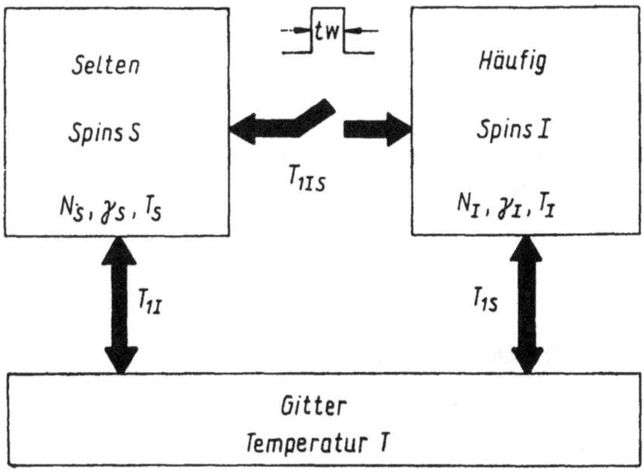


**Abb. 6.11.** Modell [51] zur Erläuterung von Doppelresonanzverfahren (Die Pfeile symbolisieren den Energieaustausch mit den angegebenen Zeitkonstanten $T_{1i}$; weitere Erläuterungen im Text)

seltenen Kerne erforderliche Erhöhung der Nachweisempfindlichkeit kann mit dem Verfahren von PINES, GIBBY und WAUGH [50] erreicht werden. Diese Methode zeichnet sich gegenüber anderen Verfahren zur Erhöhung der Nachweisempfindlichkeit für die seltenen Kerne mit Hilfe von Doppelresonanzmethoden (vgl. die Behandlung von Doppelresonanzverfahren in der Arbeit [49] und die dort zitierte Literatur) besonders durch ihre Einfachheit und durch die Möglichkeit aus, während eines Experiments das gesamte Spektrum aufzunehmen. Das ist auch als die Hauptursache dafür anzusehen, daß diese Methode, das sog. *PGW-Verfahren* oder die *"Pro-*

*ton Enhanced Nuclear Induction Spectroscopy"* (*PENIS*)-*Methode*, eine breite Anwendung in organischen Festkörpern gefunden hat [20, 21].

Das PGW-Verfahren läßt sich an Hand eines einfachen thermodynamischen Modells [51] erläutern (Abb. 6.11). In diesem Modell gibt es drei thermodynamische Untersysteme: die häufigen Spins $I$, die seltenen Spins $S$ und das Gitter. Die Geschwindigkeit des Energieaustauschs zwischen ihnen ist proportional zu den reziproken Werten der angegebenen Relaxationszeiten $T_{1I}$, $T_{1S}$ und $T_{1IS}$. Die einzelnen Schritte des PGW-Verfahrens sind:

*1. Präparierung der Spinsysteme*

Wird der Festkörper bei der Temperatur $T$ in ein Magnetfeld der Stärke $H_0$ gebracht, so bauen sich die Gleichgewichtsmagnetisierungen

$$M_{0i} = \chi_{0i} H_0 \propto \frac{H_0}{T} \tag{6.66}$$

auf (vgl. Kap. 2). Da die Zeitkonstanten $T_{1i}$ $(i = I, S)$ für diese Prozesse im Festkörper sehr groß sind, können alle folgenden Schritte in Zeiten ablaufen, bei denen die Veränderung der Magnetisierung infolge der longitudinalen Relaxation keine Rolle spielt.

*2. Abkühlung des Spinsystems I*

Das Spinsystem wird in einen Zustand überführt, dem eine niedrige Spintemperatur $T_I \ll T$ entspricht. Bei der praktischen Realisierung des PGW-Verfahrens (Abb. 6.12) geschieht dies mit Hilfe eines Spin-Locking-Experiments (vgl. Abschn. 6.3). Durch das in diesem Fall gleichphasig mit der Magnetisierung $\boldsymbol{M}_I(t)$ präzedierende hochfrequente Feld mit der magnetischen Induktion

$$\boldsymbol{B}_{2I}(t) = \check{B}_{2I}\{\cos \omega_{0I}t, \mp \sin \omega_{0I}t, 0\} \tag{6.67}$$

(oberes Vorzeichen für $\gamma > 0$) kann gleichzeitig die magnetische Dipolwechselwirkung zwischen den Spins $I$ und $S$ beseitigt werden, wenn seine Amplitude groß gegen das lokale Feld gewählt wird.

*3. Kontakt und Temperaturausgleich*

Im Laborsystem ist wegen der Voraussetzung $\gamma_I \neq \gamma_S$ und des für beide Spinsorten in gleicher Größe wirkenden konstanten Feldes eine Energieübertragung nicht möglich, da die Resonanzübergänge des Systems $I$ bei der Resonanz $\omega_{0I}$ das System $S$ unbeeinflußt lassen und umgekehrt. Dagegen kann

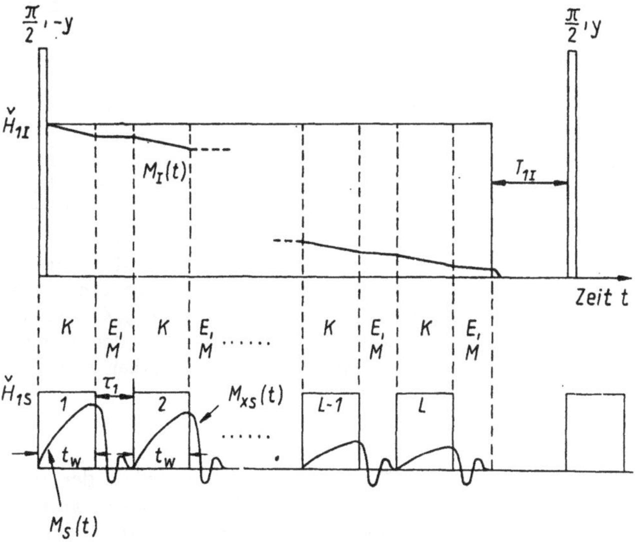


Abb. 6.12. **Zeitprogramm des PGW-Verfahrens. K: Kontakt zum Temperaturausgleich; E: Entkopplung, Beseitigung der $I$-$S$-Dipol-Dipol-Wechselwirkung; M: Messung von $M_{xS}(t)$; L: Zahl der Wiederholungen (Akkumulationen)**

zwischen den mit den Frequenzen $\omega_{0I}$ bzw. $\omega_{0S}$ rotierenden Koordinatensystemen eine Kopplung erfolgen, wo an Stelle der hochfrequenten Felder $\boldsymbol{B}_{2I}(t)$ gemäß der Gln. (6.67) und

$$\boldsymbol{B}_{2S}(t) = \check{B}_{2S}\{\cos \omega_{0S}t, \mp \sin \omega_{0S}t, 0\} \tag{6.68}$$

des Laborkoordinatensystems die statischen Felder $B_{2I}\boldsymbol{e}_x$, bzw. $B_{2S}\boldsymbol{e}_x$, (vgl. Abschn. 1.4) wirken, die zur Unterscheidung von den Hochfrequenzfeldern zur Erzeugung von Impulsen mit dem unteren Index 2 gekennzeichnet werden. Die Geschwindigkeit für die Energieübertragung zwischen beiden Spinsystemen ist dann am größten, wenn die Resonanzfrequenzen im rotierenden Koordinatensystem gleich sind, d. h., wenn die HARTMANN-HAHN-Bedingung

$$\gamma_S \check{B}_{2S} = \gamma_I \check{B}_{2I} \tag{6.69}$$

erfüllt ist. Als Zeitkonstante für diesen Energietransport wird die Kreuzrelaxationszeit $T_{1IS}$ eingeführt, auf deren Eigenschaften hier nicht eingegangen werden kann (vgl. [21, 49].)

Wenn der Maximalwert von $T_{1IS}^{-1}$ wesentlich größer als die reziproken Relaxationszeiten $T_{1i}^{-1}$ bzw. $T_{1\varrho i}^{-1}$ ($i = I$, $S$) ist, d. h., wenn der Energieaustausch mit dem Gitter hinreichend langsam vor sich geht, kann der Temperaturausgleich zwischen den Spinsystemen nur durch die Kreuzrelaxation vermittelt werden. Dabei geht Energie vom Kernspinsystem der seltenen (Spintemperatur $T_S$ hoch) auf die häufigen Kerne ($T_I$ niedrig) über. Das Spinsystem $S$ „*kühlt*" sich infolgedessen ab. Die Magnetisierung $M_S$ wird stark vergrößert, wenn die Kontaktzeit $t_w$ groß genug gewählt wurde ($t_w \gtrsim T_{1IS}$), um einen Temperaturausgleich zu ermöglichen. Die erneute „*Aufheizung*" des Spinsystems geht dabei mit jeder Messung der Magnetisierung $M_S$ von selbst einher und braucht daher hier nicht besonders betont zu werden.

*4. Beobachtung der Magnetisierung $M_S$*

Nach Abschalten des $B_{2S}$-Feldes wird ein Abfall der freien Induktion ($\propto M_{xS}(t)$) beobachtet, dessen Fourier-Transformierte das stationäre Spektrum der $S$-Spins ist. Wenn $T_{1I}$ genügend lang ist, kann das Experiment zur Zeit $t = t_w + \tau$ wiederholt werden (Abb. 6.12). Dadurch ist eine Signalakkumulation möglich. Liegt das starke Hochfrequenzfeld mit der magnetischen Induktion $B_{2I}(t)$ auch nach Abschalten des $B_{2S}$-Feldes an, so kann die magnetische Dipolwechselwirkung zwischen den Kernspinmomenten $I$ und $S$ beseitigt werden. Der Abfall der freien Induktion wird verlangsamt (Zeitkonstante $T_{2S}^* \gg T_{2S}$), und nach der FOURIER-Transformation des Interferogramms erhält man ein hochaufgelöstes Spektrum.

Neben der bereits erwähnten Anwendung zum Studium der Anisotropie der Tensoren der chemischen Verschiebung wird das Verfahren in Kombination mit der

Probenrotation um den magischen Winkel in immer stärkerem Maße auch zur Messung der isotropen chemischen Verschiebung in Festkörpern eingesetzt [52 bis 54]. Die erreichbaren Linienverschmälerungen bis auf Restlinienbreiten von einigen Hertz (z. B. 3 Hz für die Kohlenstoff-13-Kernspinresonanzlinien von festem Adamantan [26]) erlauben eine Messung der Spektren mit ähnlicher Qualität wie bei der hochauflösenden magnetischen Kernresonanz in Flüssigkeiten.

# Anhang

## *A.1. Eigenschaften der dimensionslosen Spinvektoroperatoren*

Viele Atome besitzen in ihrem Grundzustand einen von Null verschiedenen Eigendrehimpuls (Spin) $\hbar I$, der ganz- oder halbzahlige Werte von $\hbar$ betragen kann. In der Quantenmechanik wird gezeigt, daß alle Eigenschaften der dimensionslosen Spinvektoroperatoren $\tilde{\boldsymbol{I}}$ aus ihren *Vertauschungsregeln* hergeleitet werden können [1]. Für die Komponenten $\tilde{I}_k$ $(k = x, y, z)$ lauten die Vertauschungsregeln:

$$\begin{aligned} &[\tilde I_x, \tilde I_y] = i\tilde I_z, \quad [\tilde I_y, \tilde I_z] = i\tilde I_x, \\ &[\tilde I_z, \tilde I_x] = i\tilde I_y, \quad [\tilde I^2, \tilde I_k] = 0. \end{aligned} \tag{A.1}$$

Für die zusammengesetzten Operatoren (Schiebeoperatoren) $\tilde I_\pm = \tilde I_x \pm \tilde I_y$ gelten die Regeln:

$$\begin{aligned} &[\tilde I_+, \tilde I_-] = 2\tilde I_z, \quad [\tilde I_z, \tilde I_\pm] = \pm \tilde I_\pm, \\ &[\tilde I^2, \tilde I_z] = [\tilde I^2, \tilde I_\pm] = 0. \end{aligned} \tag{A.2}$$

Insbesondere folgen aus den Vertauschungsregeln die *Eigenwerte und Eigenfunktionen:*

Bezeichnen wir mit $|Im\rangle$ die gemeinsamen Eigenfunktionen der Operatoren $\tilde I^2$ und $\tilde I_z$ und mit $I$ und $m$ $(-I \leqq m \leqq +I)$ die Quantenzahlen, so gilt

$$\tilde I^2 \,|Im\rangle = I(I+1)\,|Im\rangle, \tag{A.3}$$

$$\tilde I_z \,|Im\rangle = m\,|Im\rangle. \tag{A.4}$$

Die Wirkung der Operatoren $I_\pm = I_x \pm iI_y$ auf die Eigenfunktion $|Im\rangle$ wird durch die Beziehung

$$I_\pm |Im\rangle = \sqrt{I(I+1) - m(m \pm 1)}\,|Im \pm 1\rangle \tag{A.5}$$

beschrieben. Multipliziert man die Gln. (A.3) bis (A.5) mit dem bra-Vektor $\langle Im'|$, so ergeben sich die *Matrixelemente*

$$\begin{aligned} \langle Im'|\,\tilde{I}^2\,|Im\rangle &= I(I+1)\,\delta_{m'm}, \\ \langle Im'|\,\tilde{I}_z\,|Im\rangle &= m\delta_{m'm}, \\ \langle Im'|\,\tilde{I}_\pm\,|Im\rangle &= \sqrt{I(I+1) - m(m \pm 1)}\,\delta_{m'm\pm 1}. \end{aligned} \tag{A.6}$$

Wenden wir Gl. (A.6) auf Spins mit der Quantenzahl $I = {}^1/_2$ an, so erhält man für die Matrixelemente der Spinoperatoren $\tilde{I}_x$, $\tilde{I}_y$ und $\tilde{I}_z$ die Darstellung durch die Pauli-Matrizen $\boldsymbol{\sigma} = 2\mathbf{I}$

$$\sigma_x = \begin{pmatrix} 0 & 1 \\ 1 & 0 \end{pmatrix}, \quad \sigma_y = \begin{pmatrix} 0 & -i \\ +i & 0 \end{pmatrix}, \quad \sigma_z = \begin{pmatrix} 1 & 0 \\ 0 & -1 \end{pmatrix}. \tag{A.7}$$

### *A.2. Erwartungswert eines Operators*

Wir betrachten ein Teilsystem eines abgeschlossenen Systems. $s$ bezeichne die Koordinaten des betrachteten Teilsystems, $q$ die übrigen Koordinaten des abgeschlossenen Systems. Es sei $A$ eine physikalische Größe des betrachteten Teilsystems. Der zugehörige Operator $\tilde{A}$ wirkt nur auf die Koordinaten $s$, aber nicht auf $q$. Im vorliegenden Falle bezeichnet $s$ das Spinsystem und $q$ alle übrigen Variablen des Gesamtsystems. Der Erwartungswert dieser Größe läßt sich mit Hilfe des Dichteoperators $\tilde{\varrho}$ durch die Gleichung

$$\langle \tilde{A} \rangle = \mathrm{Sp}\,\{\tilde{\varrho}\tilde{A}\} \tag{A.8}$$

definieren. Sp bezeichnet die Spur, d. h. die Summe der Diagonalelemente der Matrix $\langle n|\,\tilde{\varrho}\tilde{A}\,|m\rangle$, zu deren Berechnung ein beliebiger vollständiger Satz von Zustandsfunktionen $|m\rangle$ verwendet werden kann, der nur von den Koordinaten $s$ abhängt. Die Matrixelemente des Produktes $\tilde{\varrho}\tilde{A}$ sind durch die Formel

$$\langle n|\,\tilde{\varrho}\tilde{A}\,|m\rangle = \sum_k \langle n|\,\tilde{\varrho}\,|k\rangle\,\langle k|\,\tilde{A}\,|m\rangle \tag{A.9}$$

gegeben, die mit der in der Mathematik üblichen Multiplikationsregel für Matrizen übereinstimmt: Um das Matrixelement

$\langle n| \tilde{\varrho}\tilde{A} |m\rangle$ eines Operators zu erhalten, der das Produkt zweier Operatoren darstellt, müssen die Elemente der $n$-ten Zeile der Matrix $\langle n| \tilde{\varrho} |k\rangle$ mit den Elementen der $m$-ten Spalte der Matrix $\langle k| \tilde{A} |m\rangle$ multipliziert und dann addiert werden. Durch Einsetzen von Gl. (A.9) in Gl. (A.8) folgt

$$\langle \tilde{A} \rangle = \sum_{k,m} \langle m| \tilde{\varrho} |k\rangle \langle k| \tilde{A} |m\rangle . \tag{A.10}$$

Aus den Regeln der Matrizenmultiplikation ergeben sich sofort folgende wichtige Eigenschaften der Spur:

1. Die Spur eines Produktes von Matrizen hängt nicht von der Reihenfolge der Faktoren ab:

$$\mathrm{Sp}\,\{\tilde{\varrho}\tilde{A}\} = \mathrm{Sp}\,\{\tilde{A}\tilde{\varrho}\}. \tag{A.11}$$

2. Die Spur ändert sich nicht bei einer zyklischen Vertauschung der Faktoren:

$$\mathrm{Sp}\,\{\tilde{\varrho}\tilde{A}\tilde{B}\} = \mathrm{Sp}\,\{\tilde{B}\tilde{\varrho}\tilde{A}\} = \mathrm{Sp}\,\{\tilde{A}\tilde{B}\tilde{\varrho}\}. \tag{A.12}$$

3. Die Spur ist unabhängig von der Wahl des Funktionensystems, mit dem die Matrixelemente gebildet werden: Wir bezeichnen mit $|m\rangle$ und $|k'\rangle$ zwei vollständige Systeme orthogonaler Funktionen, die durch eine unitäre Transformation

$$|k'\rangle = \sum_{m} \langle m| \tilde{U} |k\rangle \cdot |m\rangle \tag{A.13}$$

verknüpft sind. $U$ ist ein unitärer Operator. In den Lehrbüchern der Quantenmechanik wird gezeigt (vgl. [1], § 12), daß die Matrix des Operators $\tilde{A}$ in der Darstellung $|k'\rangle$ gleich der Matrix des Operators $\tilde{U}^{-1}\tilde{A}\tilde{U}$ in der Darstellung $|m\rangle$ ist. Wegen der zyklischen Vertauschbarkeit in der Spur folgt unmittelbar

$$\mathrm{Sp}\,\{\tilde{A}\}' = \mathrm{Sp}\,\{\tilde{U}^{-1}\tilde{A}\tilde{U}\} = \mathrm{Sp}\,\{\tilde{A}\}. \tag{A.14}$$

Als *Beispiel* berechnen wir die *makroskopische Magnetisierung* $M_0$ eines Systems von isolierten Spins im thermischen Gleichgewicht. Es gilt

$$M_0 = {}^1N\langle \tilde{\mu}_z \rangle , \tag{A.15}$$

wobei ${}^1N$ die Zahl der Spinmomente pro Volumeneinheit und

$$\tilde{\mu}_z = \gamma\hbar\tilde{I}_z \tag{A.16}$$

den Operator für die Komponente des magnetischen Moments in Magnetfeldrichtung bezeichnen.

Im thermischen Gleichgewicht lautet der Dichteoperator

$$\tilde{\varrho}_0 = e^{-\beta \mathscr{H}_z}\left(\operatorname{Sp} e^{-\beta \mathscr{H}_z}\right)^{-1}. \tag{A.17}$$

$$\mathscr{H}_z = -\gamma \hbar \tilde{I}_z B_0 \tag{A.18}$$

ist der Hamilton-Operator für die Zeeman-Energie.
Setzen wir die Gln. (A.15) und (A.17) in Gl. (A.8) ein und benutzen wir zur Berechnung der Spur die Eigenfunktionen von $\tilde{I}^2$ und $\tilde{I}_z$ (Gln. (A.3) und (A.4)), so ergibt sich mit Hilfe von Gl. (A.10)

$$\langle \tilde{\mu}_z \rangle = \gamma \hbar \frac{1}{Z} \sum_{m=-I}^{I} e^{mx} \cdot m = \gamma \hbar \frac{1}{Z} \frac{\partial Z}{\partial x} \tag{A.19}$$

mit

$$x = \frac{\gamma \hbar B_0}{kT}. \tag{A.20}$$

Die Zustandssumme

$$Z = \sum_{m=-I}^{I} e^{mx} \tag{A.21}$$

läßt sich nach Ausklammern des Faktors $e^{-Ix}$ als geometrische Reihe

$$e^{-Ix}(1 + e^x + \cdots + e^{2Ix}) = e^{-Ix} \frac{1 - e^{(2I+1)x}}{1 - e^x} \tag{A.22}$$

schreiben, und es folgt

$$Z = \frac{\sinh\left(\frac{2I+1}{2} x\right)}{\sinh\left(\frac{x}{2}\right)}. \tag{A.23}$$

Insgesamt ergibt sich mit Hilfe der Gln. (A.23), (A.19) und (A.15)

$$M_0 = {}^1N\gamma\hbar \left\{\frac{2I+1}{2} \coth\left(\frac{2I+1}{2} x\right) - \frac{1}{2} \coth\left(\frac{x}{2}\right)\right\}. \tag{A.24}$$

### *A.3. Bewegungsgleichung des Dichteoperators*

Die Bewegungsgleichung des Dichteoperators $\tilde{\varrho}$ lautet:

$$\frac{\partial \tilde{\varrho}(t)}{\partial t} = -\frac{i}{\hbar} [\mathscr{H}, \tilde{\varrho}(t)]. \tag{A.25}$$

Der Dichteoperator $\tilde{\varrho}(t)$ zur Zeit $t$ geht aus dem anfänglichen Dichteoperator $\tilde{\varrho}(0)$ durch die Transformation

$$\tilde{\varrho}(t) = \tilde{U}(t)\,\tilde{\varrho}(0)\,\tilde{U}^{-1}(t) \tag{A.26}$$

hervor.

Der unitäre Entwicklungsoperator $\tilde{U}(t)$ ist (in Übereinstimmung mit den Gln. (A.26) und (A.25)) die Lösung der Bewegungsgleichung

$$\frac{\partial \tilde{U}(t)}{\partial t} = -\frac{i}{\hbar}\,\mathscr{H}\tilde{U}(t) \tag{A.27}$$

mit der Anfangsbedingung

$$\tilde{U}(0) = 1\,. \tag{A.28}$$

Wenn der HAMILTON-Operator $\mathscr{H}$ nicht explizit von der Zeit abhängt, ergibt sich aus der Gl. (A.27) unmittelbar

$$\tilde{U}(t) = e^{-\frac{i}{\hbar}\mathscr{H}t}\,. \tag{A.29}$$

Bei zeitabhängigem HAMILTON-Operator führt die Methode der sukzessiven Approximation auf die unendliche Reihe

$$\tilde{U}(t) = 1 + \sum_{n=1}^{\infty} \frac{(-1)^n}{\hbar^n} \int_0^t dt_n \int_0^{t_n} dt_{n-1} \cdots \int_0^{t_2} dt_1 \mathscr{H}(t_n)\,\mathscr{H}(t_{n-1}) \cdots \mathscr{H}(t_1)\,, \tag{A.30}$$

die mit Hilfe des Zeitordnungsoperators $\tilde{T}$ in kompakter Form als Exponentialausdruck

$$\tilde{U}(t) \equiv \tilde{T} \exp\left\{-\frac{i}{\hbar}\int_0^t \mathscr{H}(t')\,dt'\right\} \tag{A.31}$$

geschrieben werden kann.

Der Hamilton-Operator des Spinsystems liegt oft in der Form

$$\mathscr{H} = \mathscr{H}_z + \mathscr{H}_1(t) + \mathscr{H}_w \tag{A.32}$$

vor. Dabei bezeichnen

$$\mathscr{H}_z = -\gamma\hbar B_0 \tilde{I}_z \tag{A.33}$$

den Zeeman-Energieoperator,

$$\tilde{I}_z = \sum_j \tilde{I}_{zj} \tag{A.34}$$

die $z$-Komponente des Gesamtspins, $\mathscr{H}_1(t)$ bzw. $\mathscr{H}_w$ den Operator für die Wechselwirkung zwischen Spinsystem und dem äußeren Hochfrequenzfeld $B_1(t)$ bzw. für die inneren Wechselwirkungen. Bei der Berechnung des Kernresonanzsignals ist es vorteilhaft, im Entwicklungsoperator die durch die äußeren Felder $B_0$ und $B_1(t)$ verursachte Spinbewegung zumindest teilweise von der durch die inneren Wechselwirkungen des Spinsystems bedingten Bewegung abzutrennen.
Man kann dann schreiben

$$\tilde{U}(t) = \tilde{U}_0(t) \cdot \tilde{U}_1(t) \cdot \tilde{U}_w(t), \tag{A.35}$$

wobei durch den Operator

$$\tilde{U}_0(t) = e^{i\omega t \tilde{I}_z} \tag{A.36}$$

der Übergang in das um die $z$-Achse rotierende Koordinatensystem vollzogen wird. Für die Entwicklungsoperatoren

$$\tilde{U}_1(t) = \tilde{T} \exp \left\{ -\frac{i}{\hbar} \int_0^t \tilde{\mathscr{H}}_1(t')\, dt' \right\} \tag{A.37}$$

$$\tilde{U}_w(t) = \tilde{T} \exp \left\{ -\frac{i}{\hbar} \int_0^t \tilde{\mathscr{H}}_w(t')\, dt' \right\} \tag{A.38}$$

gelten analoge Beziehungen wie in den Gln (A.27), (A.28), (A.30) und (A.31). Zur Abkürzung wurde dabei geschrieben

$$\begin{aligned} \tilde{\mathscr{H}}_1(t) &= \tilde{U}_0^{-1}(t)\, \mathscr{H}_1(t)\, \tilde{U}_0(t), \\ \tilde{\mathscr{H}}_w(t) &= \tilde{U}_1^{-1}(t)\, \tilde{U}_0^{-1}(t)\, (\mathscr{H}_z + i\omega\hbar I_z + \mathscr{H}_w)\, \tilde{U}_0(t)\, \tilde{U}_1(t). \end{aligned} \tag{A.39}$$

Oft ist es günstig, in den Operator $\tilde{U}_w(t)$ den im Beobachtungszeitraum $t$ wirkenden effektiven Hamilton-Operator $\overline{\mathscr{H}}$ entsprechend der Definition

$$\tilde{U}_w(t) \equiv e^{-it\overline{\mathscr{H}}}, \qquad \overline{\mathscr{H}} \equiv -\frac{1}{it} \ln \tilde{U}_w(t) \tag{A.40}$$

einzuführen und nach Potenzen von $\tilde{\mathscr{H}}_w$ zu entwickeln:

$$\overline{\mathscr{H}} = \sum_k \overline{\mathscr{H}}^{(k)} \tag{A.41}$$

(Magnus-Entwicklung [2]). Die ersten drei Glieder lauten

$$\overline{\mathscr{H}}^{(0)} = \frac{1}{t} \int_0^t dt_1 \tilde{\mathscr{H}}_w(t_1),$$

$$\overline{\mathscr{H}}^{(1)} = -\frac{i}{2t} \int_0^t dt_2 \int_0^{t_2} dt_1 \, [\tilde{\mathscr{H}}_w(t_2), \tilde{\mathscr{H}}_w(t_1)],$$

$$\overline{\mathscr{H}}^{(2)} = -\frac{1}{6t} \int_0^t dt_3 \int_0^{t_3} dt_2 \int_0^{t_2} dt_1 \, \{[\tilde{\mathscr{H}}_w(t_3), [\tilde{\mathscr{H}}_w(t_2), \tilde{\mathscr{H}}_w(t_1)]] + [\tilde{\mathscr{H}}_w(t_1), [\tilde{\mathscr{H}}_w(t_2), \tilde{\mathscr{H}}_w(t_3)]]\}. \tag{A.42}$$

## *A.4. Übergänge unter dem Einfluß einer zeitabhängigen Störung*

Der Hamilton-Operator des gegebenen physikalischen Systems habe die Gestalt

$$\mathscr{H} = \mathscr{H}_0 + \mathscr{H}_1(t), \tag{A.43}$$

wobei $\mathscr{H}_1(t)$ eine kleine Korrektur („Störung“) zu dem ungestörten Operator $\mathscr{H}_0$ sein soll. Wir bezeichnen mit $|m\rangle$ die stationären Zustände und mit $E_m$ die Eigenwerte des Operators $\mathscr{H}_0$. Unter dem Einfluß der zeitabhängigen Störung kann das System aus einem ursprünglichen Zustand $n$ in den Zustand $k$ übergehen. Die Übergangswahrscheinlichkeit $W_{kn}$ pro Sekunde beträgt in erster Ordnung der Störungstheorie [1,3]

$$W_{kn} = \frac{1}{t\hbar^2} \left| \int_0^t \langle k| \, \mathscr{H}_1(t') \, |n\rangle \, e^{\frac{i}{\hbar}(E_k - E_n)t'} \, dt' \right|^2. \tag{A.44}$$

Wir berechnen nun die Übergangswahrscheinlichkeit für eine periodische Störung. Ein solcher Fall liegt beispielsweise vor, wenn die Übergänge zwischen den Zeeman-Energiezuständen unter dem Einfluß eines hochfrequenten Feldes betrachtet werden. Für den Operator $\mathscr{H}_1(t)$ schreiben wir dann

$$\mathscr{H}_1(t) = -2\check{B}_1 \cos \omega t \cdot \gamma\hbar\tilde{I}_x, \tag{A.45}$$

wobei $2\check{B}_1$ die Amplitude der Induktion des hochfrequenten Magnetfeldes bezeichnet. Mit Hilfe von Gl. (A.44) ergit sich

$$W_{kn} = \frac{1}{t}(\gamma\check{B}_1)^2 |\langle k| \bar{I}_x |n\rangle|^2 \left| \frac{e^{i(\omega_{kn}+\omega)t} - 1}{\omega_{kn} + \omega} + \frac{e^{i(\omega_{kn}-\omega)t} - 1}{\omega_{kn} - \omega} \right|^2 \tag{A.46}$$

Wenn $\omega_{kn} = (E_k - E_n)\,\hbar^{-1} > 0$ ist, dann ist in der Nähe der Resonanzfrequenz der erste Term des Frequenzfaktors gegenüber dem zweiten vernachlässigbar. Weiterhin gilt

$$\left| \frac{e^{i(\omega_{kn}-\omega)t} - 1}{\omega_{kn} - \omega} \right|^2 = \frac{\sin^2\left[(\omega_{kn} - \omega)\frac{t}{2}\right]}{\left[\frac{1}{2}(\omega_{kn} - \omega)\right]^2}. \tag{A.47}$$

Man kann zeigen (vgl. [1], § 42), daß die Funktion Gl. (A.47) für große Zeiten $t$ alle Anforderungen an eine $\delta$-Funktion erfüllt. Wenn wir schreiben

$$\lim_{t\to\infty} \frac{\sin^2\left[(\omega_{kn} - \omega)\frac{t}{2}\right]}{t\left[\frac{1}{2}(\omega_{kn} - \omega)\right]^2} = 2\pi\delta(\omega_{kn} - \omega), \tag{A.48}$$

dann folgt aus Gl. (A.46)

$$W_{kn} = 2\pi(\gamma\check{B}_1)^2 |\langle k| \bar{I}_x |n\rangle|^2 \,\delta(\omega_{kn} - \omega). \tag{A.49}$$

Unter Berücksichtigung einer endlichen Linienbreite der Resonanzlinie des Übergangs $\omega_{kn}$ läßt sich schließlich die Deltafunktion durch die normierte Linienformfunktion $g(\omega_{kn} - \omega)$ ersetzen.

# Literaturverzeichnis

## *Literatur zum Kapitel 0*

[1] TGL 31548: Einheiten physikalischer Größen, ASMW. Ausgabe März 1979.
[2] BENDER, D., und E. PIPPIG, Einheiten Maßsysteme SI. Akademie-Verlag, WTB 97, Berlin 1975.
[3] ST RGW 1052 (1978). Metrologie. Einheiten physikalischer Größen.
[4] PFEIFER, H., Theorie linearer Bauelemente, Akademie-Verlag, WTB 98, Berlin 1977.
[5] JAWORSKI, B. M., und A. A. DETLAF, Physik griffbereit. Akademie-Verlag, Berlin 1972.
[6] Document U.I.P. 20 (1978) der S.U.N. Commission der INTERNATIONALEN UNION FÜR REINE UND ANGEWANDTE PHYSIK (I.U.P.A.P.), in: Mitteilungen der Physikalischen Gesellschaft der DDR **71** (1979).

## *Literatur zum Kapitel 1*

[1] GERLACH, W., und O. STERN, Ann. d. Physik **74** (1924) 673.
[2] FRISCH, R., und O. STERN, Z. Physik **85** (1933) 4.
[3] BREIT, G., und I. I. RABI, Phys. Rev. **38** (1931) 2082; RABI, I. I., P. KUSCH und J. R. ZACHARIAS, Phys. Rev. **46**, (1934) 157; RABI, I. I., S. MILLMAN und M. FOX, Phys. Rev. **46** (1934) 320.
[4] RABI, I. I., J. R. ZACHARIAS, S. MILLMAN und P. KUSCH, Phys. Rev. **53** (1938) 318.
[5] RAMSEY, N. F., Molecular Beams. Clarendon Press, Oxford 1956, Kap. IX, § 2.
[6] PURCELL, E. M., H. C. TORREY und R. V. POUND, Phys. Rev. **69** (1946) 37.
[7] BLOCH, F., W. W. HANSEN und M. PACKARD, Phys. Rev. **70** (1946) 474.

[8] LANDAU, L. D., und E. M. LIFSCHITZ, Lehrbuch der theoretischen Physik, Bd. 1: Mechanik. Akademie-Verlag, Berlin 1970, § 36.
[9] ABRAGAM, A., The Principles of Nuclear Magnetism. Clarendon Press, Oxford 1961.
[10] ROSE, M. E., Elementary Theory of Angular Momentum. Wiley, New York 1957.

*Weiterführende Literatur*

KOPFERMANN, H., Kernmomente. Akademische Verlagsgesellschaft, Frankfurt (Main) 1956.
INGRAM, D. J. E., Spectroscopy at Radio and Microwave Frequencies. Butterworths, London 1967.

*Literatur zum Kapitel 2*

[1] LANDAU, L. D., und E. M. LIFSCHITZ, Lehrbuch der theoretischen Physik, Bd. 3, Quantenmechanik. Akademie-Verlag, Berlin 1970, § 41.
[2] BLOCHINZEW, D. I., Grundlagen der Quantenmechanik. VEB Deutscher Verlag der Wissenschaften, Berlin 1961, § 82.
[3] ABRAGAM, A., The Principles of Nuclear Magnetism. Clarendon Press, Oxford 1961, Kap. II.D.

*Literatur zum Kapitel 3*

[1] PFEIFER, H., Theorie linearer Bauelemente. Akademie-Verlag, WTB 38, Berlin 1977, S. 127.
[2] LÖSCHE, A., Kerninduktion. VEB Deutscher Verlag der Wissenschaften, Berlin 1957.
[3] ABRAGAM, A., Principles of Nuclear Magnetism. Clarendon Press, Oxford 1961, S. 77 f.
[4] ERNST, R. R., Sensitivity Enhancement in Magnetic Resonance, Adv. in Magn. Resonance. Academic Press, New York, London 1966 Bd. 2.
[5] PFEIFER, H., Elektronisches Rauschen, Teil 1: Rauschquellen. B. G. Teubner, Leipzig 1959, § 2.

[6] HUGHES, D. G., und M. R. SMITH, J. Sci. Instrum. (J. Phys. E) 4 (1971) 13.
[7] HOULT, D. I., und R. E. RICHARDS, J. Magn. Res. 24 (1976) 71.
[8] HILL, H. D. W., und R. E. RICHARDS, J. Sci. Instrum. (J. Phys. E) 1 (1968) 977.
[9] ADLER, M. S., S. D. SENTURIA und C. R. HEWES, Rev. Sci. Instrum. 42.(1971) 704.
[10] SULLIVAN, N., Rev. Sci. Instrum. 42 (1971) 462.
IDOINE, J. D. JR., und J. R. BRANDENBERGER, Rev. Sci. Instrum. 42 (1971) 715.
[11] ARGYRES, P. N., und P. L. KELLEY, Phys. Rev. 134 (1964) A 98.
[12] BLOEMBERGEB, N., E. M. PURCELL und R. V. POUND, Phys. Rev. 73 (1948) 679; Zitat 3, S. 543.
[13] REDFIELD, A. G., Phys. Rev. 98 (1955) 1787.
[14] PROVOTOROV, B. M., Ž. exp. teor. phys. 41 (1961) 1582; 42, (1962) 882.
[15] GOLDMAN, M., Spin temperature and nuclear magnetic resonance in solids. Clarendon Press, Oxford, 1970, Kap. 4.
[16] ALEXANDER, M. N., P. L. SAGALYN und A. J. LEFFLER, J. Magn. Res. 13 (1974) 291.
[17] MARGENAU, H., und G. M. MURPHY, Die Mathematik für Physik und Chemie. B. G. Teubner, Leipzig 1964, Bd. I, S. 324 f.
[18] MYERS, O. E., und E. J. PUTZER, J. Appl. Phys. 30 (1959) 1987.
[19] POOLE, CH. P., JR., Electron Spin Resonance. Interscience Publishers, New York, London, Sydney 1967, Kap. 10. D.
[20] WAHLQUIST, H., J. Chem. Phys. 35 (1961) 1708.
[21] SMITH, G. W., J. Appl. Phys. 35 (1964) 1217.
[22] WILSON, G. V. H., J. Appl. Phys. 34 (1963) 3276.
[23] HALBACH, K., Phys. Rev. 119 (1960) 1230.
[24] ANDREW, E. R., Phys. Rev. 91 (1953) 425.
[25] LANDAU, L. B., und E. M. LIFSCHITZ, Lehrbuch für theoretische Physik, Bd. 3: Quantenmechanik. Akademie-Verlag, Berlin 1970, §§ 41 und 53.
[26] Zitat 3, Kap. II.E.
[27] AILION, D. C., in: Adv. in Magn. Resonance. Academic Press, New York, London 1971, vol. 5, p. 177.
[28] PFEIFER, H., in: NMR Basic Principles and Progress. Springer-Verlag, Berlin 1972, Bd. 7, Kap. 2.3.

*Literatur zum Kapitel 4*

[1] PFEIFER, H., Theorie linearer Bauelemente. Akademie-Verlag, WTB 38, Berlin 1977, Kap. 5.2.
[2] LOWE, I. J., und R. E. NORBERG, Phys. Rev. **107** (1957) 46.
[3] PFEIFER, H., Wiss. Z. Karl-Marx-Univ. Leipzig, Math.-Naturw. R. **20** (1971) 4/5, 549.
[4] ERNST, R. R., W. P. AUE, E. BARTHOLDI, A. HÖHENER und S. SCHÄUBLIN, Pure and appl. Chem. **37** (1974) 47. SCHÄUBLIN, S., A. HÖHENER und R. R. ERNST, J. Magn. Res. **13** (1974) 196.
[5] ERNST, R. R., und W. A. ANDERSON, Rev. Scient. Instr. **37** (1966) 93.
[6] ERNST, R. R., Sensitivity Enhancement in Magnetic Resonance, in: Adv. in Magn. Resonance. Academic Press, New York, London 1966, Bd. 2.
[7] MORRIS, G. A., und R. FREEMAN, J. Magn. Res. **29** (1978) 433.
[8] SHAW, D., Fourier Transform NMR Spectroscopy. Elsevier, Amsterdam, Oxford, New York 1976, Kap. 4.
[9] ERNST, R. R., J. Magn. Res. **3** (1970) 10.
[10] KAISER, R., J. Magn. Res. **3** (1970) 28.
[11] DADOK, J., und R. F. SPRECHER, J. Magn. Res. **13** (1974) 243.
[12] GUPTA, R. K., J. A. FERETTI und E. D. BECKER, J. Magn. Res. **13** (1974) 275.
[13] TOMLINSON, R. L., und H. D. W. HILL, J. Chem. Phys. **59** (1973) 1775.
[14] FARRAR, TH. C., und E. D. BECKER, Pulse and Fourier Transform NMR, Academic Press, New York, London 1971.
[15] BREITMEIER, E., und W. VOELTER, Carbon-13 NMR Spectroscopy. Methods and Application. Verlag Chemie, Weinheim 1974.
[16] PFEIFER, H., in: A. LÖSCHE und W. SCHÜTZ, Tagungsband HF-Spektroskopie, Akademie-Verlag, Berlin 1961, S. 30.
[17] ABRAGAM, A., Principles of Nuclear Magnetism. Clarendon Press, Oxford 1961, S. 59 f.
[18] CARR, H. Y., und E. M. PURCELL, Phys. Rev. **94** (1954) 630.
[19] MC CALL, D. W., D. C. DOUGLASS und E. W. ANDERSON, Ber. Bunsenges. phys. Chemie **67** (1963) 336.

[20] Torrey, H. C., Phys. Rev. **104** (1956) 563.
[21] Winkler, H., Expt. Technik d. Physik **4** (1956) 241.
[22] Pfeifer, H., Expt. Technik d. Physik **4** (1956) 248.
[23] Hass, W. P. A., G. Seidel und N. J. Poulis, Physica **26** (1960) 834.
[24] Hahn, E. L., Phys. Rev. **77** (1950) 746.
[25] Das, T. P., und A. K. Saha, Phys. Rev. **93** (1954) 749.
[26] Das, T. P., A. K. Saha und D. K. Roy, Proc. Roy. Soc. **227** (1955) 407.
[27] Lösche, A., Kerninduktion, VEB Deutscher Verlag der Wissenschaften, Berlin 1957.
[28] Pfeifer, H., U. Dolega und H. Winkler, Ann. Physik **15** (1955) 246.
[29] Meiboom, S., und D. Gill, Rev. Scient. Instr. **29** (1958) 688.
[30] Balarin, M., Expt. Technik d. Physik **26** (1978) 229.
[31] Valyev, K. A., und M. M. Bildanov, Ž. strukt. chimii **7** (1966) 835.
[32] Kärger, J., Dissertation zur Promotion A, Karl-Marx-Univ. Leipzig 1970, Kap. 2.
[33] van Putte, K., J. Magn. Res. **2** (1970) 184.
[34] Kumar, A., und Ch. S. Johnson, jr., J. Magn. Res. **7** (1972) 55.
[35] Vold, R. L., J. S. Waugh, M. P. Klein und D. E. Phelps, J. Chem. Phys. **48** (1968) 3831.
[36] Freeman, R., und H. D. W. Hill, J. Chem. Phys. **54** (1971) 3367.
[37] Freeman, R., H. D. W. Hill und R. Kaptein, J. Magn. Res. **7** (1972) 82.
[38] Günther, F., Dissertation zur Promotion A, Karl-Marx-Univ. Leipzig 1972.
[39] Woessner, D. E., Rev. Sci. Instr. **31** (1960) 1146.
[40] Stejskal, E. O., J. Chem. Phys. **43** (1965) 3597.
Stejskal, E. O., J. E. Tanner, J. Chem. Phys. **42** (1965) 288.
[41] Tanner, J. E., Ph. D. Thesis, University of Wisconsin, 1966.
[42] Kärger, J., Dissertation zur Promotion A, KMU Leipzig 1970.
[43] Kärger, J., und W. Heink, Exptl. Technik der Physik **19** (1971) 453.
[44] Tanner, J. E., J. Chem. Phys. **52** (1970) 2523.

[45] GROSS, B., und R. KOSFELD, Meßtechnik **77** (1969) 171.
[46] LAUTERBUR, P. C., Bull. Am. Phys. Soc. **18** (1972) 86. LAUTERBUR, P. C., Nature **242** (1973) 190.
[47] ANDREW, E. R., Phil. Trans. Royal Society B, 1979, im Druck; und weitere hierin zitierte Arbeiten.
[48] ANDREW, E. R., P. A. BOTTOMLEY, W. S. HINSHAW, G. N. HOLLAND, W. S. MOORE und C. SIMAROJ, XX. Congress Ampère, Tallin, August 21–26, 1978, paper I 41.
[49] LAUTERBUR, P. C., in: R. A. DWEK, I. D. CAMPBELL, R. E. RICHARDS und R. J. P. WILLIAMS (Eds.), NMR in Biology. Academic Press, London–New York–San Francisco 1977, S. 323–335.
[50] DAMADIAN, R., L. MINKOFF, M. GOLDSMITH und J. A. KOUTCHER, Naturw. **65** (1978) 250.
[51] MANSFIELD, P., und P. K. GRANNELL, J. Phys. C **6** (1973) L 422; Phys. Rev. B **12** (1975) 3618.
[52] RHIM, W. K., D. D. ELLEMAN, R. W. VAUGHAN, J. Chem. Phys. **59** (1973) 3740.
[53] MANSFIELD, P., und A. A. MAUDSLEY, J. Magn. Res. **27** (1977) 101 und weitere hierin zitierte Arbeiten.
[54] KUMAR, A., D. WELTI und R. R. ERNST, Die Naturw. **62** (1975) 34; J. Magn. Res. **18** (1975) 69.
[55] HINSHAW, W. S., Phys. Letters **48A** (1974) 87.
[56] HINSHAW, W. S., J. Appl. Phys. **47** (1976) 3709.
[57] BRUNNER, P., und R. R. ERNST, J. Magn. Res. **33** (1979) 83.
[58] HEINK, W., J. KÄRGER und H. PFEIFER, Chem. Eng. Science **33** (1978) 1019.

## *Literatur zum Kapitel 5*

[1] ZSCHUNKE, A., Kernmagnetische Resonanzspektroskopie in der organischen Chemie. Akademie-Verlag, WTB 88, Berlin 1977.
[2] POPLE, H. J., W. G. SCHNEIDER und H. J. BERNSTEIN, High-Resolution Nuclear Magnetic Resonance. Mc Graw-Hill Company, New York, London 1959.
[3] EMSLEY, J. W., J. FEENEY und L. H. SUTCLIFFE, High Resolution Nuclear Magnetic Resonance Spectroscopy. Pergamon Press, Oxford 1965.
[4] BECKER, E. D., High Resolution NMR. Academic Press, New York, London 1969.

[5] LIPPMAA, E. T., Sh. strukt. chimii 8 (1967) 717.
[6] ABRAGAM, A., The Principles of Nuclear Magnetism. Clarendon Press, Oxford 1961, Kap. VIII.
[7] FREEMAN, R., J. Chem. Phys. 53 (1970) 457.
[8] GÜNTHER, F., Ann. Physik 27 (1971) 396.
[9] AUE, W. P., E. BARTHOLDI und R. R. ERNST, J. Chem. Phys. 64 (1976) 2229.
[10] AUE, W. P., J. KARHAN und R. R. ERNST, J. Chem. Phys. 64 (1976) 4226.
[11] KUMAR, A., u. a., Proc. of the XIXth Congress Ampère. Heidelberg 1976, p. 473.
[12] BACHMANN, P., W. P. AUE, L. MÜLLER und R. R. ERNST, J. Magn. Res. 28 (1977) 29.
[13] NAGAYAMA, K., P. BACHMANN, K. WÜTHRICH und R. R. ERNST, J. Magn. Res. 31 (1978) 133.
[14] KUMAR, A., J. Magn. Res. 30 (1978) 227.
[15] BODENHAUSEN, G., R. FREEMAN und D. L. TURNER, J. Chem. Phys. 65 (1976) 839.
[16] BODENHAUSEN, G., R. FREEMANN, R. NIEDERMEYER und D. L. TURNER, J. Magn. Res. 24 (1976) 291.
[17] MÜLLER, L., A. KUMAR und R. R. ERNST, J. Chem. Phys. 63 (1975) 5490; J. Magn. Res. 25 (1977) 383.
[18] WOKAUN, A., und R. R. ERNST, Chem. Phys. Letters 52 (1977) 407.
[19] WOKAUN, A., und R. R. ERNST, Mol. Phys. 36 (1978) 317, und weitere hierin zitierte Arbeiten.

## *Literatur zum Kapitel 6*

[1] LÖSCHE, A., Kerninduktion. VEB Deutscher Verlag der Wissenschaften, Berlin 1957, S. 266 f.
[2] Zitat 1, S. 297 f. und S. 487 f.
[3] VOLLMERS, K. W., I. J. LOWE und M. PUNKKINEN, J. Magn. Res. 30 (1978) 33.
[4] POWLES, J. G., und J. H. STRANGE, Proc. Phys. Soc. (London) 82 (1963) 6.
[5] MANSFIELD, P., Phys. Rev. A 137 (1965) 961.
[6] BODEN, N., und Y. K. LEVINE, J. Magn. Res. 30 (1978) 327, und weitere hierin zitierte Arbeiten.
[7] JEENER, J., und P. BROEKAERT, Phys. Rev. 157 (1967) 232.

[8] Redfield, A. G., Adv. Magn. Res., Vol 1. Academic Press, New York, 1965.

[9] Goldman, M., Spin Temperature and NMR in Solids. Clarendon Press, Oxford, 1970.

[10] Whalley, L. R., und C. E. Tarr, J. Magn. Res. **26** (1977) 537.

[11] Anderson, A. G., und S. R. Hartmann, Phys. Rev. **128** (1962) 2023.

[12] Andrew, E. R., A. Bradbury und R. G. Eades, Arch. Sci. (Geneva) **11** (1958) 223.

[13] Lowe, I. J., Phys. Rev. Letters **2** (1959) 285.

[14] Redfield, A. G., Phys. Rev. **98** (1955) 1787.

[15] Lee, M., und W. I. Goldburg, Phys. Rev. **140** (1965) A 1261.

[16] Waugh, J. S., und L. M. Huber, J. Chem. Phys. **47** (1967) 1862; Waugh, J. S., L. M. Huber und U. Haeberlen, Phys. Rev. Letters **20** (1968) 180.

[17] Mansfield, P., und D. Ware, Physics Letters **22** (1966) 133; Phys. Rev. **168** (1968) 318.

[18] Mansfield, P., in: Progress in NMR Spectroscopy. Pergamon Press, Oxford 1971, vgl. 8, Teil 1, S. 41.

[19] Pfeifer, H., u. a., in: Wiss. Z. Karl-Marx-Univ. Leipzig, Math.-Naturw. R. **23** (1974) H. 5.

[20] Waugh, J. S., Neue Methoden der NMR in Festkörpern (in russ. Sprache). Verlag Mir, Moskau 1978.

[21] Mehring, M., High Resolution NMR Spectroscopy in Solids, in: NMR Basic Principles and Progress, Vol. 11. Springer-Verlag, Berlin, Heidelberg, New York 1976. Haeberlen, U., in: Adv. Magn. Res. supplement (1976); vgl. auch:
Haeberlen, U., und M. Mehring, NMR hoher Auflösung in Festkörpern (Übers. ins Russ.). Verlag Mir, Moskau 1979.

[22] Müller, R., und H. G. Zachmann, Progr. Colloid & Polymer Sci. **64** (1978) 249.

[23] Babka, J., D. Doskocilova, H. Pivcova, Z. Ruzicka, B. Schneider, Proc. XVIth Congress Ampere, Publ. House of the Academy Bucharest 1970, S. 785.

[24] Andrew, E. R., in: Progress in NMR Spectroscopy. Pergamon-Press, Oxford 1971, Bd. 8, Teil 1, S. 1.

[25] Schnabel, B., und T. Taplick, Phys. Letters **27a** (1968) 310.
Schnabel, B., Exp. Techn. der Physik XIII (1965) 289.

[26] STEJSKAL, E. O., J. SCHAEFER und J. S. WAUGH, J. Magn. Res. **28** (1977) 105.
[27] LIPPMAA, E., M. ALLA und T. TUHERM, Proc. XIXth Congress Ampere, Heidelberg **1976**, S. 113.
LIPPMAA, E. T., M. A. ALLA, T. J. PEHK und G. ENGELHARDT, J. Am. Chem. Soc. **100** (1978) 1929.
[28] CLOUGH, S., und I. R. MC DONALD, Proc. Phys. Soc. **90** (1967) 1019.
[29] WAUGH, J. S., L. M. HUBER und E. D. OSTROFF, Phys. Letters **26A** (1968) 211.
[30] PFEIFER, H., Wiss. Z. Karl-Marx-Univ. Leipzig, Math.-Naturw. R. **20** (1971) 549.
[31] WAUGH, J. S., L. M. HUBER und U. HAEBERLEN, Phys. Rev. Letters **20** (1968) 180.
[32] MANSFIELD, P., J. Phys. C. Solid State Phys. **4** (1971) 1444.
[33] SCHMIEDEL, H., Wiss. Z. Karl-Marx-Univ. Leipzig, Math.-Naturw. R. **23** (1974) 506.
[34] ERNST, H., D. FENZKE und W. HEINK, Phys. stat. sol. (b) **57** (1973) K 103.
[35] HAEBERLEN, U., und J. S. WAUGH, Phys. Rev. **175** (1968) 453.
[36] MANSFIELD, P., Phys. Letters **32A** (1970) 485.
[37] ERNST, H., D. FENZKE und W. HEINK, Wiss. Z. Karl-Marx-Univ. Leipzig, Math.-Naturw. R. **23** (1974) 545.
[38] RHIM, W. K., D. D. ELLEMAN und R. W. VAUGHAN, J. Chem. Phys. **58** (1973) 1771.
[39] EVANS, W. A. B., Annals of Phys. (N.Y.) **48** (1968) 72.
[40] LAN, N. Q., H. PFEIFER und H. SCHMIEDEL, Wiss. Z. Karl-Marx-Univ. Leipzig, Math.-Naturw. R. **23** (1974) 498.
[41] FENZKE, D., und H. SCHMIEDEL, Wiss. Z. Karl-Marx-Univ. Leipzig, Math. Naturw. R. **23** (1974) 519.
[42] ROSENBERGER, H., und B. SCHNABEL, Wiss. Z. Friedrich-Schiller-Univ. Jena, Math. Naturw. R. **27** (1978) 257.
[43] SCHNEIDER, H., und H. SCHMIEDEL, Phys. Letters **30A** (1969) 298.
[44] SCHMIEDEL, H., und H. SCHNEIDER, Ann. Physik **32** (1975) 249.
[45] FENZKE, D., Wiss. Z. Karl-Marx-Univ. Leipzig, Math.-Naturw. R. **23** (1974) 540.
[46] SCHMIEDEL, H., D. FREUDE und W. GRÜNDER, Phys. Letters **34A** (1971) 162.

[47] Gründer, W., Wiss. Z. Karl-Marx-Univ. Leipzig, Math.-Naturw. R. **23** (1974) 466.
[48] Müller, R., und R. Willsch, J. Magn. Res. **21** (1976) 135; Wiss. Z. Friedrich-Schiller-Univ. Jena, Math.-Naturw. R. **24** (1975) 509.
[49] Ernst, H., Wiss. Z. Karl-Marx-Univ. Leipzig, Math.-Naturw. R. **23** (1974) 449.
[50] Pines, A., M. G. Gibby und J. S. Waugh, J. Chem. Phys. **56** (1972) 1776.
[51] Pines, A., M. G. Gibby und J. S. Waugh, J. Chem. Phys. **59** (1972) 569.
[52] Maricq, M., und J. S. Waugh, Chem. Phys. Letters **47** (1977) 327.
[53] Stejskal, E. O., J. Schaefer und R. A. Mc Kay, J. Magn. Res. **25** (1977) 569.
[54] Pembleton, R. G., L. M. Ryan und B. G. Gerstein, Rev. Sci. Instr. **48** (1977) 1268.

## *Literatur zum Anhang*

[1] Landau, L. D., und E. M. Lifschitz, Lehrbuch der theoretischen Physik, Bd. 3: Quantenmechanik, Akademie-Verlag, Berlin 1970, Kap. IV.
[2] Bialnicky-Birula, B. Mielnik und J. Plebanski, Ann. of Phys. **51** (1969) 187.
[3] Blochinzew, D. I., Grundlagen der Quantenmechanik, VEB Deutscher Verlag der Wissenschaften, Berlin 1961, § 82.

# Sachverzeichnis

## Das Neutron

Eine Artikelsammlung

Herausgegeben von B. M. KEDROW
(Übersetzung aus dem Russischen und aus englischen und französischen Originalarbeiten)
In deutscher Sprache herausgegeben von ROLAND REIF

(Wissenschaftliche Taschenbücher, Reihe Texte und Studien)

*1979. 269 Seiten — 11 Abb. — kl. 8° — 12,50 M*
*Bestell-Nr. 7623862 (7214)*

Der Leser erhält ein lebendiges Bild der historischen Entwicklung, die zur Entdeckung des Neutrons und als Folgeerscheinung zu einem bedeutenden Aufschwung der experimentellen und theoretischen Kernphysik führte. Im ersten Teil schildern namhafte Wissenschaftler, deren Arbeiten diesen Erkenntnisfortschritt mit bewirkten, die entscheidenden Experimente zum Nachweis des Neutrons und zur Entdeckung von künstlicher Radioaktivität, Kernspaltung und transuraner Elemente. Der zweite Teil behandelt wissenschaftshistorische und methodologische Aspekte der Entdeckungsgeschichte des Neutrons.
Der Sammelband wird ergänzt durch einen Anhang, der die wichtigsten, heute zum Teil nur schwer zugänglichen Publikationen zum behandelten Problemkreis enthält.

*Ihr Buchhändler*
*hält alle Wissenschaftlichen Taschenbücher für Sie bereit!*

AKADEMIE-VERLAG · BERLIN

*Der Autor*

- vermittelt eine Einführung in die Hochfrequenzspektroskopie
- behandelt Grundlagen der kernmagnetischen Resonanz
- geht auf Probleme beim Signalnachweis unter stationären Bedingungen und auf die ein- und zweidimensionale Fourier-Transform-NMR-Spektroskopie ein
- befaßt sich mit Impulsmethoden zur Messung von kernmagnetischen Relaxationszeiten in Flüssigkeiten und Festkörpern und von Selbstdiffusionskoeffizienten und bespricht Verfahren zur Erzeugung von zeugmatographischen Abbildungen
- stellt Methoden zur Beobachtung hochaufgelöster Kernresonanzspektren in Festkörpern dar

WISSENSCHAFTLICHE TASCHENBÜCHER

Bei Fragen zur Produktsicherheit wenden Sie sich bitte an:
If you have any questions regarding product safety,
please contact:

Walter de Gruyter GmbH
Genthiner Straße 13
10785 Berlin
productsafety@degruyterbrill.com